對本書的讚譽

「無論要在行動平台上製作哪一種類型的遊戲，您最好先看看
Unity。這本書的內容不僅精采詳盡且嚴謹又饒富趣味，能引
領獨立開發者運用頂尖的遊戲引擎，製作出好玩的遊戲。」

—Adam Saltsman，
Finji 出品之 Canabalt 與 Overland 遊戲的創作者

「學習如何運用遊戲引擎的最佳方式是實際動手製作自己的專
案。在這本書中，Paris 與 Jon 將透過 Uinty 的各式功能，引領
您走過二套類型完全不同之遊戲的製作過程。」

—Alec Holowka，
Night in the Woods 與 Aquaria 遊戲的首席開發者

「這本書讓我煥然一新。現在內心一片平靜，我非常確定自己
已打通任督二脈，能因應未來的變化。」

—Liam Esler，澳洲遊戲開發者協會

Unity 行動遊戲開發實務

Mobile Game Development with Unity
Build Once, Deploy Anywhere

Jon Manning & Paris Buttfield-Addison 著

陳健文 譯

目錄

第二部　製作 2D 遊戲：古井尋寶

前言

歡迎您參與 *Unity* 行動遊戲開發實務！本書將引領您從無到有打造出二套完整的遊戲，引導您一路學習 Unity 的基礎與進階概念及技巧。

本書分為四部。

第一部介紹 Unity 遊戲引擎，並探究一些基本概念，包括如何架構遊戲、圖形、腳本、音訊、物理特性與粒子系統。第二部接著帶您使用 Unity 打造完整的 2D 遊戲，試著讓被繩子吊下井的小矮人得到寶物。第三部則探究如何使用 Unity 打造出完整的 3D 遊戲，包括砲艇、隕石以及更多元件的遊戲。第四部則探討 Unity 一些更高階的功能，涵蓋光照、GUI 系統、Unity 編輯器本身的擴充、Unity 元件商店、遊戲佈署以及各種平台的專屬功能。

如果您有任何建議，請反應給我們！您可以寫信到 *unitybook@secretlab.com.au*

本書所使用的資源

輔助性資料（圖、音訊、範例碼、練習題、勘誤等）可在 *http://secretlab.com.au/books/unity* 下載。

對象與方法

本書為沒有遊戲開發經驗但想要製作遊戲的讀者而設計。

Unity 支援幾種不同的程式語言，本書中我們使用 C# 語言來解說。我們假設您已能透過現代的程式語言來編程，您不一定要非常熟悉，只要有一些基本概念就行了。

Unity 編輯器可在 macOS 與 Windows 系統上運行。我們用的是 macOS，所以本書所有的螢幕截圖，都是從 macOS 系統上截取下來的。雖然如此，所有內容在 Windows 系統上一體適用。不過，還是有一個例外：即以 Unity 打造 iOS 遊戲。遇到這個部份時，我們會再說明，不過，您無法在 Windows 系統上，用 Unity 來製作 iOS 上的遊戲。Android 可以在 Windows 系統上運作得很好，但 macOS 可以製作在 iOS 與 Android 上執行的遊戲。

本書採取的教學方式是讓您在製作某些遊戲之前，瞭解遊戲設計的基礎以及 Unity 本身的操作方法。因此，我們會在第一部中教您這些基礎內容。一旦您瞭解這些基礎概念後，在第二部與第三部中，我們就會帶您製作 2D 與 3D 遊戲，然後，在第四部中，我們再介紹您必須瞭解的 Unity 其他功能。

我們假設您已熟悉所使用的作業系統，也能靈活運用日常使用的行動裝置（不管是 iOS 或 Android）。

雖然我們提供製作本書二款遊戲範例所需的素材，但並不會說明如何製備遊戲所需的圖與音訊素材。

本書編排慣例

本書使用下列編排慣例：

斜體字（*Italic*）

> 用來表示新用語、網址、電子郵件信箱、檔名與延伸檔名。中文以楷體表示。

定寬字（`Constant width`）

> 用來列示程式碼以及在內文段落中，參照程式碼中的變數、函式名稱、資料庫、資料型別、環境變數、敘述或關鍵字等要素。

定寬粗體字（**Constant width bold**）

用來表示使用者會輸入的指令或其他文字。

定寬斜體字（*Constant width italic*）

用來表示要被使用者所提供的值或依當時情境而定的值替換掉的文字。

這個圖示表示技巧或建議。

這個圖示表示重點筆記。

這個圖示表示注意或警告。

使用範例程式

本書的輔助素材（範例程式碼、練習題、勘誤等）可在 *http://secretlab.com.au/books/unity* 下載。

本書的目的為協助你完成工作。一般而言，你可以在自己的程式或文件中使用本書的範例程式碼，除非您重製了大量的程式碼，否則無須聯絡我們。例如，您為了撰寫程式而使用了本書列出的一些程式碼，這並不需要取得授權，但是販售或散佈 O'Reilly 書中的範例程式，則必須取得授權。此外，在回覆問題時引用了本書的內容或程式碼，同樣無須取得授權，但是把書中大量範例程式放到你自己的產品文件中，則必須取得授權。

雖然沒有強制要求，但如果你在引用時能標明出處，我們會非常感激。出處一般包含書名、作者、出版社和 ISBN。例如："*Mobile Game Development with Unity* by Jonathon Manning and Paris Buttfield-Addison (O'Reilly). Copyright 2017 Secret Lab, 978-1-491-94474-5."。

假如你不確定自己使用範例程式的程度是否會導致侵權，歡迎隨時聯絡我們：*permissions@oreilly.com*。

致謝

Jon 與 Paris 要在此向傑出的編輯們致意，特別是 Brian MacDonald（@bmac_editor，*https://twitter.com/bmac_editor*） 與 Rachel Roumeliotis（@rroumeliotis，*https://twitter.com/rroumeliotis*），沒有二位的投入，本書無法付梓。感謝大家為本書所投入的熱情！感謝 O'Reilly Media 優秀的工作人員，讓編寫本書的過程充滿樂趣。

感謝家人支持我們投入遊戲的開發，以及 MacLab 與 OSCON（您們知道我們說的是誰）相關人員的鼓勵與熱情。在此也要特別感謝優秀的技術編審 Tim Nugent 博士（@the_mcjones，*https://twitter.com/the_mcjones*）。

Unity 基礎

本書涵蓋許多你必須瞭解的，使用 Unity 遊戲引擎有效率地打造行動遊戲的方法。本書第一部中三個章節的內容是介紹 Unity，除了導覽這套應用程式外，也將討論如何運用 C# 程式語言在 Unity 中編程。

第一章

Unity 介紹

我們以三個基本概念為起點：Unity 是什麼，它的用途為何以及它要如何取得，開始探索 Unity 遊戲引擎的旅程。同時，我們會說明本書主題內容的一些限制；畢竟你手上的這本書是為行動平台而寫的，並不是所有的開發平台都適用，那種書的篇幅會厚重許多，或者會讓你的腦袋當機。我們就是要儘量避免這種狀況。

嗨，先看看書

在討論 Unity 之前，我們先來看看將要討論的主題：行動遊戲領域。

行動遊戲

什麼是行動遊戲呢？它跟其他類型的遊戲有什麼不同呢？具體來說，當你在進行遊戲的設計及其後續的實作時，這些不同的因素會如何影響你的決定？

15 年前，行動遊戲大都不出下列二類遊戲的範疇：

- 非常簡單的遊戲，互動、圖形與複雜度都相當精簡。
- 有相當的複雜度，只能在特定的行動遊戲裝置上使用，由幾家公司運用昂貴的開發套件，為上述的行動遊戲裝置開發而成。

之所以會有這種區隔的原因是硬體的複雜度與是否容易取得。若要製作出某方面相對較複雜的遊戲（這裡所說的**複雜**（*complex*）是指具同時移動畫面中一個以上物件的能力），你需要只配備於高價行動裝置上的高階運算能力，如任天堂（Nintendo）的手持遊戲機。因為遊戲裝置的發行商本身擁有遊戲的發行管道，也要保有高度的掌控權，要取得為專屬硬體開發遊戲的許可，變成是一項挑戰。

不過，運算能力更高的硬體價格愈來愈便宜，開發者的選擇愈來愈多。2008 年，蘋果公司（Apple）開放讓開發者可以為 iPhone 製作軟體，同一年 Google 的 Android 平台也公開推行。幾年後，iOS 與 Android 已成為到處可見的平台，行動遊戲成為世界上最受歡迎的電動遊戲。

現今，行動遊戲基本上有下列三種型態：

- 仔細篩選過互動、圖形與操控複雜度的簡單遊戲，遊戲設計適切地體現了這些面向。

- 可在特化過的行動遊戲終端到智慧型手機上玩的、更形複雜的遊戲。

- 從終端或個人電腦移植過來的行動版遊戲。

你可以透過 Unity 製作上述三類的遊戲；不過，在本書中，我們會聚焦在上述的第一種型態。在探索 Unity 並瞭解其運用方式後，我們將著手打造二套符合上述各面向的遊戲。

嗨，再看看 Unity

現在我們要先花一點工夫，瞭解將要試著去製作的遊戲。先談談要用來製作遊戲的**工具**：Unity 遊戲引擎。

可以用 Unity 來做什麼？

近年來，Unity 專注在讓遊戲開發普及化——也就是說，讓任何人都可以透過它來製作遊戲，而且讓它本身能在更多平台上運行。不過，沒有單一的軟體套件能完美契合所有的應用情境。我們值得花一些時間瞭解 Unity 最適合用來做什麼，在什麼情況下，你應該考慮使用其他的軟體套件。

Unity 特別適合用來滿足下列的開發需求:

為好幾種裝置製作遊戲

Unity 在跨平台方面的支援,可能是業界最好的。若你要製作可在不同平台(或只是在不同的**行動**平台)上執行的遊戲,Unity 可能是最好的選擇。

開發速度是重要考量時

你可以用幾個月的時間,開發出內含所需功能的遊戲引擎。你也可以透過像 Unity 這樣的第三方引擎來開發。其實,還有其他的遊戲引擎可供選用,如 Unreal(*https://www.unrealengine.com*)或 Cocos2D(*http://www.cocos2d.org*);不過,這讓我們得考慮下一個需求。

需要完整功能集,不想要自己打造工具

Unity 包含了豐富的功能,是開發行動遊戲的理想工具,它能讓你透過容易操作的工具,製作出你想要的內容。

換句話說,就某些需求而言,Unity 就比較不那麼合用。比方說:

製作一些畫面不需要經常重新繪製的內容

有些並不需要大量繪製圖形的遊戲,就不適合以 Unity 來開發,因為 Unity 的引擎會為每一個影格(frame)重繪畫面。就即時動畫而言,這是必須的,但卻會耗用更多的計算資源。

需要精確控制引擎的功能

除非購買 Unity 原始碼授權(有這種授權,只是比較少人需要),否則無法控制引擎最底層的行為。這並不代表你沒辦法操控 Unity 細部的功能(通常你並不需要這麼做),而是有些事你本來就無法完整掌控。

取得 Unity

Unity 可在 Windows、macOS 與 Linux 平台上安裝，有 3 種版本：個人（*Personal*）、進階（*Plus*）與專業（*Pro*）版。

在本書付梓時（2017 年中），支援 Linux 平台的，還是實驗性的版本。

- 個人版是為獨立開發者設計的。讓他們可以製作自己的遊戲。個人版是免費。

- 進階版是為獨立開發者或小型開發團隊設計的。在本書編寫時，進階版的費用是每月 35 美元。

- 專業版是為小型或大型的開發團隊設計的，在本書編寫時，進階版的費用是每月 125 美元。

Unity 也有提供企業版（Enterprise）授權，是為大型的開發團隊設計的。筆者並沒有太多這種版本的使用經驗。

在上述幾種版本上，都可使用大多數 Unity 的軟體功能。主要的不同在於免費與付費版間，以個人版所開發出遊戲，在啟動時，會出現繪有 Unity 標誌的畫面。免費的版本只限個人或年營收在 10 萬美元以下的組織使用，而進階版則限年營收 20 萬美元以下的組織使用。進階版與專業版附加更完善的支援服務，如在 Unity 的雲端建置服務（Unity Cloud Build service，在第 402 頁的 "Unity Cloud Build" 中有更詳細的討論）。

請連線至 *https://store.unity.com* 網站下載 Unity。安裝後，你就準備好可以開始動手實作了，我們下一章見。

第二章

Unity 導覽

安裝好 Unity 後，最好用一點時間熟悉其操作方式。Unity 的使用者介面雖然直覺，不過還是有不少個別的區塊，需要花一些時間複習。

編輯器

第一次啟動 Unity 時，需要填寫授權碼並登入帳號。如果你沒有帳號，或者不想要登入，則可跳過登入的步驟。

> 若不登入，你就無法使用雲端建置器（Cloud Builder）與其他的 Unity 服務。我們會在第 17 章討論 Unity 提供的服務；雖然首次啟動時，我們不一定會用到這些服務，但還是建議讀者登入。

啟動之後，在你面前呈現的是 Unity 的啟始畫面，你可在其上選擇要創建新專案（project），或開啟現有專案（圖 2-1）。

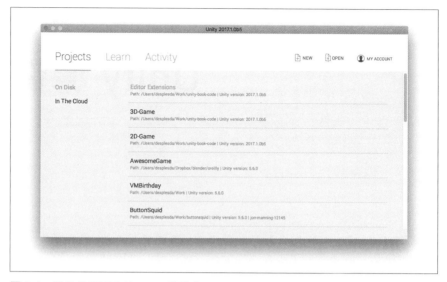

圖 2-1　登入後呈現出的 Unity 啟始畫面

點按右上角的 New 按鈕，Unity 會詢問設定專案時所需的一些資訊（圖
2-2），包括專案名稱、儲存路徑以及要 Unity 創製出 2D 或 3D 的專案
等。

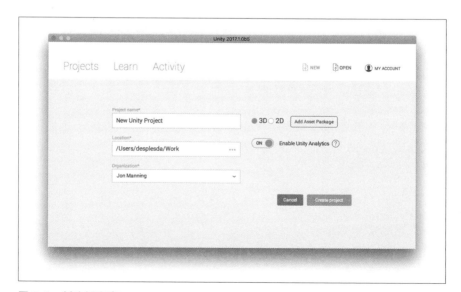

圖 2-2　創建新專案

在此選擇 2D 或 3D 並不會有太大的差異。2D 專案畫面
預設為側視面版（side-on view），而 3D 專案畫面預設
為 3D 透視面版（3D perspective）。你隨時都可以在
Editor Setting 設定面板中調整設定（參閱第 17 頁
"Inspector" 瞭解其使用方法）。

按下 "Create project" 鈕後，Unity 會在磁碟中為你產生專案，並在編輯
器中開啟（圖 2-3）。

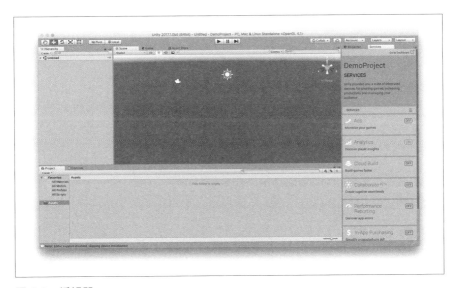

圖 2-3　編輯器

Unity 的專案並不是一個檔案;它們以資料夾的方式儲存,其下包含了 3 個重要的子目錄:*Assets*、*ProjectSettings* 與 *Library*。*Assets* 資料夾內含遊戲會用到的所有檔案:如關卡(levels)、紋樣(textures)、音效(sound effects)與腳本(scripts)。*Library* 資料夾內含 Unity 內部所需的資料,而 *ProjectSettings* 資料夾則包含該專案的設定檔。

通常你不需要動到 *Library* 與 *ProjectSettings* 資料夾中的檔案。

此外,若你有使用像 Git 或 Perforce 這類的原始碼版本控制系統,並不需要將 *Library* 資料夾加進儲存區(repository)裡,不過,還是要把 *Assets* 與 *ProjectSettings* 資料夾加進去,讓你的伙伴能使用相同的素材與設定。

雖然我們還是強烈地建議讀者透過適當的原始碼版本控制系統來管理所寫的程式——這是很有用的工具,不過,如果你不瞭解我們在此所說的內容,請放心將之忽略。

Unity 有一些操作面板可供使用。每一個面板的左上方都有頁籤(tab),我們可以拖放這些頁籤來調整這套應用程式的版面。你也可以將頁籤拖出視窗,這個頁籤就會被放在另一個新開的視窗裡頭。在預設的情況下,並不是所有 Unity 面板都會被打開,在製作遊戲的過程中,你可以透過 Window 選單來開啟更多的操作面板。

如果開啟太多面板,畫面看來會很混亂,你可以選取 Window 選單下的 Layouts → Default,讓版面恢復成預設的狀態。

試玩模式與編輯模式

Unity 編輯器有 2 種模式:編輯模式與試玩模式。在預設的編輯模式下,你可以新建場景(scene)、設定遊戲物件以及建置遊戲。在播放模式下,你可以試玩遊戲並與其中的場景互動。

點按編輯器視窗上方的 Play 鈕（圖 2-4），就可以進入試玩模式。Unity
會啟動遊戲；要離開試玩模式，請再點按 Play 鈕一次。

 你也可以按 Command-P（在 PC 上則按 Ctrl-P），
進入或離開試玩模式。

圖 2-4　試玩模式控制鈕

在試玩模式中，點按試玩模式控制板中間的暫停（Pause）鈕，可以
讓遊戲暫停。再按一次，就可以恢復遊戲的進行。點按最右邊的跳格
（Step）鈕，Unity 就會往前跑一個影格，然後暫停。

 無論是遊戲試玩過程所造成的改變，或是因為你忘
了身處於試玩模式，而對遊戲物件做了調整。在場
景中所作的任何改變，在離開試玩模式後都會被復
原（undone）。在作任何調整前，要再確認清楚！

現在讓我們更詳細地來看看在預設版面配置下會出現的頁籤。本章中，
我們將以面板在預設版面中的位置，來代表該面板的位置（如果你沒辦
法看到某一個面板，請確認你所使用的版面是預設版面）。

場景檢視

場景檢視（scene view）是位於視窗中央的面板。大部份的時間，你都會
在場景檢視中進行操作，因為在其中，你能看到遊戲各**場景**中的內容。

Unity 專案被拆分成場景，每一個場景包含一組遊戲物件；透過製作與修改遊戲物件，整個遊戲的場域（worlds）就可以被創造出來。

 你可以將場景想成是關卡，不過場景也用來將遊戲拆解成可個別管理的區塊。比方說，遊戲的主選單通常會有自身的場景，每一個關卡也會有自身的場景。

模式選取器

場景檢視可以有五種模式。位在視窗左上角（圖 2-5）上的模式選取器（mode selector），掌控著你與場景檢視的操作互動方式。

圖 2-5　場景檢視的模式選取器，圖中呈現的是移位模式

五種模式，由左至右，分別為：

抓握模式（*Grab mode*）

　　本模式啟動時，按著滑鼠左鍵並拖移，即可左右掃視畫面（view）。

移位模式（*Translate mode*）

　　本模式啟動時，可以移動目前被選取的物件。

旋轉模式（*Rotation mode*）

　　本模式啟動時，可以旋轉目前被選取的物件。

縮放模式（*Scale mode*）

　　本模式啟動時，可以縮小或放大目前被選取的物件。

方框模式（*Rectangle mode*）

　　本模式啟動時，可以透過 2D 把手（handles）來移動或縮放目前被選取的物件。在編排 2D 場景或在 GUI 中進行編輯時特別有用。

在抓握模式中，無法選取任何物件，在其他模式中，則無此限制。

你可以透過模式選取器來切換場景檢視的模式；此外，你可以按 Q、W、E、R 或 T 鍵以快速地在各模式間切換。

熟悉環境

你可透過下列的幾種方式，熟悉場景檢視的基本操作方式：

- 點選視窗左上角的手掌圖示，進入抓握模式，再按住滑鼠左鍵拖移，以左右掃視畫面。

- 按住 Option 鍵（PC 上則是 Alt 鍵），再按住滑鼠左鍵拖移，以旋轉畫面。

- 用滑鼠左鍵選取一個場景中的物件，或在 Hierarchy（將在第 14 頁 "Hierarchy" 中介紹）中，點選該物件的對應項，在場景檢視中移動滑鼠，並按 F 鍵，讓畫面聚焦（focus）在被選取的物件上。

- 按住滑鼠右鍵並移動滑鼠，就可以檢視場景的各個角落；在按住滑鼠右鍵時，再按 W、A、S 或 D 鍵，就可以分別往前、往左、往後或後右飛行。按 Q 或 E 鍵也可以往上或往下飛，按下 Shift 鍵，則可更快速地飛行。

 按著 Q 鍵再按手掌圖示，則可切換到抓握模式。

把手控制

你可以在模式選取器的右邊看到把手控制（handle controls，圖 2-6）。把手控制——有移動（movement）、旋轉（rotation）與縮放（scaling）三種，物件被選取時，把手會顯示出來——決定把手的位置（position）與位向（orientation）。

圖 2-6　把手控制；圖中把手的位置被設定在轉軸（Pivot），而位向則被設定成區域
（Local）

有二種控制方式可供設定：把手位置與其位向。

把手位置可以被設定在轉軸（Pivot）或中心（Center）處。

- 若設定成轉軸，則把手會顯示在物件的軸轉點上。比方說，人物 3D
  模型的軸轉點，通會設定在二腳之間。

- 若設定成中心，則把手會顯示在物件的中心點上，忽略物件的軸
  轉點。

把手的位向可以被設定成區域（Local）或全域（Global）。

- 若設定成區域，則把手的位向會相對於你所選取的物件來擺放。也就
  是說，若你旋轉該物件，則它的**向上**（*up*）方向會對著側邊，而**向
  上**箭頭也會對著側邊。如此，你就能在它的「區域」向上方向上移動
  該物件。

- 若設定成全域，則把手的位向會相對於所處的場域──也就是說，**向
  上**的方向總是指著上方，忽略物件實際上的旋轉情形。這項功能可以
  讓你移動被旋轉過的物件。

Hierarchy

場景檢視的左邊是 Hierarchy（圖 2-7），其中列出目前已開啟場景中的所
有物件。若你的場景較複雜，可以讓你可以很快地透過其名稱，找到所
需的物件。

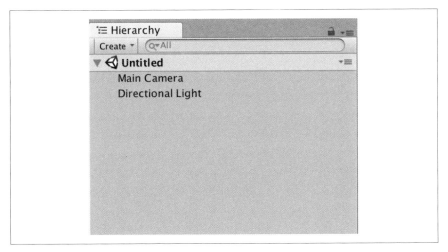

圖 2-7　Hierarchy

Hierarchy，如其名稱所揭示的，可以讓你檢視物件的父 / 子從屬關係。在 Unity 中，物件可以包含其他物件；在 Hierarchy 中，你可以瀏覽物件所形成的樹狀結構，也可以在列表中拖放物件，調整其從屬關係。

在 Hierarchy 的頂端有搜尋框，你可以在其中輸入所要搜尋的物件名稱，這在複雜的場景中特別有用。

Project

Project（圖 2-8）位於編輯器視窗的底端，其中列示著專案素材庫（Assets）資料夾的內容。在這裡，你可以調整遊戲中所用到的素材，並管理資料夾的版面（layout）。

 你應該只在 Project 中進行素材的搬移、重新命名及刪除之操作。當你在該面板中進行操作時，Unity 可以追蹤素材檔案變動的情形。若在 Project 外（如 macOS 中的 Finder，或 PC Windows 系統中的檔案總管）調整檔案，Unity 就無法追蹤這些變化。如此會讓 Unity 混淆，遊戲就無法再正常運行。

圖 2-8　Project（這裡所呈現的是另一個專案中的素材檔；新建置專案中的 Project 會是空的）

Project 可透過單行版面或雙行版面來檢視。雙行版面如圖 2-8 所示；左側區域列出安排素材檔的資料夾，右側區域則列出目前被選取資料夾的內容。雙行版面最適合用寬版面來呈現。

相對地，單行版面（圖 2-9）用一個列表列出所有的資料夾與其內容，比較適合在較窄的版面中使用。

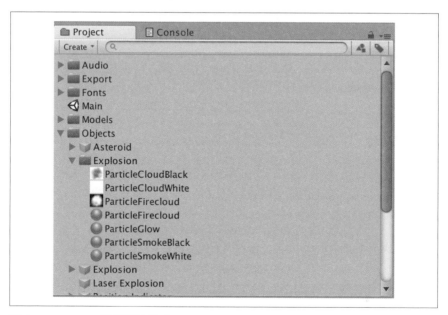

圖 2-9　Project，單行版面模式

Inspector

Inspector（圖 2-10）是整個編輯器中最重要的面板之一，其重要性僅次於場景檢視。Inspector 中所呈現的是目前被選取物件的資訊，遊戲物件的各項屬性也是在這裡設定。Inspector 在視窗的右側；在預設情況下，與服務（Services）頁籤位在同一個頁籤組中。

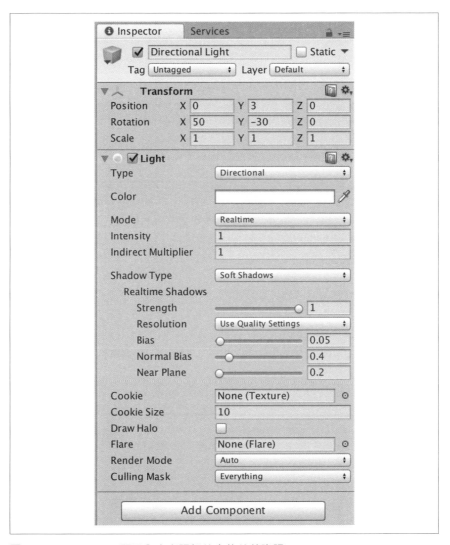

圖 2-10　Inspector，顯示內含光照組件之物件的資訊

Inspector 列出所有附掛在被選取物件或素材上的組件（components）。每一個組件會顯示不同的資訊；我們在第二部與第三部中建置專案時，將可看到更多的組件。也就是說，我們會愈來愈熟悉 Inspector 與其中所顯示的內容。

除了顯示目前所選取物件或素材的資訊外，Inspector 也會呈現專案的設定，選取 Edit → Project Settings 選項，就可以存取這些設定。

遊戲檢視

遊戲檢視（Game view）與場景檢視處於同一個頁籤組下，它顯示目前指定攝影機所拍到的遊戲畫面。在你進入試玩模式後（參閱第 10 頁「試玩模式與編輯模式」），遊戲檢視會自動啟動，讓你試玩遊戲。

遊戲檢視本身無法進行互動——它只能顯示攝影機所渲染出的畫面。也就是說，當編輯器處於編輯模式時，無法與遊戲檢視進行互動。

本章總結

現在你已經知道 Unity 的基本操作方法了，可以開始用 Unity 做出你想要的東西。在像 Unity 這麼複雜的軟體中，總是有不少東西要學；要花一些時間熟悉環境。

下一章將說明如何運用遊戲物件與腳本，看完下一章，你就可以開始製作遊戲了。

第三章

編寫 Unity 腳本

為了讓你的遊戲能順利運行，你需定義遊戲中實際上會**發生**哪些事情。Unity 提供你所需的基礎功能，如圖形渲染、取得玩家的輸入或播放音訊；依遊戲中獨特功能的需求而定。

為了能使用這些功能，你可以在遊戲的物件上編寫**腳本**（*scripts*）。在本章中，我們會介紹 Untiy 腳本的編寫系統，並以 C# 程式語言來編寫腳本。

Unity 中的編程語言

你需要選擇一種語言以在 Unity 中進行編程（programming）。
Unity 支援二種不同的編程語言：C# 與 "JavaScript"。

我們之所以特別強調 JavaScript 是因為，這裡所指的
JavaScript 與你在其他地方所看到的 JavaScript 不同。它其實
是看起來像 JavaScript 的語言，但與真正的 JavaScript 有許
多相異之處。因為相異處並不少，故它也常被 Unity 的使用者
或 Unity 團隊稱為 "UnityScript"。

有幾個因素考量，讓我們不在本書使用 Unity 的 JavaScript。
首先，在 Unity 的參考資料中，以 C# 來呈現的範例，比以
JavaScript 呈現的多，這讓我們覺得 Unity 的開發者比較喜歡
用 C# 來開發。

其次，你在 Unity 中使用 C#，是到處通用的 C#，而在 Unity
中使用的 JavaScript，則是 Unity 特定版，並不能用在其他地
方。也就是說，使用 C#，你可以獲得到比較多編程語言本身
的支援。

C# 速成班

為 Unity 遊戲編寫腳本時，你所使用的編程語言是 C#。本書中，我們不
會另外說明編程的基礎（篇幅不足！），不過我們會把需要瞭解的重點強
調出來。

由 Joseph 與 Ben Albahari 所著之 *C# in a Nutshell*
（O'Reilly, 2015），是一本很棒的一般性參考書。

我們用一段 C# 程式碼，很快地向你作說明，我們會把重要的部份強調
出來：

```
using UnityEngine; ❶

namespace MyGame { ❷
```

```
    [RequireComponent(typeof(SpriteRenderer))] ❸
    class Alien : MonoBehaviour { ❹

        public bool appearsPeaceful; ❺

        private int cowsAbducted;

        public void GreetHumans() {
            Debug.Log("Hello, humans!");

            if (appearsPeaceful == false) {
                cowsAbducted += 1;
            }
        }
    }
}
```

❶ 用 using 關鍵字註明使用者所要用的套件（packages）。UnityEngine 套件包含 Unity 的核心型別（types）。

❷ C# 允許你將自定的型別放在命名空間（*namespaces*）中，如此，能避免命名衝突的問題。

❸ 屬性（*attributes*）放在方括號中，你可以為型別或方法（method）加入一些額外的資訊。

❹ 類別（*classes*）須以 class 關鍵字來定義，你也必須在冒號後指定該類別的父類別（superclass）。做好 MonoBehaviour 的子類別後，它就可以被當成腳本組件（script component）來使用。

❺ 附掛在類別中的變數稱為欄位（*fields*）。

Mono 與 Unity

Unity 的腳本系統有 Mono 框架的支持。Mono 是 Microsoft .NET 框架的開源版實作。換句話說，除了 Unity 內建的函式庫（libraries）外，你也能運用完整的 .NET 函式庫。

常有人會誤以為 Unity 是建構在 Mono 框架之上，其實並非如此；Unity 只把 Mono 當成是腳本引擎而已。透過 Mono，Unity 可採用 C# 與 UnityScript（Unity 稱之為 "JavaScript"，參閱「Unity 中的編程語言」）語言為本身的腳本語言。

Unity 中所使用的 C# 與 .NET 框架的版本比大部份現行的版本都要來得舊。在本書編寫時的 2017 年初期，Unity 中的 C# 語言版本是 4，.NET 框架的版本則是 3.5。之所以會有這種情況，是因為 Unity 使用自身所調用（fork）的 Mono 專案副本，而這個副本是由幾年前的主版本發展軸線上拆分出來的。這也意味著 Unity 可以加入一些能滿足特殊需求的功能，這些功能主要就是行動導向（mobile-oriented）的編譯器（compiler）功能。

Unity 現正處於更新編譯器工具的週期中，更新完成後，使用者就可以運用最新版的 C# 語言與 .NET 框架。在那之前，你的程式碼會是以幾個版次前的語言與框架來寫成。

因此，若你要透過網頁尋求 C# 的範例碼或建議，可能就要找適用於 Unity 的程式碼。同理，在 Unity 中以 C# 編寫腳本時，你得要搭配運用 Mono 的 API（多數平台都支援的通用函式）與 Unity 的 API（與遊戲引擎相關的函式）。

MonoDevelop

MonoDevelop 是內含在 Unity 中的開發環境。MonoDevelop 主要是作為編寫腳本用的文字編輯器；不過，它內建了一些功能，讓編程工作更加便利。

在專案中任何腳本檔上雙按滑鼠，Unity 就會開啟目前設定好的編輯器。在預設的情況下，這個編輯器就會是 MonoDevelop。不過，你還是可以將自己慣用的文字編輯器設定成預設的編輯器。

Unity 會自動以專案中的腳本來更新 MonoDevelop 中的專案，在你回到 Unity 的同時，腳本就會自動被編譯。也就是說，要編輯腳本時，只要先儲存目前的進度，然後再回到編輯器上即可。

底下列出 MonoDevelop 的一些功能，善用這些功能可以省下你不少時間。

程式碼自動補完

在 MonoDevelop 中，按下 Ctrl-Space（PC 與 Mac 通用），MonoDevelop 會彈出視窗，列出接下來要輸入什麼的建議；比方說，若你輸入類別名稱到一半，MonoDevelop 會彈出選項，選擇選項後，就自動補完，不需再輸入。你可以用上下鍵在顯示出的列表中挑選適合的選項，按 Enter 代表你要用這個選項來補完。

重構

若你按下 Alt-Enter（在 Mac 則按 Option-Enter），MonoDevelop 會列出可用來編輯原始碼的作業（tasks）。這些作業包含如新增或移除 if 敘述旁邊的大括號、自動填上 switch 敘述所需的 case 標籤，或將變數的宣告與指定敘述拆成二行。

建置

當你回到編輯器上時，Unity 會自動重建置（rebuild）你的程式碼。不過，若你按下 Command-B（PC 上則是按 F7），所有程式碼會在 MonoDevelop 中建置。以此方式所產生的檔，並不會在遊戲中使用，這樣子做的目的是在返回 Unity 之前，能先確認程式碼不會有編譯錯誤的情況，節省來回在 Unity 與 MonoDevelop 間切換的時間。

遊戲物件、組件與腳本

Unity 的場景由遊戲物件（*game objects*）組成。場景物件本身是無形物件（invisible objects），只會有名稱。它們的運作方式由其下的組件（*components*）來定義。

組件是遊戲的基礎元件，Inspector 中所列的所有項目都是組件。每個組件負責不同的任務；比方說，網格渲染器（Mesh Renderers）可顯示 3D 網格，而音訊來源（Audio Sources）則可播放音訊。你所寫的腳本也是組件。

下列為產生一份腳本的操作步驟：

1. **產生腳本素材**（*script asset*）。在 Assets 選單下選取 Create → Script → C# Script。

2. **為腳本素材命名**。在 Project 面板被選取的資料夾中，會有一份腳本檔產生，你可以直接為它命名。

3. **雙按腳本素材**。該腳本就會在腳本編輯器中開啟，預設是 MonoDevelop。大部份腳本的初始範本看起來就像這樣：

```
using UnityEngine;
using System.Collections;
using System.Collections.Generic;

public class AlienSpaceship : MonoBehaviour { // ❶

    // Use this for initialization
    void Start () { // ❷

    }

    // Update is called once per frame
    void Update () { // ❸

    }
}
```

❶ 類別名稱。此例中的名稱是 AlienSpaceship，須與素材檔名相同。

❷ 第一次叫用時，在 Update 函式前，會先叫用的 Start 函式。你可以把變數初始化、載入之前儲存的偏好設定（preferences）或設定其他腳本與遊戲物件（GameObjects）的程式碼放在這裡。

❸ 每個影格都會叫用 Update 函式。需要處理的任務，如對輸入作出回應、觸發其他腳本或到處移動東西的程式碼，都放置於此。

在其他程式開發環境中，你可能經常使用**建構方法**（*constructors*）。而在 Unity 中，你不需要自行建構 MonoBehaviour 子類別，因為 Unity 會自動建構物件，你無需操心何時需建構物件。

實際上，Unity 中的腳本素材（Script assets）在被附掛到遊戲物件（GameObject）前（圖 3-1），並不會有任何作用——其中的程式碼都不會被執行。將腳本附掛到遊戲物件上的主要方法有二種：

1. 將腳本素材拖放到遊戲物件上。在 Inspector 或 Hierarchy 中都可以進行這種操作。

2. 使用組件（*Component*）選單。你可以在 Component → Scripts 選項下，看到專案中所有的腳本。

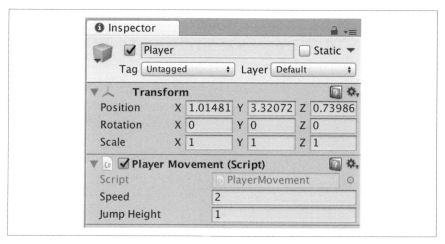

圖 3-1　正顯示遊戲物件的 Inspector，其中的腳本名為 "PlayerMovement"，以組件的形式加入

雖然透過以組件的形式附加在遊戲物件上的腳本，主要會被顯示在 Unity 編輯器中，Unity 還是可以讓你在 Inspector 中，以編輯值的方式，檢視腳本中的屬性。要在 Inspector 中設定屬性，你須在腳本中製作公用變數（public variable），所有被設定成公用（public）的變數，都可在編輯器中取用；當然，你也可以將變數設定成私有（private）。

```
public class AlienSpaceship : MonoBehaviour {
    public string shipName;

    // "Ship Name" 將在 Inspector 中顯示成
    // 可編輯欄位
}
```

Inspector

在你的腳本以組件的形式加進遊戲物件後，當該遊戲物件被選取時，腳本就會顯示在 Inspector 中。Unity 會自動依照它們在程式中出現的順序顯示所有公用變數。

具 [SerializeField] 屬性的私有（private）變數也會被顯示出來。當你要讓變數在 Inspector 中顯示時可以用這個方法，不過該私有變數無法被其他腳本所運用。

 Unity 編輯器會以每個字首大寫的格式來顯示變數名稱，而且會在每個現有的大寫字母前加上一個空格。比方說，若變數名稱為 shipName，編輯器中顯示出來的會是 "Ship Name"。

組件

腳本可以存取遊戲物件（GameObject）中的不同組件（components）。你可以透過 GetComponent 方法來取得組件。

```
// 若此物件中有 Animator 組件，則取用它。
var animator = GetComponent<Animator>();
```

你也可以在其他物件上叫用 GetComponent，取得附掛到該物件的組件。

你也可以透過 GetComponentInParent 與 GetComponentInChildren 方法，取得附掛到父物件（parent）或子物件（child）上的組件。

重要方法

MonoBehaviours 中有幾個對 Unity 而言特別重要的方法（methods）。這些方法會在組件生命週期的不同階段中，分別被叫用，能在適當的時機，執行正確的操作。本節將依方法執行的順序，依序說明這些方法。

Awake 與 OnEnable

Awake 會在物件於場景中實體化（instantiated）後，立即被叫用，放在裡頭的碼，會是腳本中最先被執行的碼。Awake 在物件的生命週期中，只會被叫用一次。

相對地，OnEnable 會在每次物件可供使用時被叫用。

Start

Start 會在第一次叫用物件的 Update 方法前被叫用。

Start 對 Awake

你可能會對為何在 Awake 與 Start 二個方法中都可以設定物件而感到疑惑。這是否代表你可以隨意挑選一個方法，將設定物件的碼寫在裡頭呢？

其實要在哪裡設定物件，要依需求而定。在你啟動場景時，所有處於該場景中的物件，都會執行自身的 Awake 與 Start 方法。重要的關鍵是，無如何，Unity 會確保所有物件的 Awake 方法都會在任何 Start 方法執行前執行完畢。

這代表任何放在物件 Awake 方法中的任務，保證都會在本身或其他物件執行其 Start 方法之前做完。這種機制很有用，如在下列的例子裡，物件 A 會用到一個由物件 B 設定好的欄位：

```
// 在 ObjectA.cs 檔中
class ObjectA : MonoBehaviour {

    // 可供其他腳本存取的變數
    public Animator animator;

    void Awake() {
        animator = GetComponent<Animator>();
    }
}

// 在 ObjectB.cs 檔中
class ObjectB : MonoBehaviour {

    // 連結到 ObjectA 腳本
```

```
public ObjectA someObject;

void Awake() {
    // 檢查 someObject 是否已設定
    // 其 'animator' 變數
    bool hasAnimator = someObject.animator == null;

    // 由先執行的碼決定
    // 要列出的是 'true' 或 'false'
    Debug.Log("Awake: " + hasAnimator.ToString());
}

void Start() {
    // 檢查 someObject 是否已設定
    // 其 'animator' 變數
    bool hasAnimator = someObject.animator == null;

    // * 總是 * 會印出 'true'
    Debug.Log("Start: " + hasAnimator.ToString());
}
}
```

在這個例子當中,附掛有 Animator 的 ObjectA 腳本會作用在一個物件上(此例中,Animator 本身並不做任何事情,也可以被輕易地置換成其他類型的組件)。ObjectB 腳本已被設定好,故它的 someObject 變數會連結到內含 ObjectA 腳本的物件上。

在場景展開時,ObjectB 腳本會留下二次紀錄(log)──一次在 Awake 方法中,一次則是在 Start 方法中。二個地方都會檢查其 someObject 變數的 animator 欄位是否不為空值,然後再印出 "true" 或 "false"。

如果你執行這個範例,第一項被記錄的訊息,由 ObjectB 的 Awake 方法所記錄的,不是 "true" 就是 "false",視哪一份腳本中的 Aswake 方法先執行而定。(在沒有自行設定 Unity 執行順序的情況下,無法得知哪一份先執行。)

不過,第二項被記錄的訊息,由 ObjectB 的 Start 方法所記錄的,則保證會傳回 "true"。原因是,當場景展開時,所有現存物件都會在任何 Start 方法被執行前,執行其 Awake 方法。

Update 與 LateUpdate

Update 方法會在每個影格上執行，當組件被開啟時，附掛在該物件上的
腳本就會啟用。

 儘可能不要在 Update 方法中做許多工作，因為它在每個
影格上都會執行一次。如果在 Update 方法上執行某些一
直會持續執行的操作，遊戲的其他部份都會受到影響而
慢下來。如果要進行需要一些時間的操作，你應該使用
協程（coroutine，於後說明）。

Unity 會叫用所有腳本中的 Update 方法，叫用完成之後，它會接著叫
用所有腳本中的 LateUpdate 方法。Update 跟 LateUpdate 方法間有著與
Awake 跟 Start 方法間類似的關係：在所有 Update 方法被叫用完成後，
LateUpdate 方法才會被叫用。

在你要依據某些其他物件是否已全都做完 Update 中的工作，才決定是否
要進行哪些操作的時候，就可以運用這種機制。雖然你無法控制哪些物
件中的 Update 方法會先被執行；但，若將程式放在 LateUpdate 中，你
就可以確定，在執行這些程式之前，所有物件的 Update 方法都已叫用
完成。

 除 Update 外，你也可以使用 FixedUpdate。Update 方法在
每 個 影 格（frame）中 都 會 被 叫 用 一 次，而 寫 在
FixedUpdate 方法中的碼，則是每秒要被叫用幾次。在進
行與物理學相關的計算時，如固定要在每一段時間內施
力，這個方法特別有用。

協程

多數的函式會進行自身負責要做的操作，然後立即返回（return）到主程
式中。不過，有些時候，你需要用一段時間來做某些工作。比方說，你
要讓一個物件從一個位置上滑動（slide）到另一個位置上，而這個位移
操作需要好幾個影格的時間來完成。

協程（*coroutine*）是能跨好幾個影格來執行的函式（function）。寫協程時要先編寫一個回傳值型別為 IEnumerator 的方法（method）：

```
IEnumerator MoveObject() {

}
```

接著，使用 yield return 敘述，讓協程先暫時停住，讓遊戲其餘的部份能繼續執行。比方說，要讓物件在每格影格中往前移一段指定的距離[1]，你可以這樣寫：

```
IEnumerator MoveObject() {
    // 一直循環
    while (true) {

        transform.Translate(0,1,0); // 在每個影格中，物件會在 Y 軸方向
                                     // 移動一個單位

        yield return null; // 等到下一個影格

    }
}
```

 如果你寫了一個無窮迴圈（就像上述範例中的 while (true)），你必須在迴圈裡頭寫 yield。如果沒有寫，這個迴圈就會一直執行，而其他的程式就沒辦法被執行。因為遊戲的程式都是在 Unity 中執行，如果執行進無窮迴圈，Unity 就會有當掉的可能。若 Unity 當掉了，你就需要強迫將它退出，沒有儲存下來的資料，就會遺失。

從協程中的 yield return 返回時，你已暫時將該程序的執行暫停了下來。Unity 稍後會恢復它的執行；你用 yield return 回傳的值，會指定協程何時恢復執行。

---

1 實際上這樣做並不好，原因會在第 37 頁「腳本中的時間」說明，這裡只是簡單舉個例子。

舉例來說：

yield return null

下一個影格恢復執行

yield return new WaitForSeconds(3)

等 3 秒後恢復執行

yield return new WaitUntil(() => **this**.someVariable == **true**)

等 someVariable 等於 true 時恢復執行；你也可以運用任何能求出 true 或 false 變數值的運算式（expression）來做。

> 使用 yield break 敘述可以將協程停掉：
>
> ```
> // 立即停止協程的執行
> yield break;
> ```
>
> 執行到方法結尾時，協程會自動停止執行。

寫好協程後，就可以將之啟動。不是直接叫用協程來啟動它；你要搭配 StartCoroutine 函式來啟動協程：

```
StartCoroutine(MoveObject());
```

執行此敘述後，協程就會開始執行，直到 yield break 敘述或執行終點為止。

> 除了我們剛看的 yield return 範例外，你也可以將 yield return 的條件指定成另一個協程。如此，要等到被指定的協程結束後，這個協程才會繼續執行。

我們也能在協程外將它停止。你可以為 StartCoroutine 方法的回傳值保留一份參考（reference），然後再將之傳給 StopCoroutine 方法就可以了：

```
Coroutine myCoroutine = StartCoroutine(MyCoroutine());

// …之後…

StopCoroutine(myCoroutine);
```

創建並銷毀物件

有二種方法可在遊戲進行中創建物件。第一種方法是創建空的 GameObject，並透過程式碼在其上附掛組件；第二種方法則是複製出另一個物件（稱為實體化，*instantiation*）。通常會用第二種方法來做，因為只要一行程式碼就可以做好，我們先來討論這種方法。

> 若你在試玩（Play）模式下創建新物件，這些物件會在遊戲停止時消失。若你要它們持續存留的話，請進行下列操作：
>
> 1. 選取要留存的物件。
> 2. 將它們複製（Copy），可以按 Command-C（PC 上則按 Ctrl-C），或選取 Edit 選單下的 Copy。
> 3. 離開試玩（Play）模式。物件會從場景中消失。
> 4. 貼上（Paste），按 Command-V（PC 上則按 Ctrl-V），或選取 Edit 選單下的 Paste。物件會再出現；現在就可以在編輯（Edit）模式下運用這些物件。

實體化

在 Unity 中，將物件實體化（instantiation）表示該物件，包括其中的組件、子物件與它們的組件，會透過複製（copied）的方式被創建出來。若你要實體化的物件是一個預製物件（prefab），實體化就特別好用。Prefab 是你之前做好並儲存成素材（assets）的物件。也就是說，你可以創建一個物件的單一樣版（template），然後在許多不同的場景中，實體化出該物件的許多複本。

使用 Instantiate 方法來實體化出物件：

```
public GameObject myPrefab;

void Start() {
    // 創建一個 myPrefab 的新複本，
    // 並將之置放在該物件的同一位置上。
    var newObject = (GameObject)Instantiate(myPrefab);

    newObject.transform.position = this.transform.position;
}
```

Instantiate 方法的回傳值型別是 Object，並不是 GameObject 你需要將它轉型（cast），當成 GameObject 來用。

從頭開始打造物件

創建物件的另一種方式是自行寫碼建造。你可以使用 new 關鍵字來建構一個新的 GameObject，然後在其上叫用 AddComponent，來為它加進新的組件。

```
// 創建一個新的遊戲物件；在 Hierarchy 中會出現
// "My New GameObject"。
var newObject = new GameObject("My New GameObject");

// 在新加入的物件上，新增一個 SpriteRenderer
var renderer = newObject.AddComponent<SpriteRenderer>();

// 讓新加入的 SpriteRenderer 將物件外形（sprite）顯示出來
renderer.sprite = myAwesomeSprite;
```

 AddComponent 方法接受泛型（generic）參數，你可以傳入組件作為叫用這個方法的參數。只要是 Component 類別的子類別，都可以被加入。

銷毀物件

Destroy 方法會把物件自場景上移除。請注意，我們並沒有說是*遊戲物件*，而是*物件*！Destroy 叫用來移除遊戲物件與組件。

要將一個遊戲物件自場景上移除，可在其上叫用 Destroy 方法：

```
// 銷毀附掛有這個腳本的遊戲物件
Destroy(this.gameObject);
```

 Destroy 可作用在組件與遊戲物件上。

若你叫用 Destroy 並傳入 this，代表目前的腳本組件，你並不會把遊戲物件移除，反而是將這份腳本身從其所依附的物件上移除。遊戲物件還是會存在，但你的腳本就沒有依附在上頭了。

屬性

屬性（*attribute*）是依附在類別、變數或方法上的資訊。Unity 定義了幾種實用屬性，你可以用來改變類別的行為或其在編輯器（Editor）中的外觀。

RequireComponent

RequireComponent 屬性，類別若設定了這個屬性，Unity 就知道這份腳本需要用到另一型別的組件。在你的腳本需要某特定型別的組件搭配才能運作時，這個屬性就能派上用場。比方說，若腳本只做一件事，如更改 Animator 的設定，則這個類別就需要一個 Animator 跟它搭配。

要指定組件所需的組件型別，你要傳入組件的型別為參數，如：

```
[RequireComponent(typeof(Animator))]
class ClassThatRequiresAnAnimator : MonoBehaviour {
    // 這個類別需要有一個 Animator
    // 附掛到該 GameObject 上來
}
```

> 若你在 GameObject 中加進了需要特定組件的腳本，若該 GameObject 中尚未有這種組件加入，則 Unity 將自動幫你添加一個進來。

Header 與 Space

加入 Header 屬性後，Unity 會在 Inspector 中該欄位（field）的上方加上標籤（label）。Space 的功用也類似，但加上是空白區域。二者都用來在 Inspector 中，讓其內容看來更整齊清楚。

舉例來說，圖 3-2 呈現 Inspector 在渲染下列腳本之後的樣子：

```
public class Spaceship : MonoBehaviour {

    [Header("Spaceship Info")]

    public string name;

    public Color color;
```

```
        [Space]

        public int missileCount;
}
```

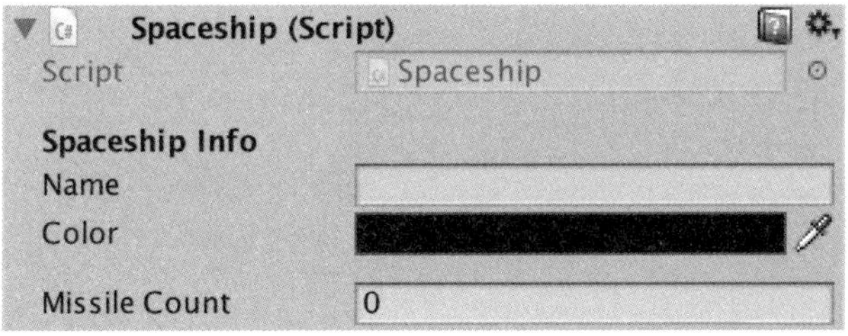

圖 3-2　顯示標頭標籤與空白的 Inspector

SerializeField 與 HideInInspector

通常，只有 public 的欄位會顯示在 Inspector 中，不過，將變數設定成 public 代表其他物件可以直接存取這些變數，擁有這些變數的物件就比較難完全掌控它們。但，若你將變數設定成 private，則 Unity 就不會將它顯示在 Inspector 中。

為了要克服這個問題，可在要顯示在 Inspector 中的 private 變數上，加進 SerializeField 屬性。

若你要的是與上述情況相反的設定（也就是說，讓 public 的變數不要顯示在 Inspector 中），則可使用 HideInInspector 屬性：

```
class Monster : MonoBehaviour {

    // 會在 Inspector 中顯示，因為它是 public 變數。
    // 其他腳本可以存取
    public int hitPoints;

    // 不會在 Inspector 中顯示，因為它是 private 變數。
    // 其他腳本不可存取
    private bool isAlive;

    // 會在 Inspector 中顯示，因為有指定 SerializeField 屬性。
    // 其他腳本不可存取
    [SerializeField]
    private int magicPoints;
```

```
    // 不會在 Inspector 中顯示，因為有指定 HideInInspector 屬性
    // 其他腳本可以存取
    [HideInInspector]
    public bool isHostileToPlayer;
}
```

ExecuteInEditMode

在預設的情況下，腳本中的程式碼只會在試玩模式（Play Mode）中執行；也就是說，Update 方法的內容，只會在遊戲實際進行的時候才會執行。

不過，有時讓程式碼隨時都可以跑，會是一種方便的作法。你可以在類別中加入 ExecuteInEditMode 屬性，讓類別裡的程式碼可以隨時執行。

 組件的生命週期在編輯模式（Edit Mode）下會不一樣。處於編輯模式下，Unity 只會在必要的時候重繪畫面，通常就是在回應如滑鼠點按這類的使用者輸入事件時發生。也就是說，Update 方法不會持續執行，只會偶爾跑一次，而且，協程也不會照預期的方式運行。

還有，你不能在編輯模式中叫用 Destroy，因為 Unity 會在下一個影格才將物件移除。在編輯模式中，你應該叫用 DestroyImmediate，這個方法會立刻將物件移除。

舉例來說，即使不在試玩模式中，底下的腳本會讓一個物件總是面對其目標：

```
[ExecuteInEditMode]
class LookAtTarget : MonoBehaviour {

    public Transform target;

    void Update() {
        // 若沒有目標，則不會繼續
        if (target != null) {
            return;
        }
```

```
        // 轉動以面對目標
        transform.LookAt(target);
    }

}
```

若你將上述腳本附掛到一個物件上，並將其 target 變數設定成另一個物件，則不論是在試玩或編輯模式下，前者都會轉向以面對其目標。

腳本中的時間

Time 類別用來在遊戲中取得關於目前時間的資訊。Time 類別中有幾個變數可加以運用（強烈建議你把相關說明文件找來看，它的文件在 *https://docs.unity3d.com/Manual/TimeFrameManagement.html*），不過最重要且最常用的變數是 deltaTime。

Time.deltaTime 會量測從最近影格被渲染後到目前為止所經過的時間。重點在於，這段時間會有很大的變動。設定有這個變數，能讓你執行會在每一影格上更新的操作，不過，這需要花一些時間計算。

在第 29 頁「協程」中，我們用來解說的範例，能在每一個影格中將物件移動一個單位。這種作法並不好，因為一秒中可跑過的影格數，可能會有很大的變動。比方說，若鏡頭正對著場景中一個很單純的角落，則每秒影格率可能會很高，若對著場景中複雜的景像，則影格率（framerates）會很低。

因為無法確認目前播放速度一秒可以跑幾個影格，最好的計算方式就是依照 Time.deltaTime 來處理。透過下列範例來說明，很容易就可以瞭解：

```
IEnumerator MoveSmoothly() {
    while (true) {

        // 每秒移動 1 個單位
        var movement = 1.0f * Time.deltaTime;

        transform.Translate(0, movement, 0);

        yield return null;

    }
}
```

記錄到主制台

如在第 27 頁「Awake 與 OnEnable」中所談過的，不管資訊是用來診斷問題或在發生某些狀況時示警，有時將某些資訊輸出到主控台（Console）上，是很方便的作法。

我們可以用 Debug.Log 函式，將資訊輸出到主控台上。記錄（logging）可以有三種類型：資訊（info）、警告（warning）與錯誤（error）。除了每一筆警告與錯誤紀錄看來會比較明顯外，從功能面上看，這三種類型的紀錄並沒有什麼不同。

除了 Debug.Log 外，你也可以使用 Debug.LogFormat，這個函式可以讓你在字串中嵌入值，然後再送到主控台：

```
Debug.Log("This is an info message!");
Debug.LogWarning("This is a warning message!");
Debug.LogError("This is a warning message!");

Debug.LogFormat("This is an info message! 1 + 1 = {0}", 1+1);
```

本章總結

在 Unity 中，編寫腳本是一項關鍵的技能，愈熟悉 C# 語言與編程工具，製作起遊戲來就更容易，也更有趣。

第二部

製作 2D 遊戲：
古井尋寶

我們已概略地瞭解了 Unity 的能耐，接下來就要運用這些功能來做一些東西。這一部與下一部都會帶讀者從無到有地製作出整套遊戲來。

在接下來的幾章，我們會打造一套捲軸動作遊戲（side-scrolling action game），遊戲叫作古井尋寶（Gnome's Well That Ends Well）。這套遊戲除了需要運用大量的 Unity 繪圖與物件功能外，也將倚重 UI 系統。這套遊戲會很有趣。

第四章

開始打造遊戲

瞭解如何操作 Unity 的介面是一回事，用它來製作整套遊戲是另外一回事。在本書的這個部份中，你將運用在第一部中所學到的技巧創建出一套 2D 遊戲。做完這一部的演練後，你就有古井尋寶這套捲軸動作遊戲（圖 4-1 是遊戲完成後的畫面）可玩了。

圖 4-1　做好的成品

遊戲設計

古井尋寶的玩法（gameplay）很直接。玩家要操控花園小矮人，腳上被繩子綁住的小矮人，要一直被往井底送，當然，井底有寶藏在等著他。麻煩的是，井中有許多機關，一不小心，小矮人就會小命不保。

要開始製作遊戲前，我們可先畫出概略的場景，呈現出遊戲的外觀。我們使用 OmniGraffle 這套優秀的圖表繪製軟體來畫，當然，選用何種繪圖工具並不是那麼重要──簡單地用筆與紙就可以，而且效果可能會更好。重點在於，要能大致瞭解遊戲玩起來的大致狀況，而且能愈快愈好。圖 4-2 呈現出我們所畫的古井尋寶遊戲草圖。

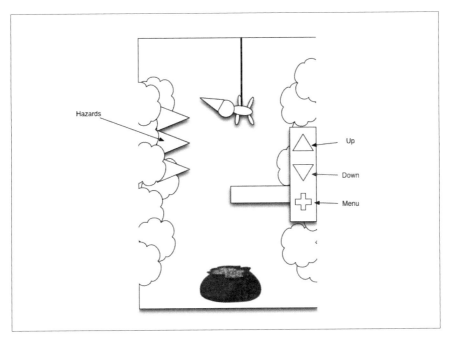

圖 4-2　遊戲概念的粗略描繪

一旦我們決定了遊戲的樣貌，就可以開始動手設計整體架構了。我們要開始繪製舞台上物件的外觀，設定它們彼此間的關係。同時，也要開始思考那些在舞台上看不見的組件，以及它們的運作方式──輸入要如何取得，以及遊戲內部的各個管理器（managers），彼此間要如何進行溝通。

最後，要思考的則是遊戲整體的視覺設計。我們找來了從事藝術設計的朋友，請他幫忙繪製小矮人被倒吊下古井的過程。這可讓我們瞭解主角的外觀，並設定好遊戲整體的調性：由貪心小矮人扮演主角的滑稽、卡通且帶有些微暴力因子的遊戲。圖 4-3 是最後設定好的遊戲角色外觀。

如果你不認識能夠協助製作影像的設計師,那就要自己畫!雖然無法畫出令自己滿意的圖,但能為遊戲加上任何想法,總比都沒有想法來得好。

圖 4-3 小矮人角色的概念圖

一旦完成初步設計後,就可以開始處理需要被實作出來的東西:遊戲中的小矮人要怎麼移動、介面要怎麼安排才好操作,以及遊戲物件彼此間該如何連結在一起。

玩家可透過三個按鈕來操作，讓小矮人能夠往下落到深井中：一是增長繩子的長度，一是縮短繩子的長度，而第三個按鈕則能顯示遊戲的選單。按住增長繩子的按鈕，小矮人就會緩緩下降入井中。玩家要將裝置往左傾或往右傾，讓小矮人可以左右移動，以閃避井中的致命陷阱。

遊戲過程基本上是經由 2D 物理模擬出的結果。小矮人是一個「偶戲娃娃（ragdoll）」——由各個以關節相連結的區塊而組成的個體，其中的每一個區塊可用剛體（rigid body）來模擬。也就是說，透過 Rope 物件將之連結到井頂時，小矮人就會正確的擺動。

繩索亦以類似的方式產生：它由一組剛體構成，在節點處相互連結。頭一個繩鏈一端會先接到井頂，另一端則透過可轉動的節點，接到第二個繩鏈的一端。第二個繩鏈再接到第三個，第三個再接到第四個，以此類推，直到最後一個繩鏈。最後一段繩鏈的另一頭則是接在小矮人的腳踝上。要放長繩子，就要在繩頂端加進繩縺，要收短繩子，就要將繩鏈移除。

遊戲剩下的部份則交由十分直覺的碰撞偵測（collision detection）來控制：

- 若小矮人的零件碰觸到陷阱物件，小矮人就喪命，接著會有另一個小矮人被製作出來。此外，還有一個魂魄的外形（sprite）會往井口飄。
- 若是寶藏被碰觸到，小矮人的外形就會被換成是抱著寶藏的樣子。
- 若井頂（有個隱形物件在那兒）被碰觸到，且小矮人抱著寶藏，則玩家勝出。

除了小矮人，陷阱與寶藏外，遊戲的鏡頭上也有份腳本在執行，讓鏡頭的位置跟小矮人的垂直位置連動，井頂上以及井底以下的情況，不能被呈現在同一個畫面中。

建置這個遊戲的步驟如下（別擔心——我們會帶你一步步操作）：

1. 首先，我們會先用棍狀圖（stick-figure）來製作小矮人。將偶戲娃娃設定好，並將各個外形（sprite）連接妥當。

2. 接著是將繩索設定好。因為繩索要在執行期（runtime）產生，這部份會牽涉到第一個大的程式碼區塊，也要讓繩索能收能放。

3. 設定好繩索後，接著要處理輸入系統的部份。這個系統要能接收裝置左右傾斜的資料，讓遊戲的其他部份可以與之連動（特別是小矮人）。同時，我們也要打造使用者介面，製作按鈕以控制繩索的收放。

4. 在繩索、小矮人與輸入系統就定位之後，就可以開始製作遊戲了。我們將實作陷阱與寶藏，並開始試玩遊戲。

5. 最後，再進行一些修飾就行了：小矮人的外形（sprite）會變得更複雜，粒子效果與音效都會被加入，讓遊戲更完善。

在本章結束時，遊戲的各項功能就可完成，不過在外觀上還需要美化，我們會在第七章裡陸續補上。圖 4-4 所呈現的是本章會完成的進度。

經過本專案各個階段的練習，你會在遊戲物件中加入許多組件，並校調各個屬性的最適值。除了我們讓你練習調整的這些組件外，還有許多組件沒辦法一併介紹給你，因此，你可以試著改改看一些組件的設定，看看會有什麼效果；當然，你也可以直接在其上套用預設值，不去更動它們的設定，專注在我們介紹的項目上。

我們現在就開始製作遊戲！

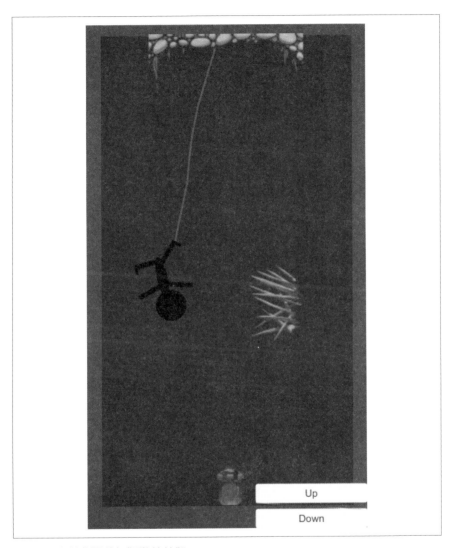

圖 4-4　未美化過的初版遊戲外觀

建立專案並匯入素材

先創建 Unity 的專案，然後再做一些設定。我們也要將開發初期所需的
素材匯入到專案裡來；隨著進度的推展，會有更多素材需要匯進來。

1 **創建專案**。選取 File → New Project，然後創建一個名為 GnomesWell 的專案。在 New Project 對話框（圖 4-5）中，確認你選的是 2D，而不是 3D，也要確認沒有素材套件被勾選成匯入。只創建一個空的專案即可。

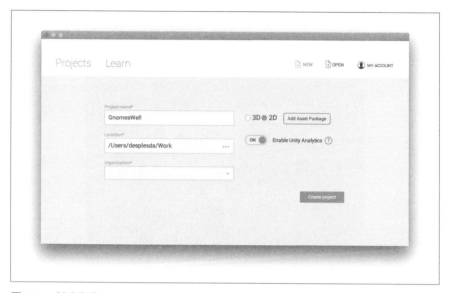

圖 4-5 　創建專案

2 **下載素材**。連上 *https://www.secretlab.com.au/books/unity* 並下載我們為讀者準備的，內含圖檔、音訊及其他資源的資源檔，將這些資源解壓縮到電腦上適當的資料夾中。後續步驟中，你會把這些資源檔匯入到專案中。

3 **將場景（*scene*）儲存為 *Main.scene*。** 你現在也可以先把場景儲存起來，按 Command-S（在 PC 上則按 Ctrl-S）就可以立即將工作進度儲存起來。第一次作儲存時，需要指定場景的名稱以及儲存位置──將它存在 Assets 資料夾中。

4. **製作專案的資料夾**。為了把專案裡的檔案整理好，可以將不同類型的素材存放在不同的資料夾中。雖然 Unity 並不會限制你不能將所有的東西都放在同一個資料夾裡，但這樣子做會讓你更不容易找到所需的素材。在 Project 頁籤中的 *Assets* 資料夾上按滑鼠右鍵，並選取 Create → Folder，製作出下列的資料夾：

Scripts

這個資料夾中存放的是遊戲中的 C# 程式碼（在預設情況下，
Unity 會把新的程式碼檔放在根目錄中的 *Assets* 目錄底下；你要
自行將預設的路徑改到這個 *Scripts* 目錄上。）

Sounds

這個資料夾中存放的是遊戲中的音樂與音效檔。

Sprites

這個資料夾中存放的是遊戲中所有的外形（sprite）影像檔。這種
檔有很多，要再使用子資料夾來分別存放。

Gnome

這個資料夾中存放的是製作小矮人角色所需的預製物件
（prefabs），其他相關物件，如繩索、粒子效果與魂魄也放置
於此。

Level

這個資料夾中存放的是關卡本身的預製物件，包括背景、井牆、
裝飾品與陷阱。

App Resources

這個資料夾中存放的是整個 app 會用到的資源：圖示（icon）與
啟動畫面（splash scren）。

都做好了之後，*Assets* 資料夾會內含圖 4-6 所列的內容。

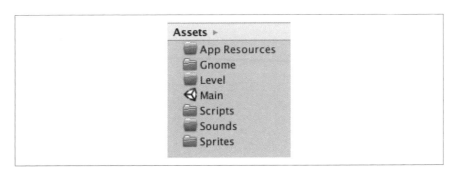

圖 4-6　Assets 與其內含的資料夾

5. 將小矮人雛型素材匯入。小矮人雛型是我們會先製作出來的小矮人粗糙版本。之後會用更精緻的外形將這個版本給替換掉。

在之前下載的素材中，找到 *Prototype Gnome* 資料夾，將之拖移到 Unity 的 *Sprite* 資料夾中（圖 4-7）。

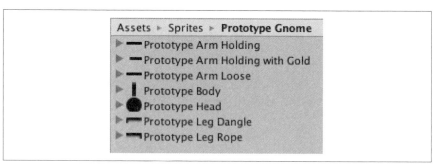

圖 4-7　小矮人的雛型外型

現在我們可以開始建構小矮人了。

創建小矮人

因為小矮人是由幾個能獨立運動的物件所組成，我們要先為這些零件製作一個容器（container）物件。我們也要為這個物件設定 Player 標籤，因為負責偵測小矮人是否碰到陷阱、寶藏的碰撞系統或者在遊戲要退出關卡時，都需要知道該物件是否就是那個特殊的 Player 物件。請按照下列步驟操作，以建構小矮人：

1. 創建小矮人物件雛型。開啟 GameObject 選單並選取 Create Empty，以創建新的遊戲物件。

   將這個新物件命名為「小矮人雛型」，然後在 Inspector 窗格上方的 Tag 選單中選取 "Player"，將該物件的標籤設定為 Player。

你可以在靠近 Inspector 窗格頂端的 Transform 組件中，看到 Prototype Gnome 物件的位置（Position），此時 X、Y 與 Z 軸的值應該都為 0。若不是，則可點按 Transform 右上方的設定（gear）選單，並選取 Reset Position。

2. 加入外型。找到之前加入的 *Prototype Gnome* 資料夾，將其中的每一個外型（sprites）都拖放到場景上，不過 Prototype Arm Holding with Gold 先略過，之後才會用到它。

你要逐一地將外型拖放進場景——若你將所有外型選起來，想要一次就將它們拖放到場景中，Unity 會認為你是要將一連串的影像檔拖放進來，它會自動將它們改製成動畫。

做好之後，場景中應該會有 6 個新外型：Prototype Arm Holding、Prototype Arm Loose、Prototype Body、Prototype Head、Prototype Leg Dangle 以及 Prototype Leg Rope 雛型。

3. 將這些外型設定成 *Prototype Gnome* 的子物件。在 Hierarchy 中，選取所有剛加進來的物件，將它們拖放到空的 Prototype Gnome 物件上。操作完成之後，Hierarchy 看來會像圖 4-8 的樣子。

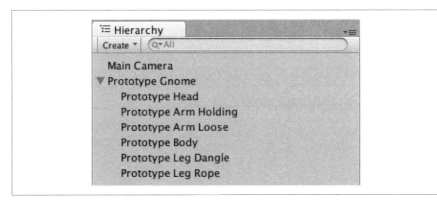

圖 4-8　Hierarchy，小矮人外型都以 Prototype Gnome 的子物件形式附加進來

4. **調整外型位置**。外型被加進場景後,需要被置放在正確的位置上——
手臂、腿與頭需要附掛到軀體上。在 Scene 中,在工具列上點按移動
工具(Move)或按 T 鍵,可以選取移動工具。

使用移動工具,如圖 4-9 般,安排好幾個外型的位置。

此外,讓這些外型都使用 Player 標籤,如其父物件。最後,要確定
所有物件的 Z 軸位置都是 0。你可以在 Inspector 頂端,每個物件之
Transform 組件的 Position 欄位上,看到 Z 位置。

圖 4-9　小矮人外型的雛型

5. **在軀體物件上加入 *Rigidbody 2D* 組件**。選取所有軀體零件的外型,
點按 Inspector 中的 Add Component 鍵。在搜尋框中輸入 **Rigidbody**,
然後加入一個 Rigidbody 2D(圖 4-10)。

 要確定所加入的是 "Rigidbody 2D" 組件而不是一般的
"Rigidbody"。一般的剛體(rigidbody)組件會在 3D
空間中進行其行為的模擬,這並不是這個遊戲所需要的
組件。

另外,你也要確認只在這些外型上加入 Rigidbody 2D 組
件,不要將剛體也加到 Prototype Gnome 物件上。

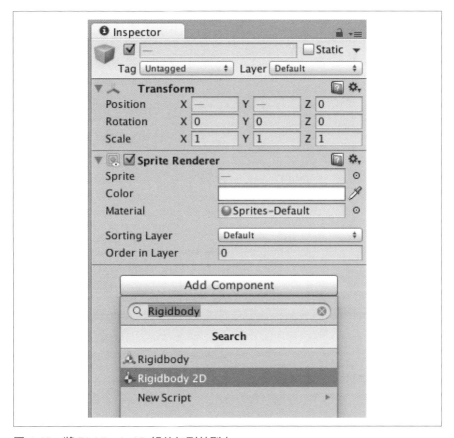

圖 4-10　將 Rigidbody 2D 組件加到外型上

6. 將碰撞偵測器（*colliders*）加到軀體零件的外型上。碰撞偵測器定義了物件的物理外型。因為軀體各部份零件的外型不同，需要為它們指定不同外型的碰撞偵測器：

　　a. 選取手臂與腿部的外型，將 BoxCollider2D 組件加到其上。

　　b. 選取頭部外型，並加入一個 CircleCollider2D 組件，讓其半徑維持預設值。

　　c. 選取 Body 外型，並加入一個 CircleCollider2D 組件，加入之後，在 Inspector 中找這個碰撞偵測器，並將其 radius 值調降約一半的大小，以配合 Body 外型。

至此，小矮人與其軀體的零件就都準備好，可以將它們連結起來了。軀體零件間，要使用 HingeJoint2D 來做連結，它可以讓物件繞著相對於另一個物件的一點旋轉。腿、手臂與頭都將與軀體連接。按照下列步驟操作，即可設定好這些關節（Joints）：

1. 選取除軀體外的所有外型。軀體上並不需要任何關節——其他的部份會透過它們身上的關節，來與軀體連接。

2. 在每個被選取的外型上，加入一個 *HingeJoint2D* 組件。點按 Inspector 底端的 Add Component 鈕，並選取 Physics 2D → Hinge Joint 2D 來完成這項設定。

3. 設定關節。在眾外型還被選取的時候，我們要設定一個各軀體零件都一樣的屬性值：它們都會被連接到 Body 外型（sprite）上。

   將軀體雛型從 Hierarchy 中拖放到 "Connected Rigid Body" 槽上。這就能讓各個物件連接到軀體上。做好之後，關節接點（hinge joints）的設定情形應如圖 4-11。

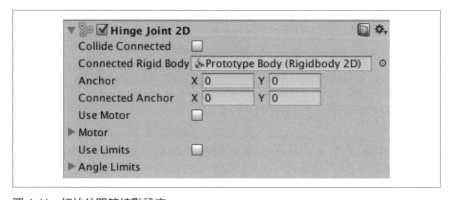

圖 4-11　初始的關節接點設定

4. 在關節上加入限制。我們不會要物件繞著關節轉一整圈，所以需要限制它們能旋轉的角度。如此才能避免物件會產生一些，如腿會轉穿過軀體，這種不協調的動作。

   選取手臂與頭部，開啟 Use Limits，將 Lower Angle 設定成 -15，Upper Angle 設定成 15。

接著，選取腿，也開啟它的 Use Limits，將 Lower Angle 設定成 -45，Upper Angle 設定成 0。

5. **更新關節的軸心點**。我們要讓手臂繞著肩膀轉，腿繞著臀部轉。在預設情況下，關節會繞著物件的中心點轉（圖 4-12），看起來很不協調。

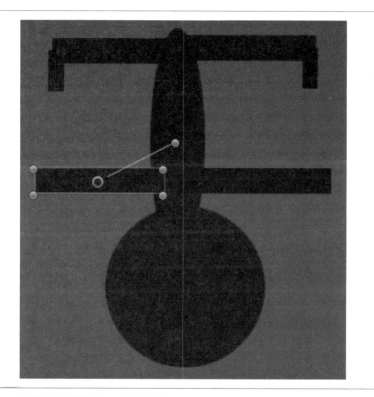

圖 4-12　關節接點的錨點一開始位於錯誤的位置上

要將之調整好，我們要調整關節的 Anchor 與 Connected Anchor 之位置。Anchor 是帶有關節的軀體上可以之轉動的點，而 Connected Anchor 則是連接上關節的物件以之轉動的點。以小矮人的關節為例，我們需要將 Connected Anchor 與 Anchor 設在同一個位置上。

當具關節接點的物件被選取時，Anchor 與 Connected Anchor 都會出現在場景中：Connected Anchor 以藍色點表示，Anchor 以藍色圈表示。

選取每一個帶有關節接點的零件，並將 Anchor 與 Connected Anchor
移到正確的軸心點上。比方說，選取右手臂，然後將其上的藍點拖放
到肩膀的位置上，這樣就移動了 Connected Anchor。

移動 Anchor 的話，要稍微用一點技巧。因為在預設的情況下，它會
被擺在中間，而拖動物件的中心點，Unity 會移動整個物件。為了調
整 Anchor，你要先在 Inspector 中，手動調整 Anchor 位置的數字——
這就會改變場景中的 Anchor 位置。它離開物件中心之後，如同剛剛
調整 Connected Anchor 的方式，你就可以將它拖放到正確的位置上
（圖 4-13）。

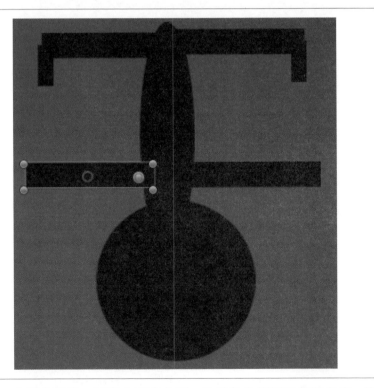

圖 4-13　左臂的錨點，已設定正確位置；注意點的周圍有圈圍起來，表示
Connected Anchor 與 Anchor 在同一位置上

接下來，對二手臂（連接到肩膀）、二腿（連接到臀部）與頭部（連
結到頸部基底）重複同樣的設定。

現在我們要加進將連接到 Rope 物件的關節，它會是一個附掛在小矮人右腿上的 SpringJoint2D，它可在關節的錨點周圍自由地旋轉，也會限制軀體離繩索尾端的距離（我們會在下一節開始製作繩索）。彈簧關節（Spring joints）就像我們在日常生活中常會看見的彈簧那樣：它們有彈性，也可以伸縮。

在 Unity 中，彈簧關節由二個主要的屬性控制：距離（distance）與頻率（frequency）。距離代表彈簧的「偏好」長度：指在拉伸或壓縮之後，彈簧「要」返回的距離。頻率是代表彈簧有多「僵硬」的數值。數值愈小，代表該彈簧愈鬆馳。

請依照下列步驟設定 Rope 所需的彈簧：

1. 加入繩索關節。選取 "Prototype Leg Rope"，它應該是右上角的那個腿部外型。

2. 加入連接到它的彈簧。在其上加入 SpringJoint2D，並移動它的 Anchor（藍圈），將它放在靠近腿部端點的位置。不要移動 Connected Anchor（也就是說，移點藍圈，不動藍點）。Gnome 上的錨點位置如圖 4-14 所示。

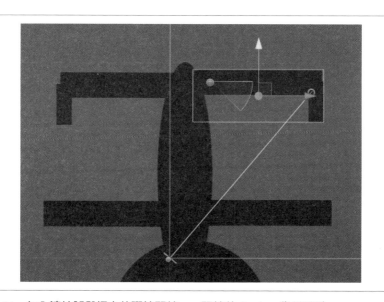

圖 4-14　加入連接腿與繩索的彈簧關節——關節的 Anchor 靠近腳趾

3. 設定關節。將 Auto Configure Distance 關閉，且將關節的 Distance 設成 0.01，將 Frequency 設定成 5。

4. 執行遊戲。遊戲執行後，小矮人會在畫面中間擺盪。

最後一個步驟是要將小矮人的尺寸調小一點，如此它的大小與關卡中其他物件的大小，才能匹配。

5. 調整小矮人的大小。選取 Gnome 父物件，將其 X 與 Y 的縮放倍率調成 0.5。如此，可將小矮人的大小縮成原先的一半。

小矮人至此已調整完成，接著要把繩索加進來！

繩子

繩子是這個遊戲第一個需要寫碼的部份。它的運作方式如下：繩子由許多各自帶有剛體與彈簧關節的遊戲物件所組成。每一個彈簧關節連結到下一個 Rope 物件，而該物件又連接到下一個，如此節節相連直到繩子的最頂端。最頂端的 Rope 物件被連接到位置固定的剛體上，所以繩子的頂點會固定在同一個位置上。繩子的尾端則連接到小矮人的一個組件上：即 Rope Leg 物件。

要製作繩子，我們要先製作每一繩段所需的樣版物件（template），然後再製作能運用繩段與程式碼的物件，並透過它來產生整條繩子。依據下列步驟來準備 Rope Segments：

1. 製作 Rope Segments 物件。製作一個新的空遊戲物件，並將之命名為 Rope Segment。

2. 將一個剛體加進物件。加入一個 Rigidbody2D 組件，將其 Mass 設定成 0.5，如此繩子才會有一點重量。

3. 加進關節。加入一個 SpringJoint2D 組件，設定其 Damping Ratio 為 1，將其頻率設定為 30。

你可以試試其他的數值。我們找到的數值，可讓繩子的效果與特性接近真實的繩子。遊戲設計其實就是在調整這些數字。

4. 製作預製物件來操作物件。開啟 Assets 中的 *Gnome* 資料夾，將 Rope Segment 物件從 Hierarchy 中拖放到 Assets 來。這會在該資料夾中建立一個新的預製物件檔。

5. 刪除原先的 *Rope Prefab* 物件。我們不會再用到它了──你會開始編寫能生成 Rope Segment 的程式碼，然後將它們連接成繩子。

接著要開始製作繩子物件：

1. 建立一個新的空遊戲物件，並將之命名為 "*Rope*"。

2. 更換 *Rope* 的圖示。當遊戲不在執行狀態時，這條繩子在場景中並不會有任何看得見的部份，所以你要為它設定一個圖示。選取剛做好的 Rope 物件，並點按 Inspector 左上角的方塊圖示（圖 4-15）。

   選取紅色的圓角方框，Rope 物件就會顯現在場景裡頭，看起來會像是一個紅色膠囊形的物件（圖 4-16）。

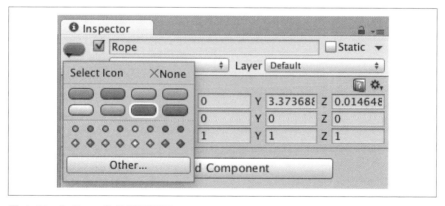

圖 4-15　為 Rope 物件選用圖示

圖 4-16　選取圖示後，Rope 物件會在場景中出現

3. 加入剛體。點按 Add Component 按鈕，在該物件上加進一個 Rigidbody2D 組件。加進剛體之後，在 Inspector 中將 Body Type 改成 Kinematic。這可將物件鎖在原地，而且也表示它不會往下掉——這就是我們要的。

4. 加入線渲染器（*line renderer*）。再點按 Add Component 按鈕一次，並加入一個 LineRenderer。將新增線渲染器的 Width 設定成 0.075，如此，其外觀看來就會又服順又細，像真的繩子一般。線渲染器其他的設定，則維持預設值即可。

至此，繩子組件已設定完成，接下來要為繩子組件編寫能操控它們的腳本。

編寫繩子用的腳本

在寫腳本碼之前，要先加入腳本組件（script component），請按照下列步驟操作：

1. **於其上加入 *Rope* 腳本**。這份腳本目前還不存在，Unity 會先為它製作出檔案。選取 Rope 物件，點按 Add Component 鈕。

   輸入 **Rope** 後，你並不會看到任何組件，因為 Unity 目前並沒有看到有任何名為 Rope 的組件。你將會看到一個 New Script 選項（圖 4-17），選它。

   Unity 會製作出一個新的腳本檔。確認語言要設定成 C Sharp，而 Rope 的首字母要大寫。點按 Create and Add 鈕。Unity 會製作出 *Rope.cs* 檔，也會將 Rope 腳本組件附加到 Rope 物件上。

2. **將 *Rope.cs* 移進 *Scripts* 資料夾**。在預設的情況下，Unity 會將新的腳本檔放進 *Assets* 資料夾；為將檔案安排整齊，將之移進 *Scripts* 資料夾中。

3. **在 *Rope.cs* 檔中編寫程式碼**。在 Rope.cs 檔案上雙按，將它開啟，或者在你慣用的文字編輯軟體中，開啟這個檔案。

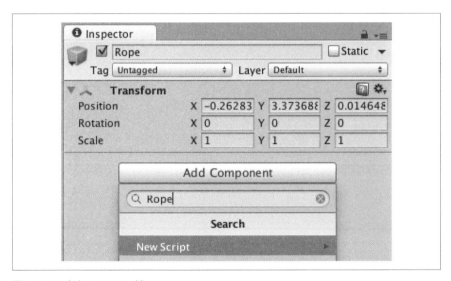

圖 4-17　建立 Rope.cs 檔

將下列程式碼寫到這個檔案裡（稍後我們會說明）：

```
using UnityEngine;
using System.Collections;
using System.Collections.Generic;
```

```
// 連接好的繩子
public class Rope : MonoBehaviour {

    // 會用到的 Rope Segment 預製物件
    public GameObject ropeSegmentPrefab;

    // Rope Segment 物件中內含的列表
    List<GameObject> ropeSegments = new List<GameObject>();

    // 目前要讓繩子伸展或收縮？
    public bool isIncreasing { get; set; }
    public bool isDecreasing { get; set; }

    // 繩子末端應該要連接的剛體物件
    public Rigidbody2D connectedObject;

    // 繩段的最大長度（若要比這個更長，則要新增一個繩段）。
    public float maxRopeSegmentLength = 1.0f;

    // 丟出繩子的速度
    public float ropeSpeed = 4.0f;

    // 用來渲染繩子的 LineRenderer
    LineRenderer lineRenderer;

    void Start() {

        // 將線渲染器快取起來，不需要在每個影格上都要去找它。
        lineRenderer = GetComponent<LineRenderer>();

        // 重設繩子，完成準備工作。
        ResetLength();

    }

    // 移除所有繩段，並製作一個新的繩段。
    public void ResetLength() {

        foreach (GameObject segment in ropeSegments) {
            Destroy (segment);

        }

        ropeSegments = new List<GameObject>();

        isDecreasing = false;
```

```
        isIncreasing = false;

        CreateRopeSegment();

}

// 將一個新繩段附掛到繩子頂端
void CreateRopeSegment() {

        // 製作新繩段
        GameObject segment = (GameObject)Instantiate(
        ropeSegmentPrefab,
        this.transform.position,
        Quaternion.identity);

        // 將新繩段設成這個物件的子物件，
        // 並保留其在場域中的位置（world position）。
        segment.transform.SetParent(this.transform, true);

        // 取得繩段的剛體
        Rigidbody2D segmentBody = segment
          .GetComponent<Rigidbody2D>();

        // 取得繩段與關節的距離
        SpringJoint2D segmentJoint =
          segment.GetComponent<SpringJoint2D>();

        // 若該繩段預製物件並不帶有剛體或彈簧關節──二者都需要，
        // 則發出錯誤。
        if (segmentBody == null || segmentJoint == null) {
        Debug.LogError("Rope segment body prefab has no " +
          "Rigidbody2D and/or SpringJoint2D!");
            return;
        }

        // 設定好了，
        // 將它加到繩段列表的開頭。
        ropeSegments.Insert(0, segment);

        // 如果這是 * 第一個 * 繩段，
        // 則它需要被連接到小矮人的腳上。

        if (ropeSegments.Count == 1) {
            // 將已連接物件的關節，連結到該繩段上。
            SpringJoint2D connectedObjectJoint =
              connectedObject.GetComponent<SpringJoint2D>();
```

```
        connectedObjectJoint.connectedBody
          = segmentBody;

        connectedObjectJoint.distance = 0.1f;

        // 將這個關節設成有最大的長度
        segmentJoint.distance = maxRopeSegmentLength;
    } else {
        // 這是要增加的繩段,我們要將它連接到上一個繩段。

        // 取得第二個繩段
        GameObject nextSegment = ropeSegments[1];

        // 取得需要附掛上去的關節
        SpringJoint2D nextSegmentJoint =
          nextSegment.GetComponent<SpringJoint2D>();

        // 讓這個關節連結上來
        nextSegmentJoint.connectedBody = segmentBody;

        // 將這個繩段與上個繩段的間距設成 0 - 間距會拉長
        segmentJoint.distance = 0.0f;
    }

    // 將這個新繩段連接到繩子的錨點上(即這個物件上)
    segmentJoint.connectedBody =
      this.GetComponent<Rigidbody2D>();
}

// 繩子收縮時叫用,需要移除一個繩段。
void RemoveRopeSegment() {

    // 若沒有二個以上的繩段,則停止。
    if (ropeSegments.Count < 2) {
        return;
    }

    // 取得頂端與其下的繩段
    GameObject topSegment = ropeSegments[0];
    GameObject nextSegment = ropeSegments[1];

    // 將第二個繩段連接至繩子的錨點
    SpringJoint2D nextSegmentJoint =
      nextSegment.GetComponent<SpringJoint2D>();

    nextSegmentJoint.connectedBody =
      this.GetComponent<Rigidbody2D>();
```

```
        // 移除頂端的繩段並將之銷毀
        ropeSegments.RemoveAt(0);
        Destroy (topSegment);

}

// 在每個影格上，視需要增加或減少繩子的長度。
void Update() {

        // 取得頂端的繩段及其關節
        GameObject topSegment = ropeSegments[0];
        SpringJoint2D topSegmentJoint =
            topSegment.GetComponent<SpringJoint2D>();

        if (isIncreasing) {

                // 將繩子拉長。若其長度已達最大長度，則需新增繩段；
                // 否則，增長頂端繩段的長度。

                if (topSegmentJoint.distance >=
                  maxRopeSegmentLength) {
                        CreateRopeSegment();
                } else {
                        topSegmentJoint.distance += ropeSpeed *
                            Time.deltaTime;
                }

        }

        if (isDecreasing) {

                // 將繩子縮減。若其長度接近 0，則將此繩段移除；
                // 否則縮減頂端繩段的長度。

                if (topSegmentJoint.distance <= 0.005f) {
                        RemoveRopeSegment();
                } else {
                        topSegmentJoint.distance -= ropeSpeed *
                            Time.deltaTime;
                }

        }

        if (lineRenderer != null) {
                // 線渲染器會用一組點來畫出線條，
                // 這些點需要與繩段的位置保持同步。
```

```
// 線渲染器的端點（vertices）數目會等於
// 繩段數目加上繩子錨點頂端的一點，
// 再加上小矮人底端的一點。
lineRenderer.positionCount
  = ropeSegments.Count + 2;

// 最上方的端點都會在繩子的位置上
lineRenderer.SetPosition(0,
  this.transform.position);

// 將與每一個繩段個別搭配的線渲染器端點，設定到繩段的位置上。
for (int i = 0; i < ropeSegments.Count; i++) {
    lineRenderer.SetPosition(i+1,
            ropeSegments[i].transform.position);
}

// 最後一點在連接物件的錨點上
SpringJoint2D connectedObjectJoint =
  connectedObject.GetComponent<SpringJoint2D>();
lineRenderer.SetPosition(
  ropeSegments.Count + 1,
  connectedObject.transform.
        TransformPoint(connectedObjectJoint.anchor)
);
      }
    }
}
```

這段程式碼還滿長的，讓我們一步步來說明：

```
void Start() {

    // 將線渲染器快取起來，不需要在每個影格上都要去找它。
    lineRenderer = GetComponent<LineRenderer>();

    // 重設繩子，完成準備工作。
    ResetLength();

}
```

當 Rope 物件第一次出現時，它的 Start 方法會被叫用。這個方法會叫用 ResetLength，當小矮人死亡時，這個方法也會被叫用。此外 lineRenderer 變數會被設定到一個點上，這個點代表附掛到這個物件的線渲染器組件：

```
// 移除所有繩段，並製作一個新的繩段。
public void ResetLength() {

    foreach (GameObject segment in ropeSegments) {
        Destroy (segment);
    }

    ropeSegments = new List<GameObject>();

    isDecreasing = false;
    isIncreasing = false;

    CreateRopeSegment();
}
```

ResetLength 方法刪除所有繩段，清空 ropeSegements 列表與 isDecreasing/
isIncreasing 屬性，以重設其內部狀態，最後叫用 CreateRopeSegment 產
生全新的繩子：

```
// 將一個新繩段附掛到繩子頂端
void CreateRopeSegment() {

    // 製作新繩段
    GameObject segment = (GameObject)Instantiate(
        ropeSegmentPrefab,
        this.transform.position,
        Quaternion.identity);

    // 將新繩段設成這個物件的子物件，
    // 並保留其在場域中的位置 (world position)。
    segment.transform.SetParent(this.transform, true);

    // 取得繩段的剛體
    Rigidbody2D scgmentBody
      = segment.GetComponent<Rigidbody2D>();

    // 取得繩段與關節的距離
    SpringJoint2D segmentJoint =
        segment.GetComponent<SpringJoint2D>();

    // 若該繩段預製物件並不帶有剛體或彈簧關節——二者都需要，
    // 則發出錯誤。
    if (segmentBody == null || segmentJoint == null) {
        Debug.LogError(
          "Rope segment body prefab has no " +
          "Rigidbody2D and/or SpringJoint2D!"
```

```
    );

    return;
}

// 設定好了，
// 將它加到繩段列表的開頭。
ropeSegments.Insert(0, segment);

// 如果這是 * 第一個 * 繩段，
// 則它需要被連接到小矮人的腳上。

if (ropeSegments.Count == 1) {
    // 將已連接物件的關節，連結到該繩段上。
    SpringJoint2D connectedObjectJoint =
        connectedObject.GetComponent<SpringJoint2D>();

    connectedObjectJoint.connectedBody =
        segmentBody;
    connectedObjectJoint.distance = 0.1f;

    // 將這個關節設成有最大的長度
    segmentJoint.distance = maxRopeSegmentLength;
} else {
    // 這是要增加的繩段，要將它連接到上一個繩段。

    // 取得第二個繩段
    GameObject nextSegment = ropeSegments[1];

    // 取得需要附掛上去的關節
    SpringJoint2D nextSegmentJoint =
        nextSegment.GetComponent<SpringJoint2D>();

    // 讓這個關節連結上來
    nextSegmentJoint.connectedBody = segmentBody;

    // 將這個繩段與上個繩段的間距設成 0 - 間距會拉長
    segmentJoint.distance = 0.0f;
}

// 將這個新繩段連接到繩子的錨點上（即這個物件上）
segmentJoint.connectedBody =
    this.GetComponent<Rigidbody2D>();
}
```

CreateRopeSegment 製作了一個 Rope Segment 物件的新複本，並將之加到繩鏈的頂端。這個過程會先將目前繩子頂端的物件（如果有的話）連接斷開，然後將新建好的繩段連接上去。如此，新的繩段就會連接到附加在 Rope 物件上的 Rigidbody2D。

若目前只有製作了這個新繩段，它會附掛在 connectedObject 剛體上。這個變數會被設定成小矮人的腿：

```
// 繩子收縮時叫用，需要移除一個繩段。
void RemoveRopeSegment() {

    // 若沒有二個以上的繩段，則停止。
    if (ropeSegments.Count < 2) {
        return;
    }

    // 取得頂端與其下的繩段
    GameObject topSegment = ropeSegments[0];
    GameObject nextSegment = ropeSegments[1];

    // 將第二個繩段連接至繩子的錨點
    SpringJoint2D nextSegmentJoint =
        nextSegment.GetComponent<SpringJoint2D>();

    nextSegmentJoint.connectedBody =
        this.GetComponent<Rigidbody2D>();

    // 移除頂端的繩段並將之銷毀
    ropeSegments.RemoveAt(0);
    Destroy (topSegment);

}
```

RemoveRopeSegment 以相反的方式運作。頂端繩段被刪除，其底下的繩段會被連接到 Rope 剛體上。要注意的是，若只有一個繩段，則 RemoveRopeSegment 並不會進行任何操作，也就是說，當繩子縮回時，並不會完全消失：

```
// 在每個影格上，視需要增加或減少繩子的長度。
void Update() {

    // 取得頂端的繩段及其關節
    GameObject topSegment = ropeSegments[0];
    SpringJoint2D topSegmentJoint =
        topSegment.GetComponent<SpringJoint2D>();
```

```
if (isIncreasing) {

    // 將繩子拉長。若其長度已達最大長度，則需新增繩段；
    // 否則，增長頂端繩段的長度。

    if (topSegmentJoint.distance >=
      maxRopeSegmentLength) {
        CreateRopeSegment();
    } else {
        topSegmentJoint.distance += ropeSpeed *
            Time.deltaTime;

    }

}

if (isDecreasing) {

    // 將繩子縮減。若其長度接近 0，則將此繩段移除；
    // 否則縮減頂端繩段的長度。

    if (topSegmentJoint.distance <= 0.005f) {
        RemoveRopeSegment();
    } else {
        topSegmentJoint.distance -= ropeSpeed *
            Time.deltaTime;
    }

}

if (lineRenderer != null) {
    // 線渲染器會用一組點來畫出線條，
    // 這些點需要與繩段的位置保持同步。

    // 線渲染器的端點（vertices）數目會等於
    // 繩段數目加上繩子錨點頂端的一點，
    // 再加上小矮人底端的一點。
    lineRenderer.positionCount =
      ropeSegments.Count + 2;

    // 最上方的端點都會在繩子的位置上
    lineRenderer.SetPosition(0,
      this.transform.position);

    // 將與每一個繩段個別搭配的線渲染器端點，設定到繩段的位置上。
    for (int i = 0; i < ropeSegments.Count; i++) {
```

```
            lineRenderer.SetPosition(i+1,
                ropeSegments[i].transform.position);
        }

        // 最後一點在連接物件的錨點上
        SpringJoint2D connectedObjectJoint =
          connectedObject.GetComponent<SpringJoint2D>();
        lineRenderer.SetPosition(
          ropeSegments.Count + 1,
          connectedObject.transform.
              TransformPoint(connectedObjectJoint.anchor)
        );
    }
}
```

每次 Update 方法被叫用時（即每次遊戲重繪畫面時），繩子會檢查 isIncreasing 或 isDecreasing 的值是否為真。

若 isIncreasing 為真，則繩子會逐漸增加頂端繩段彈簧關節的 distance 屬性。若這個屬性等於或大於 maxRopeSegment 變數值，則將製作新繩段。

反之，若 isDecreasing 為真，則 distance 屬性會遞減。若該值接近 0，則頂端繩段會被移除。

最後，LineRenderer 會被更新，如此定義該線段位置的端點會與繩段物件的位置吻合。

設定繩子

至此，Rope 的碼已經設定完成，現在我們可以在場景中使用它了。按照下列步驟操作：

1. 設定 *Rope* 物件。選取 Rope 遊戲物件。將 Rope Segment 預製物件拖放到繩子的 Rope Segment Prefab 槽，並將小矮人的 Rope Leg 物件拖放到繩子的 Connected Object 槽。其他的值則維持 *Rope.cs* 檔中所定義的預設值。做好後，Rope 的檢視器看來應該如圖 4-18。

2. 執行遊戲。小矮人現在會懸掛在 Rope 物件下，你也可以看到有一條線將小矮人與其上方的一個點連結起來。

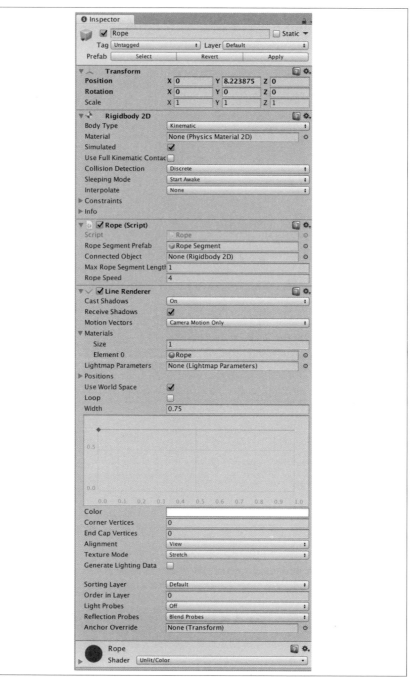

圖 4-18　設定好的 Rope 物件

在 Rope 物件上還有一件事要做——設定 Line Renderer 要使用的材質
（material）：

1. 製作材質。開啟 Assets 選單，選取 Create → Material。將新的材質
   命名為 Rope。

2. 設定 *Rope* 材質。選取新製作好的 Rope 材質，開啟 Inspector 中的
   Shader 選單。選取 Unlit → Color。

   檢視器會顯示出新著色器（shader）的參數，外觀看起來會是一個色
   彩槽。點按色彩槽，並從彈出的視窗中選取新顏色，請選用暗棕色。

3. 設定 *Rope* 使用新材質。選取 Rope 物件，並開啟 Materials 屬性。拖
   放剛製作好的 Rope 材質到 Element 0 槽。

4. 再執行遊戲。繩子就會變成棕色的。

本章總結

至此，遊戲結構已逐漸成型。我們已經讓遊戲中二個最重要的部份動起
來了：即小矮人娃娃與將之懸掛起來的繩子。

在下一章中，我們要開始創建運用這些物件以實作玩法的系統，打造出
來的遊戲會很好玩喔！

第五章

規劃玩法

現在小矮人與繩子都已製作好了，可以開始架設系統，讓使用者可以與遊戲互動。

有兩部份的工作要做：首先，我們需要加進腳本，讓小矮人在手機左右轉動時，可以自一邊盪到另一邊。之後我們要加上可以讓繩子伸長或縮短的按鈕。

完成上述工作後，我們要開始實作驅動遊戲的程式碼：首先，要製作一些小矮人會用到的設定，然後實作一個管理物件，追蹤一些重要的遊戲狀態。

輸入

因為現在需要從裝置取得輸入，所以要確認 Unity Editor 能接收到這些輸入。如果不這樣子做，而要對遊戲進行測試的話，只能建置（build）好遊戲並將它安裝到裝置上，這樣會耗掉比較多的時間。Unity 可以很快地測試你所更動的部份，但若每次都要等待建置過程完成，這就會讓開發速度明顯變慢下來。

Unity Remote

為了要能迅速地提供輸入給 Unity Editor，Unity 在 App Store 上有提供一支名為 Unity Remote 的 app，供大家下載使用。Unity Remote 能透過手機的連接線與 Unity Editor 連接；當遊戲在 Editor 下進行時，手機上會顯示 Game 視窗的複本，並將所有觸控輸入及傳感器的資訊傳到腳本中。如此就可讓你不需要透過建置就能測試遊戲──只需要在手機上啟動該 app，就像安裝了遊戲 app 那樣地玩遊戲就行了。

Unity Remote 還是有一些缺點：

- 為了在手機上顯示遊戲，Unity 對影像進行高倍率壓縮。除了會讓圖像的視覺品質降低之外，將影像傳輸到手機的過程也會造成延遲，讓影格率（framerate）降低。

- 因為遊戲是在電腦上執行，影格率與未來實際上在手機上執行的會有所不同。若你的場景中有這多圖形，或者每個影格上都有需要執行一段時間的腳本，則在手機上執行起來的效能會有一些差異。

- 最後，當然，只能在手機接上電腦時使用。

要使用 Unity Remote，要先從軟體商店把它下載下來，用 USB 連接線將手機接上電腦。然後按下 Play 鈕，遊戲就會顯示在手機上。

如果你在裝置上看不到任何東西，則打開 Edit 選單，選取 Project Settings → Editor。Inspector 中會顯示 Editor 的設定項目。將 Device 設定項改成你所使用的手機。

請參閱 Unity 的說明文件，取得如何在裝置上安裝 Unity Remote 的最新說明（*http://bit.ly/unity-remote-5*）。

加入傾斜控制

傾斜控制由二支腳本所驅動：InputManager（自裝置的加速度計讀取資訊）與 Swinging（自 InputManager 取得輸入資料，並對剛體施加側向力──剛體在此指的是小矮人的身軀）。

建立單體類別

InputManager 會是一個單體（singleton）物件。也就是說，在場景中，只會有一個 InputManager，其他物件所取存的都是這個物件。我們還會在程式碼中加入其他類型的單體，因此製作出一個可讓許多程式碼可重複運用的類別，是比較合理的作法。請依照下列步驟操作，以準備供 *InputManager* 使用的 *Singleton* 類別：

1. 製作 *Singleton* 腳本。打開 Assets 選單，選取 Create → C# Script，在 *Script* 檔案夾中製作一個新的 C# 腳本素材，並將其命名為 "Singleton"。

2. 編寫 *Singleton* 程式碼。打開 *Singleton.cs*，以下列程式碼替代其目前的內容：

```
using UnityEngine;
using System.Collections;

// 這個類別允許其他物件參照到一個單一共用物件
// GameManager 與 InputManager 類別需要用到它。

// 要使用它，以下列方式製作子類別：
// public class MyManager : Singleton<MyManager>  {  }

// 然後就可以透過下列方式存取這個類別的單一共用實體：
// MyManager.instance.DoSomething();

public class Singleton<T> : MonoBehaviour
  where T : MonoBehaviour {

  // 此類別的單一實體
  private static T _instance;

  // 存取器。當它第一次被叫用時，_instance 會被設定好。
  // 若沒找到適當的物件，就會將錯誤記錄起來。
  public static T instance {
    get {
      // 若我們沒有設定好 _instance…
      if (_instance == null)
      {
        // 要試著找到該物件
        _instance = FindObjectOfType<T>();

        // 若無法找到它，則記錄錯誤。
```

```
        if (_instance == null) {
          Debug.LogError("Can't find " +
             typeof(T) + "!");
        }
      }

      // 將該實體回傳，供後續使用！
      return _instance;
    }
  }
}
```

Singleton 類別的運作方式是：其他類別會繼承這個樣版類別，而且會取得一個名為 instance 的靜態屬性。這個屬性會一直指到這個類別的共用實例（instance）。也就是說，當其他腳本執行 InputManager.instance 時，它們就能取得這個單一的 InputManager。

這樣做的好處是需要 InputManager 的腳本不需要透過變數一直與它連結著。

實作一個 InputManager 單體

至此你已經創建了 Singleton 類別，可以開始製作 InputManager 了：

1. 製作 *InputManager* 遊戲物件。製作一個新的遊戲物件，並將之命名為 *InputManaer*。

2. 製作並加入 *InputManager* 腳本。選取 InputManager 物件，並點按 Add Component。輸入 **InputManager**，並選取新建一段新腳本，確定其名稱為 "InputManager"，且語言為 C Sharp。

3. 在 *InputManager.cs* 中加入程式碼。開啟剛做好的 *InputManager.cs* 檔案，加入底下的程式碼：

   ```
   using UnityEngine;
   using System.Collections;

   // 將加速度計（accelerometer）的資料轉換成側移的動作資訊
   public class InputManager : Singleton<InputManager> {

     // 移動程度有多大。-1.0 = 完全向左，+1.0 = 完全向右。
     private float _sidewaysMotion = 0.0f;

     // 這個屬性被宣告成唯讀（read-only），其他類別無法變更其值。
   ```

```
public float sidewaysMotion {
  get {
    return _sidewaysMotion;
  }
}

// 在每個影格中，儲存傾斜程度（tilt）。
void Update () {
  Vector3 accel = Input.acceleration;

  _sidewaysMotion = accel.x;
}
}
```

在每一個影格中，InputManager 類別透過內建的 Input 類別，自加速度計上取得資料，並且將 X 值（量測施加在裝置左右二側的力量）儲存在一個變數中。這個變數即為公用（public）的唯讀屬性 sidewaysMotion。

唯讀屬性是用來防止其他類別不小心去覆寫到裡頭的值。

簡言之，若其他類別要知道這部手機在左右軸上的傾斜角度是多少，它只要讀取 InputManager.instance.sidewaysMotion 即可。

現在要開始編寫 Swinging 的程式碼：

1. 選取小矮人的 *Boby* 物件。

2. 新建並加入一個名為 *Swining.cs* 的新 C# 腳本檔。在其中加入下列的程式碼：

```
using UnityEngine;
using System.Collections;

// 運用這個 input manager 在物件上加側向力，
// 側向力可讓小矮人從一側擺盪至另一側。
public class Swinging : MonoBehaviour {

  // 要擺動多大？數字愈大擺動幅度愈大。
  public float swingSensitivity = 100.0f;

  // 為了讓物理引擎做出更好的效果，要用 FixedUpdate 取代 Update。
```

```
void FixedUpdate() {

    // 若我們沒有剛體可用，則將這個組件移除。
    if (GetComponent<Rigidbody2D>() == null) {
      Destroy (this);
      return;
    }

    // 自 InputManager 取得傾斜量
    float swing = InputManager.instance.sidewaysMotion;

    // 計算施力大小
    Vector2 force =
      new Vector2(swing * swingSensitivity, 0);

    // 施加力量
        GetComponent<Rigidbody2D>().AddForce(force);
    GetComponent<Rigidbody2D>().AddForce(force);
  }

}
```

Swinging 類別會在物理系統每次更新時，執行程式碼。首先，它會檢查
物件是否還保有一個 Rigidbody2D 組件。若找不到該組件，則馬上返回。
如果還保有該組件，則它會從 InputManager 取得 swidewaysMotion，並透
過它製作出一個 Vector2，然後將這個施力套用在物件的剛體上。

3. 執行遊戲。啟動手機上的 Unity Remote，將手機左右傾斜；小矮人
   就會左右擺盪。

 若你把手機擺動得太厲害，Unity Remote 可能將手機轉
成橫視模式（landscape mode），讓圖片縮小。你要將
手機上的畫面旋轉鎖打開，以避免這種情況產生。

控制繩索

現在要加入按鈕，讓繩子可以變長或縮短，我們會透過 Unity GUI 按鈕
來實作；使用者開始按住 Down 按鈕時，它會通知 Rope 開始伸長，使用
者放開按鈕時，Rope 就會停止伸長。Up 按鈕的運作方式類似，可控制
Rope 開始或停止縮短。

1. **加入按鈕**。開啟 GameObject 選單,選取 UI → Button。這將新增一個按鈕,也會開啟內含該按鈕的 Canvas,而且 EventSystem 也會處理它的輸入(你不需要操心其他的物件)。將這個按鈕遊戲物件命名為 "Down"。

2. **將按鈕放置在右下角**。選取 Down 按鈕,點按 Inspector 左上角的 Anchor 按鈕。按住 Shift 與 Alt 鍵(Mac 上則是 Option),並點按 "bottom-right" 選項(圖 5-1)。如此可將按鈕的錨點與位置設定在右下角;設定好之後,按鈕就會移到螢幕的右下角。

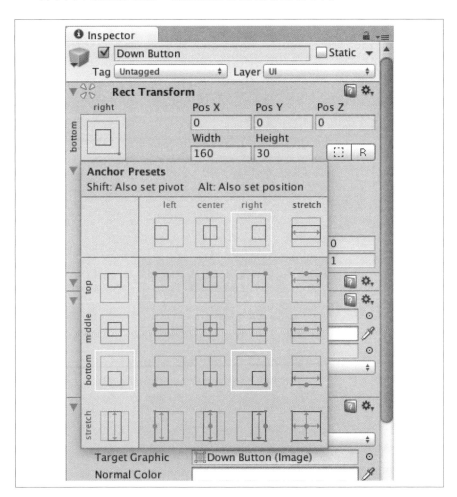

圖 5-1　將 Down 按鈕的錨點設定在右下角;在這個截圖中,Shift 與 Alt 鍵是被按住的,代表點按右下角的錨點亦會設定按鈕的軸點(pivot point)與位置。

3. 將按鈕的文字設定成 "*Down*"。這個按鈕只有一個名為 Text 的子物件。這個物件是按鈕內含的標題（label）。選取按鈕，在 Inpector 中找到附掛在其下的 Text 組件。將 Text 屬性改成 Down。按鈕上的文字就會變成 "Down"。

4. 將按鈕組件自按鈕物件中移除。點按該組件右上角的齒輪圖示，選取 "Remove Component"。

> 這個設定看來似乎不太對，但這是因為我們不想讓這個 UI 組件運作起來，像個「一般」按鈕那樣。
>
> 一般按鈕在它們被「點按」時，會發出事件訊息——使用者將手指按下該按鈕，然後再放開時，就算一次點按。這個事件只會在手指放開按鈕時傳出，但這並不是我們要的——我們要的是，手指放在按鈕上時，就發出一個事件，而手指放開按鈕時，則發出第二個事件。
>
> 因此，我們所做的是手動加入會傳訊息給繩子的組件。

5. 加入事件觸發組件到按鈕物件中。這個組件會監視互動過程，當這些互動操作產生時，會傳訊息出去。

6. 加入 *Pointer Down* 事件。點按 Add New Event Type 按鈕，並在顯示出的列表中，選取 Pointer Down。

7. 將繩子的 *isIncreasing* 屬性連結到該事件上。在 Pointer Down 列表中，點按 +，會出現一個新項目（圖 5-2）。

將 Rope 物件從 Hierarchy 中拖放到顯示出來的物件槽（slot）上。

將 Function 從 "No Function" 改成 Rope → isIncreasing。（選取這個選項後，下拉式選單會顯示 Rope.Increasing）。當手指按到該按鈕時，按鈕就會調整繩子的 isIncreasing 屬性。

將顯示出來的勾選框從 unchecked 改成 checked。這可讓 isIncreasing 屬性變成 true。

做好這些調整後，Pointer Down 事件中的新項目看來應如圖 5-3。

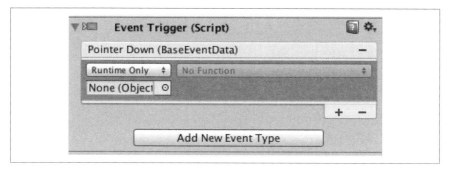

圖 5-2　列表中的新事件

圖 5-3　設定好的 Pointer Down 事件

8. 加入 *Point Up* 事件，並讓它將 *Rope* 的 *isIncreasing* 屬性設定成 *false*。當手指自按鈕上移開時，要讓繩索停止增長。

點按 Add New Event Type，加入一個新的 Point Up 事件到 Evcnt Trigger（事件觸發器）中，不要勾選 Rope 的 isIncreasing 屬性。這可讓該 isIncreasing 屬性的值，在手指移開時，變成 false。

做好上述設定後，Event Trigger 的 Inspector 看來應像圖 5-4。

圖 5-4　供 Down 按鈕使用，已設定好的事件觸發器

9. 測試 *Down* 按鈕。進行遊戲，點並按住 Down 按鈕，繩子應該會開始變長，若你將滑鼠鍵放開，繩子就不再加長。若按了按鍵但繩子不會加長，則在 Down 按鈕中剛剛設定的事件上點二下；其中，Pointer Down 應該要將 isIncreasing 設定成 true，而 Pointer Up 應該要將 isIncreasing 設定成 false。

10. 加入 *Up* 按鈕。現在你需要重複相同的設定流程，不過這次要設定的是要縮短繩子的按鈕。加入一個新的按鈕，如 Down 按鈕那樣，將它放在右下角，放好後，再稍微將它往上移一點。

將它的標籤文字設定成 "Up"，將 Button 組件移除，加入一個 Event Trigger（要有 2 種事件類型；Point Down 與 Point Up）。讓這二個 Event Trigger 能調整繩子的 isDecreasing 屬性。

這 2 個按鈕只有標籤文字與其所影響的屬性不同，除此之外，2 個按鈕完全相同。

11. 測試 *Up* 按鈕。進行遊戲，你現在應該可以隨意地伸長或縮短繩子。

你也可以使用 Unity Remote，讓遊戲在手機上執行，在小矮人從畫面的一側盪至另一側時，你可以同時將繩子伸長或縮短。

恭喜：輸入系統的核心部份已完成。

讓鏡頭跟著小矮人

設定到這裡，若你按住 Down 按鈕，繩索就會將小矮人往下降，直到它超出畫面範圍。你需要設定讓鏡頭跟著小矮人移動。

要有這樣的效果，我們要編寫依附在 Camera 上的腳本，並將其 Y 座標（即垂直位置）設定成另一個物件的座標上。將此物件設定成 Gnome，則 Camera 就會跟在 Gnome 旁。腳本會依附在鏡頭上，並設定好追蹤 Gnome 的軀體。請依照下列步驟，將腳本製作好：

1. 新增 *CameraFollow* 腳本。在階層窗格中選取 Camera，並加入一份新的 C# 組件，將之命名為 CameraFollow。

2. 在 *CameraFollow.cs* 中新增下列程式碼：

```csharp
// 進行調整，讓鏡頭在某些限制條件下，總是對到目標物件的 Y 座標。
public class CameraFollow : MonoBehaviour {

    // 這是要對到其 Y 軸座標的物件
    public Transform target;

    // 鏡頭能到達的最高點
    public float topLimit = 10.0f;

    // 鏡頭能到達的最低點
    public float bottomLimit = -10.0f;

    // 往目標移動的速度
    public float followSpeed = 0.5f;

    // 在所有物件更新位置後，算出鏡頭的位置。
    void LateUpdate () {

        // 若目標存在…
        if (target != null) {

            // 取得其位置
            Vector3 newPosition = this.transform.position;

            // 計算鏡頭位置
            newPosition.y = Mathf.Lerp (newPosition.y,
                target.position.y, followSpeed);

            // 將這個新位置控制在我們所設的範圍內
            newPosition.y =
```

```
        Mathf.Min(newPosition.y, topLimit);
    newPosition.y =
        Mathf.Max(newPosition.y, bottomLimit);

    // 更新我們的位置
    transform.position = newPosition;
  }

}

// 在編輯器中被選取時，從頂端劃一條線到底端。
void OnDrawGizmosSelected() {
  Gizmos.color = Color.yellow;

  Vector3 topPoint =
    new Vector3(this.transform.position.x,
        topLimit, this.transform.position.z);
  Vector3 bottomPoint =
    new Vector3(this.transform.position.x,
        bottomLimit, this.transform.position.z);

  Gizmos.DrawLine(topPoint, bottomPoint);
  }
}
```

CamerFollow 使用 LateUpdate 方法，這個方法可在所有其他物件執行完 Update 方法後執行。Update 常用來更新物件的位置，也就是說，使用 LateUpdate 代表你的程式碼在這些位置更新完成*之後*後才會執行。

CameraFollow 會對到物件附掛上之位移的 Y 座標位置，不過也會確保該位置不會比特定的門檻值更高或更低。也就是說，當繩索全部收回時，鏡頭不會顯示水井頂端上的空白處。此外，程式碼使用 Mathf.Lerp 函式，計算靠近目標的位置。這可以讓它「大略」地跟著物件──followSpeed 參數愈靠近 1，鏡頭移動的速度愈快。

為了將這些門檻值以視覺方式呈現，我們實作了 OnDrawGizmosSelected 方法。這個方法，Unity Editor 本身也會使用，在選取鏡頭的情況下，從頂端畫條線到底端。若你使用 Inspector 更改 topLimit 與 bottomLimit 屬性，就可以看到線的長度會改變。

3. 設定 *CameraFollow* 組件。將小矮人的 Body 物件拖放到 Target 槽（圖 5-5）中，但不要更動其他屬性。

▼ ⓖ ☑ **Camera Follow (Script)**		📖 ✿ᵥ
Script	ⓖ CameraFollow	⊙
Target	⼈ Prototype Body (Transform)	⊙
Top Limit	10	
Bottom Limit	-10	
Follow Speed	0.5	

圖 5-5　設定 CameraFollow 腳本

4. 測試鏡頭。執行遊戲，透過 Down 按鈕降低小矮人的位置。鏡頭會
   跟著小矮人移動。

腳本編寫與除錯

現在是討論如何找到並修正腳本中問題的好時機，因為之後的程式碼只
會變得愈來愈複雜。

有時候，腳本並不會照著我們預期的方式來運行，可能是因為我們打錯
字或邏輯上有誤。要追蹤並修正腳本的問題，你可以使用 MonoDevelop
中的除錯功能。你可以在程式中設定中斷點（breakpoints），檢查程式的
狀態，精確地控制程式的執行過程。

雖然你可以使用任何慣用的文字編輯軟體來編寫腳本，
但你應該使用專用的開發軟體來進行開發工作。也就是
說，你應該要使用 MonoDevelop 或 Visual Studio 來進
行開發。在本書中，我們使用的是 MonoDevelop；若你
要使用 Visual Studio，Microsoft 也備有一些編寫得很棒
的文件可供參考（*http://bit.ly/ms-debugger-basics*）。

設定中斷點

為了要體驗這個功能，我們將在剛寫好的 Rope 腳本中設定一個中斷點，
並透過它來瞭解這段腳本的細節。請按照下列步驟來操作：

1. 在 *MonoDevelop* 中開啟 *Rope.cs* 檔。

2. 找到 *Update* 方法，在其中找出底下這行：

```
if (topSegmentJoint.distance >= maxRopeSegmentLength) {
```

3. 在這行程式左邊的灰線上點按滑鼠鍵。如此就可以加上一個中斷點
（圖 5-6）。

```
// Every frame, increase or decrease the rope's length if neccessary
void Update() {

    // Get the top segment and its joint.
    GameObject topSegment = ropeSegments[0];
    SpringJoint2D topSegmentJoint =
        topSegment.GetComponent<SpringJoint2D>();

    if (isIncreasing) {

        // We're increasing the rope. If it's at max length,
        // add  a new segment; otherwise, increase the top
        // rope segment's length.

        if (topSegmentJoint.distance >= maxRopeSegmentLength) {
            CreateRopeSegment();
        } else {
            topSegmentJoint.distance += ropeSpeed *
                Time.deltaTime;
        }

    }
```

圖 5-6　加入一個中斷點

接著，我們要將 MonoDevelop 連結到 Unity 上，這代表程式執行到中斷
點時，MonoDevelop 會接手控制並暫停 Unity 的執行。

4. 點按 *MonoDevelop* 視窗左上角的 *Play* 按鈕（圖 *5-7*）。

圖 5-7　MonoDevelop 視窗左上角的 Play 按鈕

5. 下圖視窗顯示後，點按 *Attach*（圖 *5-8*）。

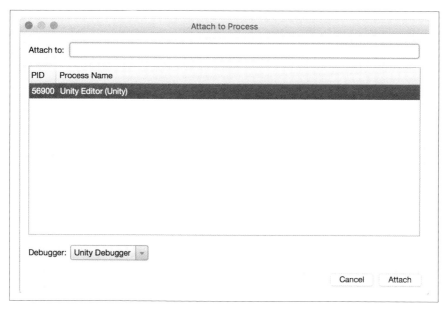

圖 5-8　Attach to Process 視窗

至此，MonoDevelop 就會附掛到 Unity 上。程式執行到中斷點時，Unity 的執行將暫停，讓你可以對程式進行除錯。

> 我們所說的 Unity 將暫停，並不是指 Unity 中的遊戲會像你點按 Pause 鍵那樣地暫停，而是整個 *Unity* 程式會停住，一直到你要 MonoDevelop 繼續執行之後，Unity 才會繼續運行。整個過程看起來，會讓你覺得是 Unity 當掉了，請勿驚慌。

　6. 執行遊戲，並點按 *Down* 按鈕。

你這樣做的同時，Unity 就會停住，而 MonoDevelop 會跳出來。帶有中斷點的那一行程式會被反白強調出來，表示程式目前執行到這一行。

此時，你就可以檢查程式目前的狀態。在編輯器的下方，可以看到畫面被分成二塊面板：Locals 面板與 Immediate 面板。（視情況不同，畫面上開啟的可能是不同的頁籤；點按需開啟的頁籤，將它們開啟，以進行操作。）

Locals 面板會列出目前在可操作範圍內的變數。

7. 打開在 *Locals* 面板中的 *topSegmentJoint* 變數。該變數中的欄位列表將會顯示出來讓你檢視（圖 5-9）。

Name	Value	Type
▶ 🅲 this	{Rope (Rope)}	Rope
▶ 🅾 topSegment	{Rope Segment(Clone) (UnityEngine.GameObject)}	UnityEngine.GameOb
▼ 🅾 topSegmentJoint	{Rope Segment(Clone) (UnityEngine.SpringJoint2D)}	UnityEngine.SpringJo
▶ 🅲 base	{UnityEngine.AnchoredJoint2D}	UnityEngine.Anchored
🅿 autoConfigureDistance	false	bool
🅿 dampingRatio	1	float
🅿 distance	1	float
🅿 frequency	30	float

（Watch　Locals　Breakpoints　Threads）

圖 5-9　Locals 面板，列出 topSegmentJoint 中的資料

> Immediate 面板可讓你輸入 C# 程式碼，且馬上可以看到執行結果。比方說，你可以輸入 **topSegmentJoint. distance**，以存取與圖 5-9 中所顯示的 topSegmentJoint 之 distance 屬性相同的資訊。

當你除錯完成後，你需要通知除錯器讓 Unity 繼續執行。有 2 種方法可以達成這種效果：你可以卸載（detach）除錯器，或者在除錯器仍附掛著的情況下，通知它讓程式繼續執行下去。

若你卸載除錯器，中斷點就會失效，你需要再將除錯器附掛上來，才會恢復其作用。若你讓除錯器繼續附掛著，則執行到下一個中斷點時，遊戲又會暫停。

• 要卸載除錯器，則點按 *Stop* 按鈕（圖 *5-10*）。

圖 5-10　停止除錯器

- 要讓除錯器繼續附掛著,且繼續執行,則點按 *Continue* 按鈕(圖 *5-11*)。

圖 5-11　繼續執行

設定小矮人的程式碼

現在終於可以開始處理小矮人本身的設定了。小矮人需要知道一些遊戲狀態,也需要知道跟它有關的事件。

清楚地說,小矮人需要做下列的工作:

- 當它受到損傷時,需要顯示出受到某種特定的影響(視所受到的傷害類型而定)。

- 當它死亡時,應該要做下列的操作:
  - 要為不同的軀體零件更新外觀(也是視損傷而定),然後斷開某些零件的連結。
  - 在死亡之後,應該要很快地製作出一個 Ghost 物件,讓它往上飄。
  - 當肢體從軀體斷開時,我們要製作一些濺血的效果;也要知道要在哪裡為每一塊肢體做出濺血效果。
  - 當斷開的肢體不再移動時,其上的物理效果應該要拿掉,讓使用者無法再與它進行互動(我們不想要讓死亡的小矮人都堆在畫面底部,讓你拿不到寶藏)。

- 它要能追蹤是否有拿到寶藏;握有寶藏的狀態有變時,它應該要將握拳的手臂換成是拿著寶藏的手臂。

- 它應該要保存著一些重要的資訊,如鏡頭應該跟著哪一個物件,還有繩子應該綁在哪一個剛體(rigidbody)上。

- 它應該要追蹤自身是死是活的狀態。

要注意到的是，這些與整體的遊戲狀態是分離──小矮人並不去追蹤遊戲的勝負狀態，它只會注意自身的狀態。我們（最終）也將製作一個物件，管理整體遊戲的狀態，並且讓小矮人在條件滿足時死亡。

要實作這個系統，我們要用一段腳本來統籌管理小矮人。此外，我們也要在每個軀體零件上加入一段腳本（以管理其外形（sprite），並在被移除後，停止套用的物理特性）。

我們也需要加入一些其他的資訊，以追蹤血應該哪裡噴出來。這些位置會用遊戲物件來表示（因為它們可以被放置在場景中）；每一個軀體零件都會有一個指向其對應之「噴血」點的參考。

我們會先開始寫軀體零件的腳本，然後再寫小矮人的腳本。之所以要用這種順序來寫腳本，是因為主要的小矮人腳本需要知道 BodyPart 的腳本，而 BodyPart 腳本並不需要知道小矮人的腳本。

1. 製作 *BodyPart.cs* 檔。製作一個新的 C# 腳本，將之命名為 *BodyPart.cs*。在其中加入下列程式碼：

```csharp
[RequireComponent (typeof(SpriteRenderer))]
public class BodyPart : MonoBehaviour {

  // 當以傷害類型 'slicing' 叫用 ApplyDamageSprite 時，所使用的外形。
  public Sprite detachedSprite;

  // 當以傷害類型 'burning' 叫用 ApplyDamageSprite 時，所使用的外形。
  public Sprite burnedSprite;

  // 代表將出現在軀體上的噴血點位置與角度
  public Transform bloodFountainOrigin;

  // 若為真，此物件將移除其碰撞、關節與剛體，讓自身安息。
  bool detached = false;

  // 讓此物件與父物件脫離，並將之標示為需移除物理特性。
  public void Detach() {
    detached = true;

    this.tag = "Untagged";

    transform.SetParent(null, true);
  }
```

```
// 在每個影格中，若物件已脫離，則當剛體休眠時，將物理特性移除。
// 也就是說，這個脫離的軀體零件，再也不會擋到小矮人的路了。
public void Update() {

    // 若尚未脫離，則不做任何操作。
    if (detached == false) {
        return;
    }

    // 剛體休眠中？
    var rigidbody = GetComponent<Rigidbody2D>();

    if (rigidbody.IsSleeping()) {

        // 若是，銷毀所有關節…
        foreach (Joint2D joint in
            GetComponentsInChildren<Joint2D>()) {
            Destroy (joint);
        }

        // …還有剛體…
        foreach (Rigidbody2D body in
            GetComponentsInChildren<Rigidbody2D>()) {
            Destroy (body);
        }

        // …以及碰撞器。
        foreach (Collider2D collider in
            GetComponentsInChildren<Collider2D>()) {
            Destroy (collider);
        }

        // 最後，移除這段腳本。
        Destroy (this);
    }
}

// 根據所受到的傷害類型，為零件更換外形。
public void ApplyDamageSprite(
    Gnome.DamageType damageType) {

    Sprite spriteToUse = null;

    switch (damageType) {

    case Gnome.DamageType.Burning:
        spriteToUse = burnedSprite;
```

```
      break;

    case Gnome.DamageType.Slicing:
      spriteToUse = detachedSprite;

      break;
    }

    if (spriteToUse != null) {
      GetComponent<SpriteRenderer>().sprite =
        spriteToUse;
    }

  }

}
```

 這段程式碼還不能編譯，因為它用到的 Gnome.DamageType 型別還沒有定義好。我們在寫 Gnome 類別時，會將它加上來。

BodyPart 腳本可以與二種不同類型的傷害搭配：燒傷（burning）與割傷（slicing）。這二種傷害透過 Gnome.DamageType 列舉（enumeration）來表示，我們很快就會要編寫到，它也會在幾個不同類別中與傷害有關的方法中被使用。Burning 傷害，會透過一些類型的陷阱來施加，它會產生燒傷的視覺效果，而 Slicing 傷害會透過其他類型的陷阱來施加，會造成割傷（相當血腥）的視覺效果，即會有一些紅色血點以噴霧狀方式從小矮人軀體上噴濺出來。

BodyPart 類別本身需要透過一個 SpriteRenderer 連接到遊戲物件才能運作。因為不同傷害類型會造成軀體零件外形（sprite）的變化，任有帶有 BodyPart 腳本的物件，都應該要有附掛有 SpriteRenderer。

這個類別儲存有幾種不同的屬性：當小矮人受到 Slicing 傷害時，外型應套用 detachedSprite 屬性，而受到 Burning 傷害時，則應套用 burnedSprite。此外，bloodFountainOrigin 是一個 Transform，主要的 Gnome 組件會用它來添加濺血物件；這個類別並不會用到它，但會用到儲存於其中的資訊。

此外，BodyPart 腳本會偵測 RigidBody2D 組件是否已進入休眠狀態（即該組件已停止移動一陣子，而且也沒有新的施力作用在其上）。當這種狀況發生時，除了由其染渲而出的外形之外，BodyPart 腳本會移除所有的東西，有效地將之轉變成裝飾物件。這是必要的操作，不會讓小矮人的肢體掛上太多東西，而妨礙到使用者移動的操作。

> 我們將在第 170 頁「粒子特效」中，再遇上這種濺血功能；在此所做的只是一些初始設定，讓它能在之後可被方便地加進需要的地方。

接下來，要加進 Gnome 自身的腳本了。這段腳本幾乎是為了之後作準備，即在小矮人死亡時才會用到，但早一點準備好這段腳本比較好。

2. 製作 *Gnome* 腳本。製作一個名為 *Gnome.cs* 的新 C# 腳本檔。

3. 加入 *Gnome* 組件的程式碼。將下列程式碼，加進 *Gnome.cs* 中：

```csharp
public class Gnome : MonoBehaviour {

    // 鏡頭應該追蹤的物件
    public Transform cameraFollowTarget;

    public Rigidbody2D ropeBody;

    public Sprite armHoldingEmpty;
    public Sprite armHoldingTreasure;

    public SpriteRenderer holdingArm;

    public GameObject deathPrefab;
    public GameObject flameDeathPrefab;
    public GameObject ghostPrefab;

    public float delayBeforeRemoving = 3.0f;
    public float delayBeforeReleasingGhost = 0.25f;

    public GameObject bloodFountainPrefab;

    bool dead = false;

    bool _holdingTreasure = false;

    public bool holdingTreasure {
```

```
    get {
      return _holdingTreasure;
    }
    set {
      if (dead == true) {
        return;
      }

      _holdingTreasure = value;

      if (holdingArm != null) {
        if (_holdingTreasure) {
          holdingArm.sprite =
            armHoldingTreasure;
        } else {
          holdingArm.sprite =
            armHoldingEmpty;
        }
      }

    }
  }

public enum DamageType {
  Slicing,
  Burning
}

public void ShowDamageEffect(DamageType type) {
  switch (type) {

  case DamageType.Burning:
    if (flameDeathPrefab != null) {
      Instantiate(
          flameDeathPrefab,cameraFollowTarget.position,
          cameraFollowTarget.rotation
      );
    }
    break;

  case DamageType.Slicing:
    if (deathPrefab != null) {
      Instantiate(
          deathPrefab,
          cameraFollowTarget.position,
          cameraFollowTarget.rotation
      );
```

```
    }
    break;
  }
}

public void DestroyGnome(DamageType type) {

  holdingTreasure = false;

  dead = true;

  // 找到所有子物件，並隨機地斷開關節。
  foreach (BodyPart part in
    GetComponentsInChildren<BodyPart>()) {

    switch (type) {

    case DamageType.Burning:
      // 有 1/3 的機會被燒傷
      bool shouldBurn = Random.Range (0, 2) == 0;
      if (shouldBurn) {
        part.ApplyDamageSprite(type);
      }

      break;

    case DamageType.Slicing:
      // 割傷都會套用受傷外形
      part.ApplyDamageSprite (type);

      break;
    }

    // 有 1/3 的機會脫離軀體
    bool shouldDetach = Random.Range (0, 2) == 0;

    if (shouldDetach) {

      // 當它休息時，讓此物件移除其剛體與碰撞器。
      part.Detach ();

      // 若脫離了，且傷害類型是割傷，則加進濺血效果。

      if (type == DamageType.Slicing) {

        if (part.bloodFountainOrigin != null &&
          bloodFountainPrefab != null) {
```

```csharp
            // 為脫離的零件附掛上濺血效果
            GameObject fountain = Instantiate(
                bloodFountainPrefab,
                part.bloodFountainOrigin.position,
                part.bloodFountainOrigin.rotation
            ) as GameObject;

            fountain.transform.SetParent(
                this.cameraFollowTarget,
                false
            );
          }
        }

        // 斷開與此物件的連結
        var allJoints = part.GetComponentsInChildren<Joint2D>();
        foreach (Joint2D joint in allJoints) {
            Destroy (joint);
        }
      }
    }

  // 加入一個 RemoveAfterDelay 組件到此物件上
  var remove = gameObject.AddComponent<RemoveAfterDelay>();
  remove.delay = delayBeforeRemoving;

  StartCoroutine(ReleaseGhost());
}

IEnumerator ReleaseGhost() {

  // 沒有魂魄預製物件？採取必要措施。
  if (ghostPrefab == null) {
    yield break;
  }

  // 等待 delayBeforeReleasingGhost 秒
  yield return new WaitForSeconds(delayBeforeReleasingGhost);

  // 加入魂魄
  Instantiate(
      ghostPrefab,
      transform.position,
      Quaternion.identity
```

```
        );
    }

}
```

在你加進這些程式碼時，會看到一些編譯錯誤訊息，包括一或幾行的 "The type or namespace name RemoveAfterDelay could not be found."。這是預料中的事，稍後我們會加進 RemoveAfterDelay 類別來處理這個問題！

這個 Gnome 腳本主要負責保存與小矮人有關的重要資料，當小矮人受到傷害時，也負責進行該做的操作。這些屬性有許多並不為小矮人直接運用，而是 Game Manager（我們很快就需要編寫它）用來在需要製作出新的小矮人時，將遊戲設定好的。

底下強調一些 Gnome 腳本的重點：

* holdingTreasure 屬性設好之後會帶有一個覆寫的設定方法（setter）。當 holdingTreasuer 屬性改變時，小矮人的外觀需要跟著改變：若小矮人目前拿著寶藏的話（即 holdingTreasuer 屬性被設成 true），則 "Arm Holding" 外形渲染器需要改用內含寶藏的外形。相反地，若該屬性變成 false，則外形渲染器需要改用裡頭**不含寶藏**的外形。

* 當小矮人受到傷害時，"damage effect" 物件會被製作出來。這個特定物件將視特定的傷害類型，而有所不同──若是 Burning 類型，則我們要讓該點冒出一些煙來，若是 Slicing 類型，則我們要讓該點濺出一些血來。我們使用 ShowDamageEffect 來描繪出效果。

在本書中，我們會實作濺血效果。而燃燒效果則讓你來挑戰！

* DestroyGnome 方法負責通知所有連接的 BodyPart 組件，小矮人有受到傷害，這些組件應該要脫離開來。此外，若傷害類型為 Slicing，則應該要製作出濺血物件來。

這個方法也會創建一個 RemoveAfterDelay 組件來，這也是我們在那一瞬間就要製作出的組件。它會將整個小矮人從畫面上移除。

最後，這個方法會啟動 ReleaseGhost 協程（coroutine），它會等候一段特定時間後，製作出一個 Ghost 物件（我們將製作 Ghost 預製物件留給你來挑戰）。

4. 在所有小矮人軀體零件中，加進 *BodyPart* 腳本組件。選取所有軀體零件（頭、腿、手臂與軀體），並在其中加進 BodyPart 組件。

5. 為濺血物件新增容器。製作一個空的遊戲物件，並將之命名為 "Blood Fountains"。將它設定為主 Gnome 物件的子物件（也就是說，除了父物件之外，並不是所有軀體零件都要設）。

6. 為濺血效果新增標示（*marker*）。新增 5 個空的遊戲物件，將它們設定成濺血物件的子物件。

視其所依附零件的不同，為其命名：Head、Leg Rope、Leg Dangle、Arm Holding、Arm Loose。

將這些物件移動到你要在肢體上濺血的點上（比方說，將 Head 物件移到小矮人的頸部）；然後旋轉該物件的角度，讓其 Z 軸（向下箭頭）對準你要血噴濺出來的方向。如圖 5-12──Head 物件被選取，且垂直方向箭頭往下指。這會讓血往上噴濺，從小矮人的頸部噴濺而出。

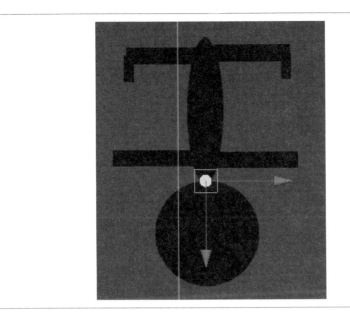

圖 5-12　頭部濺血的位置與角度

7. 將濺血標示連結到各個軀體零件上。在每一個軀體零件上，將每
   一個零件的濺血物件拖到 Blood Fountain Origin 槽上。比方說，將頭
   濺血物件原點的遊戲物件拖到 Head 軀體零件上（圖 5-13）。要注意
   Body 並不用設——它並不是你將它脫離下來的零件。不要將軀體零
   件本身拖到槽中！而是要拖你剛製作好的新遊戲物件進去。

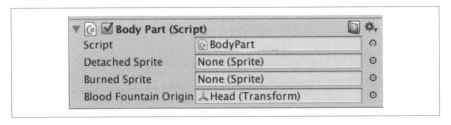

圖 5-13　連結 Head 濺血物件

小矮人物件需要能在隔一段時間之後消失。因此，我們要製作一段能將
一個物件在一段時間之後移除的腳本。就主遊戲而言也很有用——火球
需要在一段時間之後消失，魂魄也一樣。

1. 製作 *RemoveAfterDelay* 腳本。新建一個 C# 腳本檔,將其命名為 *RemoveAfterDelay.cs*。將下列程式碼加到該檔案中:

```csharp
// 在一段延遲時間後,移除物件。
public class RemoveAfterDelay : MonoBehaviour {

    // 移除前需要等候幾秒
    public float delay = 1.0f;

    void Start () {
        // 啟動 'Remove' 協程
        StartCoroutine("Remove");
    }

    IEnumerator Remove() {
        // 等候 'delay' 秒,然後銷毀附掛在這個物件上的 gameObject。
        yield return new WaitForSeconds(delay);
        Destroy (gameObject);

        // 不要寫成 Destroy(this)──那只會銷毀這段 RemoveAfterDelay 腳本
    }
}
```

 當你加進這段程式碼時,之前提過的編譯器錯誤,就不再出現──Gnome 類別需要有 RemoveAfterDelay 類別,才能正確編譯。

RemoveAfterDelay 類別非常簡單:當該組件出現時,它會透過一支協程(coroutine)等待特定時間,時間一到,該物件就會被移除。

2. 將 *Gnome* 組件附掛到小矮人上。如下操作:

- 將 Camera Follow Target 設定到小矮人的軀體上。

- 將 Rope Body 設定到 Leg Rope 上。

- 將 Arm Holding Empty 外形設定到 Prototype Arm Holding 外形上。

- 將 Holding Arm 物件設定到小矮人的 Arm Holding 軀體零件上。

設定完成後,腳本的設定情況看來應如圖 5-14。

這些屬性為稍後我們要加進來的 Game Manager 所用，因此，Camera Follow 會對準在正確的物件上，而 Rope 也會連接到正確的軀體上。

圖 5-14　設定好的 Gnome 組件

設定遊戲管理員

Game Manager 是負責管理整個遊戲的物件。遊戲開始時，它要負責製作出小矮人，也要處理小矮人碰觸到如陷阱、寶藏等重要物件或抵達關卡出口時的一些工作，而且所處理的大都是一些存續時間比小矮人長的工作。

具體而言，Game Manager 需要處理下列工作：

1. 當遊戲開始或重新開始時：

    a. 製作小矮人的實例（instance）。

    b. 必要時移除舊的小矮人。

    c. 將之置放在啟始高度。

    d. 將 Rope 附掛到其上。

    e. 讓 Camera 開始跟蹤它。

f. 重設所有需要重新設定的物件，如寶藏。

2. 當小矮人碰觸到寶藏時：

a. 調整其 holdingTreasure 屬性值，通知小矮人已取得寶藏。

3. 當小矮人碰到陷阱時：

a. 叫用 ShowDamageEffect 通知它顯示出所受傷害。

b. 叫用 DestroyGnome 將之移除。

c. 重設遊戲。

4. 當小矮人碰觸到出口時：

a. 若它拿著寶藏，顯示 Game Over 畫面。

當我們為 Game Manager 加進這些程式碼時，需要加入一個 Game Manager 所需的類別：Resettable 類別。

在遊戲重設（resets）時，我們需要一種執行程式碼的通用方法。一種方式是透過 Unity Events ——我們將製作一個名為 *Resettable.cs* 的腳本檔，其中有 Unity Event，可以被附掛到所有需要重設的物件上。當遊戲重設時，Game Manager 將找出所有內含 Resettable 組件的物件，並啟動其中的 Unity Event。

使用這種方式來進行重設，表示個別物件可被設定成不需要特別另外為其編寫程式，本身就能自行重設。比方說，以我們稍後將製作的 Treasure 物件為例，它需要變更自身的外形，以表示已不再有寶藏可拿了；我們會在其上加進一個 Resettable 物件，可將其外形變回原來的樣子，即代表有寶藏可拿的外形。

現在要製作 Resettable 腳本。產生一個名為 *Resettable.cs* 的新 C# 檔，在這個檔中加入下列程式碼：

```
using UnityEngine.Events;

// 內含一個可以用來重設此物件狀態的 UnityEvent
public class Resettable : MonoBehaviour {

    // 在這個編輯器中，將這個事件連接到遊戲重設時應該執行的方法上。
    public UnityEvent onReset;
```

```
    // 當遊戲重設時，由 GameManager 叫用。
    public void Reset() {
        // 啟動事件，讓它呼叫所有連接的方法。
        onReset.Invoke();
    }
}
```

Resettable 的程式碼非常簡單，其內容就是一個 Unity Event 屬性。這個屬性可讓你在檢視器中，加入要叫用的方法與變更屬性。當 Reset 方法被叫用時，這個事件會被啟動，其所連結的方法與屬性都會被叫用與配合更動。

現在我們要開始製作 Game Manager：

1. 製作 *Game Manager* 物件。製作一個新的空遊戲物件，並將之命名為 "Game Manager"。

2. 製作並編寫 *GameManager* 程式碼。新增一個名為 *GameManager.cs* 的 C# 腳本檔，將下列程式碼加進其中：

```
// 管理遊戲狀態
public class GameManager : Singleton<GameManager> {

    // 小矮人該出現的位置
    public GameObject startingPoint;

    // 繩索物件，能將小矮人吊高或放低。
    public Rope rope;

    // 跟蹤腳本，讓鏡頭可以跟著小矮人跑。
    public CameraFollow cameraFollow;

    // 「目前」的小矮人（相對於陣亡的那些）
    Gnome currentGnome;

    // 需要產生小矮人時，用來產生實例的預製物件。
    public GameObject gnomePrefab;

    // 內含 'restart' 與 'resume' 按鈕的 UI 組件。
    public RectTransform mainMenu;

    // 內含 'up'、'down' 與 'menu' 按鈕的 UI 組件。
    public RectTransform gameplayMenu;
```

```csharp
// 內含 'you win!' 畫面的 UI 組件
public RectTransform gameOverMenu;

// 若為真，忽略所有損傷（但還是要顯示出受傷的效果）。
// 'get; set;' 讓它變成是一個屬性，
// 可以顯示在 Inspector 中 Unity Events 可用的方法列表中。
public bool gnomeInvincible { get; set; }

// 陣亡後要等多久才製作新的小矮人
public float delayAfterDeath = 1.0f;

// 小矮人陣亡時要播放的音效
public AudioClip gnomeDiedSound;

// 獲勝時要播放的音效
public AudioClip gameOverSound;

void Start() {
    // 遊戲開始時，叫用 Reset 以設定小矮人。
    Reset ();
}

// 重設整個遊戲
public void Reset() {

    // 關閉選單，開啟遊戲 UI。
    if (gameOverMenu)
        gameOverMenu.gameObject.SetActive(false);

    if (mainMenu)
        mainMenu.gameObject.SetActive(false);

    if (gameplayMenu)
        gameplayMenu.gameObject.SetActive(true);

    // 找出所有 Resettable 組件，並通知它們進行重設。
    var resetObjects = FindObjectsOfType<Resettable>();

    foreach (Resettable r in resetObjects) {
        r.Reset();
    }

    // 製作一位新的小矮人
    CreateNewGnome();

    // 解除遊戲的暫停狀態
    Time.timeScale = 1.0f;
```

```
}

void CreateNewGnome() {

  // 若目前存在有小矮人，則將之移除。
  RemoveGnome();

  // 製作一位新的小矮人，將它設定成 currentGnome。
  GameObject newGnome =
    (GameObject)Instantiate(gnomePrefab,
      startingPoint.transform.position,
      Quaternion.identity);

  currentGnome = newGnome.GetComponent<Gnome>();

  // 讓繩索顯示出來
  rope.gameObject.SetActive(true);

  // 連接繩索尾端到 Gnome 物件所指定的剛體（如小矮人的腳）上
  rope.connectedObject = currentGnome.ropeBody;

  // 將繩索長度重設成預設值
  rope.ResetLength();

  // 通知 cameraFollow 開始追蹤新的 Gnome 物件
  cameraFollow.target = currentGnome.cameraFollowTarget;

}

void RemoveGnome() {

  // 若小矮人還沒陣亡，則不需做任何操作。
  if (gnomeInvincible)
    return;

  // 隱藏繩索
  rope.gameObject.SetActive(false);

  // 停止追蹤小矮人
  cameraFollow.target = null;

  // 若目前有小矮人，讓它變成非玩家。
  if (currentGnome != null) {

    // 小矮人已不再拿著寶藏
    currentGnome.holdingTreasure = false;
```

```
    // 將這個物件標示成非玩家（如此當物件撞上碰撞器時，就不會有反應）
    currentGnome.gameObject.tag = "Untagged";

    // 找出所有目前被標示成 "Player" 的物件，並將其上的標籤移除。
    foreach (Transform child in
      currentGnome.transform) {
        child.gameObject.tag = "Untagged";
    }

    // 標示成目前沒有小矮人
    currentGnome = null;
  }
}

// 殺掉小矮人
void KillGnome(Gnome.DamageType damageType) {

    // 若有音源，則播放 "gnome died" 音效。
    var audio = GetComponent<AudioSource>();
    if (audio) {
        audio.PlayOneShot(this.gnomeDiedSound);
    }

    // 顯示受傷效果
    currentGnome.ShowDamageEffect(damageType);

    // 若小矮人陣亡了，則重設遊戲並將小矮人設成不是目前的玩家。
    if (gnomeInvincible == false) {

        // 通知小矮人，它已經陣亡了。
        currentGnome.DestroyGnome(damageType);

        // 移除 Gnome
        RemoveGnome();

        // 重設遊戲
        StartCoroutine(ResetAfterDelay());

    }
}

// 小矮人陣亡時叫用
IEnumerator ResetAfterDelay() {

    // 等待 delayAfterDeath 秒，然後呼叫 Reset。
    yield return new WaitForSeconds(delayAfterDeath);
    Reset();
```

```
}

// 玩家碰到陷阱時叫用
public void TrapTouched() {
  KillGnome(Gnome.DamageType.Slicing);
}

// 玩家碰到火焰陷阱時叫用
public void FireTrapTouched() {
  KillGnome(Gnome.DamageType.Burning);
}

// 當小矮人拿到寶藏時叫用
public void TreasureCollected() {
    // 通知 currentGnome，應該要拿著寶藏
    currentGnome.holdingTreasure = true;
}

// 當玩家碰到出口時叫用
public void ExitReached() {
    // 若至此玩家還存在，且手上還握有寶藏，則遊戲結束！
    if (currentGnome != null &&
    currentGnome.holdingTreasure == true) {

      // 若有音源，則播放 "game over" 音效。
      var audio = GetComponent<AudioSource>();
      if (audio) {
        audio.PlayOneShot(this.gameOverSound);
      }

      // 暫停遊戲
      Time.timeScale = 0.0f;

      // 關閉 Game Over 選單，打開 "game over" 畫面！
      if (gameOverMenu) {
        gameOverMenu.gameObject.SetActive(true);
      }

      if (gameplayMenu) {
        gameplayMenu.gameObject.SetActive(false);
      }

    }
}

// 當 Menu 按鈕且 Resume Game 按鈕被點按時叫用
public void SetPaused(bool paused) {
```

```
      // 若遊戲暫停，則將時間停止，啟用選單（並關閉遊戲疊層）。
      if (paused) {
        Time.timeScale = 0.0f;
        mainMenu.gameObject.SetActive(true);
        gameplayMenu.gameObject.SetActive(false);
      } else {
        // 若遊戲沒有暫停，則將讓時間繼續走，關閉選單（並開啟遊戲疊層）。
        Time.timeScale = 1.0f;
        mainMenu.gameObject.SetActive(false);
        gameplayMenu.gameObject.SetActive(true);
      }
    }

    // 當 Restart 按鈕被點按時叫用
    public void RestartGame() {

      // 立即移除小矮人（不是殺死它）
      Destroy(currentGnome.gameObject);
      currentGnome = null;

      // 重設遊戲以製作出新的小矮人
      Reset();
    }

  }
```

Game Manager 主要被設計來產生新的小矮人與將其他系統連接到正確的物件上。當新的小矮人需要顯現時，Rope 要連接到小矮人的腿上，且 CameraFollow 也需要對到小矮人的軀體上。Game Manager 也要負責處理選單的顯示，並在這些選單中的按鈕被點選時，作出回應（稍後我們就要實作選單）。

因為這部份的程式碼很多，我們會一步步說明其中的細節。

設定與重設遊戲

這個物件第一次出現時會叫用 Start 方法，接著馬上叫用 Reset 方法。Reset 的功用是將整個遊戲回復成它一開始的狀態，所以在 Start 中叫用它，是將「初始設定」與「重設遊戲」程式碼結合在一起的便捷作法。

Reset 方法本身會確保適當的選單項目，稍後我們將設定，在畫面中顯示出來。場景中所有的 Resettable 組件都會被通知要進行重設，此外也要透過叫用 CreateNewGnome 方法，產生新的小矮人。最後，遊戲就會恢復執行（以防遊戲已被暫停）。

```
void Start() {
    // 遊戲開始時，叫用 Reset 以設定好小矮人。
    Reset ();
}

// 重設整個遊戲
public void Reset() {

    // 關閉選單，開啟遊戲 UI。
    if (gameOverMenu)
        gameOverMenu.gameObject.SetActive(false);

    if (mainMenu)
        mainMenu.gameObject.SetActive(false);

    if (gameplayMenu)
        gameplayMenu.gameObject.SetActive(true);

    // 找出所有 Resettable 組件並通知它們重設
    var resetObjects = FindObjectsOfType<Resettable>();

    foreach (Resettable r in resetObjects) {
        r.Reset();
    }

    // 產生新的小矮人
    CreateNewGnome();

    // 恢復遊戲執行
    Time.timeScale = 1.0f;
}
```

產生新的小矮人

CreateNewGnome 方法建構出新的小矮人，取代現有的小矮人。首先，現有小矮人會被移除，如果有的話，然後新的小矮人會被產生出來；接著啟動繩索，將小矮人的腳踝（它的 ropeBody）連接到繩索的一端。然後，繩索會被通知，其長度會被重設成初始值，最後，鏡頭會被設定成要追蹤新產生的小矮人：

```
void CreateNewGnome() {

    // 若有的話,移除目前的小矮人。
    RemoveGnome();

    // 產生新的小矮人物件,讓它成為 currentGnome。
    GameObject newGnome =
      (GameObject)Instantiate(gnomePrefab,
        startingPoint.transform.position,
        Quaternion.identity);

    currentGnome = newGnome.GetComponent<Gnome>();

    // 讓繩索顯現
    rope.gameObject.SetActive(true);

    // 將繩索尾端連結到 Gnome 物件指定的剛體(即腳)上
    rope.connectedObject = currentGnome.ropeBody;

    // 將繩索長度重設成預設值
    rope.ResetLength();

    // 通知 cameraFollow 開始追蹤新的 Gnome 物件
    cameraFollow.target = currentGnome.cameraFollowTarget;

}
```

移除舊的小矮人

在二種情況下,我們需要將小矮人從繩索上移掉:當小矮人死亡時,或是玩家要重玩遊戲時。在這二種情況下,舊的小矮人會被脫離,也不再被視為玩家。遊戲還是會停在這一關,不過若它碰到了陷阱,遊戲就不再將之視為是重玩關卡的訊號。

要移除目前作用中的小矮人,我們將繩索關閉並讓鏡頭停止追蹤小矮人。接著將小矮人標示成無握有寶藏,如此可將外形回復到一般的外形,然後將該物件標示成「無標記(Untagged)」。這樣子做的原因是陷阱,稍後會加進來,會找標示為 "Player" 的物件;若舊的小矮人仍被標示為 "Player",則陷阱最終仍會通知 Game Manager 要重啟這關。

```
void RemoveGnome() {

    // 若小矮人還沒陣亡,則不需做任何操作。
    if (gnomeInvincible)
```

```
    return;

    // 隱藏繩索
    rope.gameObject.SetActive(false);

    // 停止追蹤小矮人
    cameraFollow.target = null;

    // 若目前保有小矮人，讓它變成非玩家。
    if (currentGnome != null) {

        // 小矮人不再持有寶藏
        currentGnome.holdingTreasure = false;

        // 將此物件標示成非玩家（如此當此物件碰上碰撞器時，它們才不會回報）
        currentGnome.gameObject.tag = "Untagged";

        // 找出所有目前被標示成 "Player" 的物件，並將其上的標籤移除。
        foreach (Transform child in
          currentGnome.transform) {
            child.gameObject.tag = "Untagged";
        }

        // 標示目前沒有小矮人
        currentGnome = null;
    }
}
```

格殺小矮人

小矮人被殺掉的同時，我們要在遊戲中呈現適當的效果。此處所謂的效
果包括音效與特效；此外若小矮人被殺掉了，我們需要顯示小矮人陣亡
的效果，移除小矮人，然後在延遲特定時間後，重設遊戲。底下是用來
完成上述操作的程式碼：

```
void KillGnome(Gnome.DamageType damageType) {

    // 若有音源，則播放 "gnome died" 音效。
    var audio = GetComponent<AudioSource>();

    if (audio) {
        audio.PlayOneShot(this.gnomeDiedSound);
    }

    // 顯示受傷效果
    currentGnome.ShowDamageEffect(damageType);
```

```
// 若已陣亡，重設遊戲並將小矮人改成不是目前的玩家
if (gnomeInvincible == false) {

    // 通知小矮人它已陣亡
    currentGnome.DestroyGnome(damageType);

    // 移除小矮人
    RemoveGnome();

    // 重設遊戲
    StartCoroutine(ResetAfterDelay());

    }
}
```

重設遊戲

小矮人陣亡後，我們要讓鏡頭對到陣亡的地點，讓玩家看到小矮人在回
到螢幕上方前，往下跌落的畫面。

要做出這個效果，我們透過協程等待幾秒（秒數存在 delayAfterDeath）
後，叫用 Reset 以重設遊戲狀態：

```
// 小矮人陣亡時叫用
IEnumerator ResetAfterDelay() {

    // 等待 delayAfterDeath 秒後叫用 Reset
    yield return new WaitForSeconds(delayAfterDeath);
    Reset();

}
```

處理碰觸事件

底下的三個方法都是用來處理小矮人碰觸到特定物件的事件。若小矮人
碰到陷阱，就叫用 KillGnome 並設定割傷變數。若小矮人碰到火焰陷阱，
則設定燒傷變數。最後，若小矮人拿到寶藏，則要讓小矮人手握寶藏。
底下是完成上述操作的程式碼：

```
// 玩家碰到陷阱時叫用
public void TrapTouched() {
  KillGnome(Gnome.DamageType.Slicing);
}
```

```
// 玩家碰到火焰陷阱時叫用
public void FireTrapTouched() {
  KillGnome(Gnome.DamageType.Burning);
}

// 小矮人拿到寶藏時叫用
public void TreasureCollected() {
  // 通知 currentGnome 現在應該要手握著寶藏
  currentGnome.holdingTreasure = true;
}
```

抵達出口

當小矮人碰觸到關卡頂端的出口時，我們要檢查目前小矮人手上是否握有寶藏。若有，則玩家勝出！如此一來，就要播放 "game over" 音效（我們將在第 182 頁「音訊」中設定），將時間刻度設定為 0 以暫停遊戲，並將 Game Over 畫面（其中含有一個用來重設遊戲的按鈕）呈現出來：

```
// 當玩家碰到出口時叫用
public void ExitReached() {
  // 若玩家存在且手握有寶藏，則遊戲結束！
  if (currentGnome != null &&
    currentGnome.holdingTreasure == true) {

    // 若有音源，則播放 "game over" 音效。
    var audio = GetComponent<AudioSource>();
    if (audio) {
      audio.PlayOneShot(this.gameOverSound);
    }

    // 暫停遊戲
    Time.timeScale = 0.0f;

    // 關閉 Game Over 選單，呈現 Game Over 畫面！
    if (gameOverMenu) {
      gameOverMenu.gameObject.SetActive(true);
    }

    if (gameplayMenu) {
      gameplayMenu.gameObject.SetActive(false);
    }
  }
}
```

暫停與恢復

遊戲的暫停牽涉到三件事：首先，要將時間刻度設成 0，以停止時間。接著，要顯示主選單，玩遊戲的 UI 則要隱藏起來。要恢復（unpausing）遊戲，只要以相反的順序作設定即可──讓時間恢復運行，隱藏主畫面，並顯示玩遊戲的 UI：

```
// Menu 按鈕被按下且 Resume Game 被按下時叫用
public void SetPaused(bool paused) {

    // 若目前處於暫停狀態，則停止時間並呈現選單（關閉遊戲疊層）。
    if (paused) {
        Time.timeScale = 0.0f;
        mainMenu.gameObject.SetActive(true);
        gameplayMenu.gameObject.SetActive(false);
    } else {
        // 若不是處於暫停狀態，則恢復時間運行並關閉選單（呈現遊戲疊層）。
        Time.timeScale = 1.0f;
        mainMenu.gameObject.SetActive(false);
        gameplayMenu.gameObject.SetActive(true);
    }
}
```

處理 Reset 按鈕

當使用者點按 UI 中的特定按鈕時，ResetGame 方法會被叫用。這個方法會立即重啟遊戲：

```
// 當 Restart 按鈕被按下時叫用
public void RestartGame() {

    // 立即移除小矮人（不是要殺掉它）
    Destroy(currentGnome.gameObject);
    currentGnome = null;

    // 重設遊戲並產生新的小矮人
    Reset();
}
```

準備場景

現在，程式碼都寫好了，我們可以設定場景來使用這些程式碼：

1. 製作啟始點。這是 Game Manager 用來置放新產生之小矮人的物件。
   產生一個新的遊戲物件，並將之命名為 "Start Point"，將它放在小矮
   人的啟始位置上（靠近 Rope 的位置，如圖 5-15），並將其圖示改成
   黃色膠囊體（與之前設定 Rope 圖示的方法相同）。

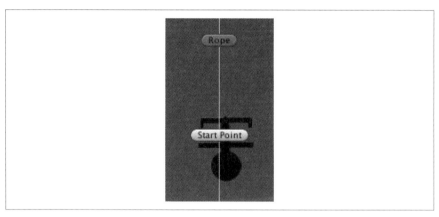

圖 5-15　放置啟始點

2. 將小矮人轉成預製物件。小矮人將由 Game Manager 產生出來，這
   就表示目前在場景中的小矮人必須要移除。在將它移除之前，須先將
   它轉成預製物件（prefab），如此，Game Manager 才能在執行期產生
   它的實體。

   將小矮人拖進 Project 窗格中的 *Gnome* 資料夾。一個新的預製物件會
   被建立（圖 5-16），這是原本 Gnome 物件的完整複本。

   現在你已經製作了一個預製物件，不再需要場景中的物件了。將小矮
   人從場景中移除。

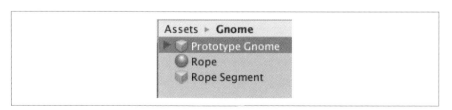

圖 5-16　小矮人，為 Gnome 資料夾中的預製物件。

3. 設定 *Game Manager*。我們需要為 Game Manager 設定一些連結：

- 將 Starting Point 欄位連結到你剛做好的 StartPoint 物件上。

- 將 Rope 欄位連結到 Rope 物件上。

- 將 Camera Follow 欄位連結到 Main Camera 上。

- 將 Gnome Prefab 欄位到你剛做好的 Gnome 預製物件上。

  做好之後，Gnome Manager 檢視器看來會如圖 5-17。

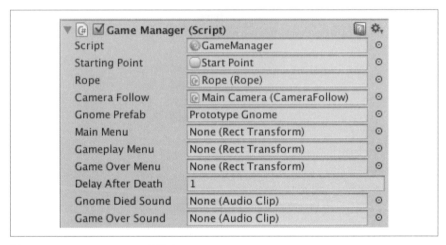

圖 5-17　Game Manager 的設定

4. 測試遊戲。小矮人將出現在啟始點上，而且也會連接到繩索上。此外，在你提高或降低繩索時，鏡頭會追蹤小矮人的軀體。你還沒辦法測試握著寶藏的部份，不過別擔心——我們很快就會處理到這部份！

本章總結

至此，Game Manager 已經就緒了，接下來要做的是玩法的部份。在第六章中，我們將開始加進用來與小矮人互動的元素：即寶藏與陷阱。

用陷阱與目標建構玩法

目前，遊戲玩法的基礎已設定完成，我們可以開始加進像陷阱與寶藏等遊戲元素。做好之後，就只剩下關卡的設計了。

簡單陷阱

這個遊戲絕大部份的時間，是要讓玩家碰到東西——陷阱、寶藏與出口等。因為偵測玩家是否碰觸到特定物件，是項很重要的工作，我們將製作一段通用的腳本，能在任何被標示成 "Player" 的物件與腳本所依附的物件相碰觸時，觸發 Unity 事件。不同的物件可設定不同類型的事件：陷阱可被設定成能通知 Game Manager，說小矮人已受傷。寶藏也可以被設定成能通知 Game Manager，說小矮人已拿到寶藏。而出口也可被設定成能通知 Game Manager，說小矮人已經抵達出口。

現在，產生一段名為 *SignalOnTouch.cs* 的 C# 腳本，將下列程式碼加入其中：

```
using UnityEngine.Events;

// 當 Player 碰到這個物件時，觸發 UnityEvent。
[RequireComponent (typeof(Collider2D))]
public class SignalOnTouch : MonoBehaviour {

    // 碰撞時要執行的 UnityEvent
    // 在編輯器中將要執行的方法附掛上來
    public UnityEvent onTouch;
```

```
// 若為真，在碰撞時播放 AudioSource。
public bool playAudioOnTouch = true;

// 進入觸發器區域時，叫用 SendSignal。
void OnTriggerEnter2D(Collider2D collider) {
  SendSignal (collider.gameObject);
}

// 碰到這個物件時，叫用 SendSignal。
void OnCollisionEnter2D(Collision2D collision) {
  SendSignal (collision.gameObject);
}

// 檢查這個物件是否被標示成 Player，若是，則觸發 UnityEvent。
void SendSignal(GameObject objectThatHit) {

  // 物件是否被標示成 Player？
  if (objectThatHit.CompareTag("Player")) {

    // 若應播放音效，則準備播放。
    if (playAudioOnTouch) {
      var audio = GetComponent<AudioSource>();

      // 若我們有音訊組件且該組件的父物件是啟用的，則播放。
      if (audio &&
        audio.gameObject.activeInHierarchy)
        audio.Play();
    }

    // 觸發事件
    onTouch.Invoke();
  }
}

}
```

SignalOnTouch 類別的主要程式碼寫在 SendSignal 方法中，OnCollisionEnter2D 與 OnTriggerEnter2D 會叫用這個方法。當物件碰到碰撞器或有物件進入觸發器（trigger）時，Unity 會叫用這二個方法。SendSignal 方法會檢查碰上來之物件的標籤，若是 "Player" 則觸發 Unity Event。

至此，SignalOnTouch 類別已經就緒，我們可以開始加第一個陷阱了：

1. 匯入關卡物件外形。匯入 *Sprites/Objects* 資料夾的內容到專案裡來。

2. 加入棕色釘子。找到 SpikesBrown 外形，將之拖進場景中。

3. 設定釘子物件。在釘子裡加入一個 PolygonCollider2D 組件，以及一個 SignalOnTouch 組件。

在 SignalOnTouch 的事件中，加入一個新函式。將 Game Manager 拖進物件槽中，將函式設定成 GameManager.TrapTouched。如圖 6-1。

圖 6-1　設定釘子

4. 將釘子轉成預製物件。將 SpikesBrown 物件從 Hierarchy 拖進 *Level* 資料夾。如此會製作出預製物件，也就是說，你可以製作出許多該物件的複本。

5. 測試。執行遊戲。讓小矮人去碰釘子。它會掉到鏡頭外面，然後重新產生！

寶物與出口

現在你已經成功做好一個能殺死小矮人的方法了，現在要加進來的是如何讓玩家贏得勝利的方法。你必須加入二個新項目：寶藏與出口。

寶藏是放在井底的一個外形（sprite），它能偵測玩家碰觸到它，並通知 Game Manager。這種情況發生時，Game Manager 會通知小矮人，它已拿到寶藏，小矮人的手臂外形就會變成是拿著寶藏的外形。

出口則是另一個外形，被置放在井的頂端。如同寶藏那樣，它會偵測玩家是否碰觸到它，並通知 Game Manager。若小矮人手上有拿著寶藏，則玩家獲勝。

SignalOnTouch 組件負責處理這些物件應付這個事件的主要工作——當玩家抵達出口時，須要叫用 Game Manager 的 ExitReached 方法，而當寶藏被碰觸到時，則需叫用 Game Manager 的 TreasureCollected 方法。

我們先製作出口，然後再處理寶藏。

製作出口

先匯入所需外形：

1. 匯入 *Level Background* 外形。將 *Sprites/Background* 資料夾從下載的資源中，複製到你的 *Sprites* 資料夾下。

2. 如入 *Top* 外形。將之置放在 Rope 物件的下方。這個外形會作為 Exit。

3. 設定外形。將一個 BoxCollider2D 組件加進外形中，並將它的 Is Trigger 屬性打開。點按 Edit Collider 按鈕，調整其外框大小，讓它具有矮胖的外觀（圖 6-2）。

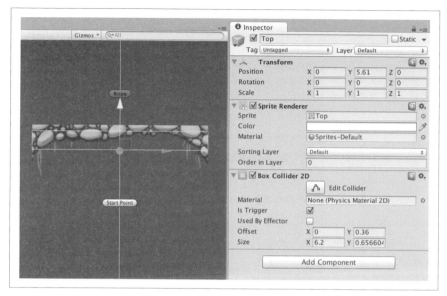

圖 6-2　將出口的碰撞器設成是矮胖型，並將之放在關卡畫面上方。

4. 讓這個外形在有人碰到它時能通知遊戲控制器。在這個外形中加入一個 SignalOnTouch 組件。在該組件的事件中，加入一個入口（entry），並將之連接到 Game Manager。將其方法設定成 GameManager.ExitReached。當小矮人碰到它時，Game Manager 的 ExitReached 方法就會執行。

接下來，我們要加進寶藏。

寶藏的運作方式是：在預設的情況下，Treasure 物件會呈現寶藏的外形。當玩家碰到它之後，Game Manager 的 TreasureCollected 方法會被叫用，寶藏的外形就會變成是寶藏已被取走的樣子。若小矮人死掉了，則 Treasure 物件會被重設成原來寶藏的外觀。

因為將外形換來換去會是接下來遊戲中常需要進行的工作，特別是當我們要裝飾畫面時，所以製作一個通用的外形更換類別讓寶藏使用，會比較方便。

產生一段名為 *SpriteSwapper.cs* 的 C# 腳本，將下列程式碼加入其中：

```csharp
// 更換外形，比方說，將寶藏的外形由原來的
// 'treasure present' 換成 'treasure not present'。
public class SpriteSwapper : MonoBehaviour {

    // 應顯示的外形
    public Sprite spriteToUse;

    // 使用的新外形的外形渲染器
    public SpriteRenderer spriteRenderer;

    // 原本的外形。當 ResetSprite 被叫用時，會使用它。
    private Sprite originalSprite;

    // 調換外形
    public void SwapSprite() {

        // 若這個外形與目前使用的外形不同，則…
        if (spriteToUse != spriteRenderer.sprite) {

            // 將之前的外形儲存在 originalSprite 中
            originalSprite = spriteRenderer.sprite;

            // 讓外形渲染器使用新外形
            spriteRenderer.sprite = spriteToUse;
        }
    }

    // 回復成舊外形
    public void ResetSprite() {

        // 若存在之前的外形，則…
        if (originalSprite != null) {
            // …讓外形渲染器使用它
            spriteRenderer.sprite = originalSprite;
        }
    }
}
```

SpriteSwapper 類別用來做二件事：當 SwapSprite 方法被叫用時，附掛在遊戲物件上的 SpriteRenderer 會被通知要更新物件外形。此外，原本的外形，會被存放在一個變數中。當 ResetSprite 方法被叫用時，外形渲染器會回復原本的外形。

現在我們可以開始製作並設定 Treasure 物件了：

1. 加進寶藏外形。將 TreasurePresent 外形置放到場景中。將它放在靠近畫面底部的位置上，不過要確定小矮人還是能夠勾得著它。

2. 將碰撞器加進寶藏中。選取寶藏外形，在其中加進一個 Box Collider 2D。將這個碰撞器當成觸發器。

3. 加入並設定一個外形更換器。加進一個 SpriteSwapper 組件。將寶藏外形本身拖放到 Sprite Renderer 欄位上，接著，找到 TreasureAbsent 外形，將之拖放到外形的 Sprite To Use 欄位。

4. 加入並設定一個碰觸通知（*signal-on-touch*）組件。加入一個 SignalOnTouch，並在其 On Touch 列表中，加進底下二個項目：

   - 首先，連接 Game Manager 物件，將事件方法設定成 GameManager.TreasureCollected。

   - 接下來，連接寶藏外形（即，目前你正設定中的物件），將方法設定成 SpriteSwapper.SwapSprite。

5. 加入並設定 *Resettable* 組件。加入一個 Resettable 組件到物件上。在其 On Touch 方法中加進一個項目，將方法設定成 SpriteSwapper. ResetSprite，並將 Treasure 物件連接上去。

做好之後，Treasure 物件的 Inspector 看來應如圖 6-3。

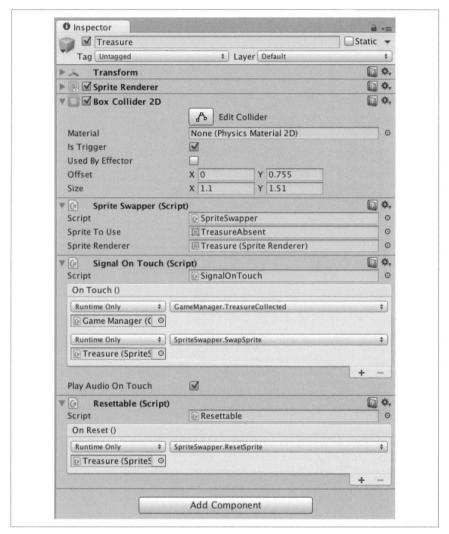

圖 6-3 設定好的 Treasure 物件

6. **測試遊戲**。執行遊戲並碰觸寶藏。你碰到它的時候，寶藏會消失不見；若玩家陣亡，寶藏會在小矮人重新產生時重現。

新增背景

目前小矮人被置放在預設的 Unity 背景上，背景顏色是不太漂亮的藍色。我們將加入暫時替用的背景，開始要美化遊戲時，會用背景外形來實作背景。

1. 加入背景四方形（*quad*）。打開 GameObject 選單，選取 3D Object → Quad。將這個新物件命名為 "Background"。

2. 將背景往後移。為了避免背景四方形會畫到遊戲各外形的前面，要將背景的位置往鏡頭的另一邊移。將背景四方形位置的 Z 值設定成 10。

    雖然這是一個 2D 的遊戲，Unity 還是 3D 引擎。也就是說，我們可以善加運用物件「背後」仍存在其他物件的概念，就如我們現在所做的這樣。

3. 置放背景四邊形。按住 T 切換到 Rect 工具，然後使用大小調整把手（handles），調整背景四方形的大小。讓背景上緣與關卡畫面上端之外形的上緣切齊，下緣則與寶藏切齊（圖 6-4）。

4. 測試遊戲。當你玩這個遊戲時，關卡畫面會出現灰色的背景色。

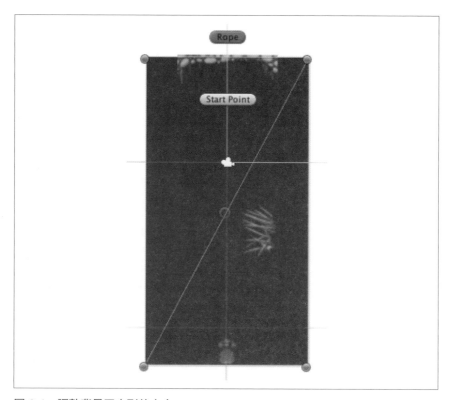

圖 6-4　調整背景四方形的大小

本章總結

遊戲製作至此，遊戲的核心功能已然成形。許多遊戲要素已被加入：

- 小矮人的物理特性已完成模擬，也已連接到製作好的繩索上。

- 繩索已可以透過螢幕上的按鈕來操控，即小矮人能被降下或升起。

- 鏡頭已被設定成會追蹤小矮人，所以在整個遊戲過程中，小矮人都會在畫面裡頭。

- 小矮人會隨著手機的轉動而左右擺動。

- 小矮人若碰上陷阱則會陣亡，也能開始蒐集寶藏。

遊戲在目前狀態下所產生的畫面如圖 6-5。

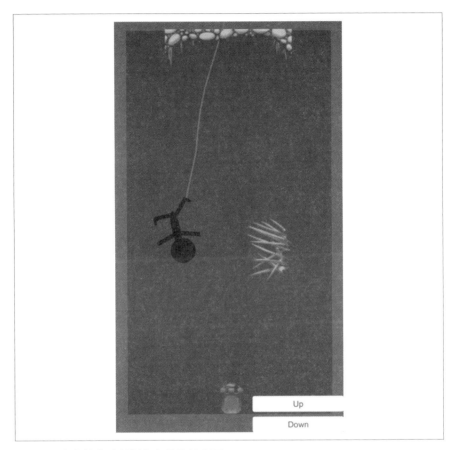

圖 6-5　本章結束時所製作出的遊戲畫面

功能完備後，遊戲的外觀仍不美觀。小矮人還是以棒狀圖呈現，遊戲關卡看來還是很陽春。在第七章中，我們將繼續製作遊戲，改善畫面上每個元件的外觀。

美化遊戲

本章將會對古井尋寶遊戲進行一些調整，最終的結果如圖 7-1。

要進行美化的，主要有三個部份：

視覺美化

我們將加進小矮人的新造型，改良背景的外觀，增加粒子效果（particle effects），改善遊戲的外觀。

玩法美化

我們將加進不同類型的陷阱、標題畫面以及讓小矮人不會陣亡的無敵方法，以方便進行遊戲的測試。

音訊美化

我們也將為遊戲加進音效，配合玩家的操作，播放適當的音效。

本章將使用的各項資源，可以在 *https://www.secretlab.com.au/books/unity* 下載的素材包中找到。

圖 7-1　最終的遊戲畫面

美化小矮人的造型

美化遊戲首先要做的是，將小矮人目前的棒狀外形，改成手繪的外形
圖組。

首先將 *GnomeParts* 資料夾從原本的下載資源中，複製到 *Sprites* 資料夾。
這個資料夾下有二個子資料夾：*Alive* 內含小矮人的新零件，而 *Dead* 則
內含小矮人陣亡時所需的外形（圖 7-2）。我們會先用到存活（alive）外
形，稍後才會使用到陣亡的外形。

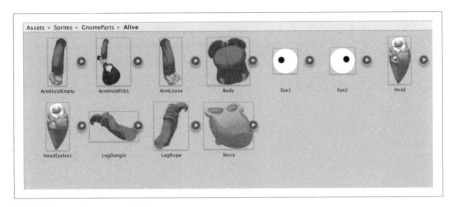

圖 7-2　小矮人的存活外形

　除了我們所使用的之外，下載的素材中還有其他資源，
包括沒有眼睛的頭部外形，可搭配另行設計的眼睛來使
用。除了本書介紹的部份外，若要自行進一步改良遊
戲，也許你會用到這些額外附送的素材！

首先要設定外形，讓它可以為 Gnome 物件所用。我們要確定將之匯入成
外形（sprites），而且將軸點（pivot）放置在正確的位置。底下是進行上
述設定的操作步驟：

1. 若影像還不是外形，則將之轉成外形。選取 *Alive* 資料夾中的外形，
   確認其材質（texture）類型已設定成 "Sprite(2D and UI)"。

2. 為外形更新軸點。為 Body 之外的每一個外形，進行下列操作：

   a 　選取外形。

   b. 　點按 Sprite Editor 按鈕。

   c. 　將軸點圖示（pivot point icon，即小藍圈）拖放到軀體零件要繞
   著轉的點上。比方說，圖 7-3 所呈現的是 ArmHoldEmpty 外形的
   軸點擺放位置。

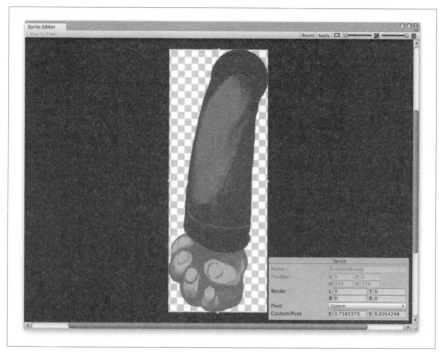

圖 7-3 　為 ArmHoldEmpty 外形設定軸點；注意右上角的軸點位置

設定好外形後，要將它們加進小矮人中。為了讓工作有條不紊，也讓舊版小矮人能擺在一旁供對照，我們要複製小矮人的預製物件，然後在複製出的版本上進行調整，最後在遊戲中使用更新後的小矮人。

做好之後，將之加到場景中，並開始為小矮人替換其身軀上不同組件的造型。這樣做如何？很好。底下是我們要做的：

1. **複製小矮人預製物件原型**。找出小矮人預製物件的原型，在其上按 Ctrl-D（在 Mac 上則按 Command-D）進行複製。將新物件命名為 "Gnome"。

2. **將新的小矮人加進場景中**。將新做好的小矮人預製物件拖放到 Scene 視窗中，以產生它的實體。

3. **置換造型**。選取小矮人所有的身軀零件，將之置換成對應的外形。比方說，先選取頭部，並使用 *Alive* 資料夾中的 Head 外形來取代之。

做好置換之後，小矮人看來應該與圖 7-4 中的很接近。身軀零件還沒有很精準地放置放在正確的點上，不過沒關係──稍後我們再來調整。

圖 7-4　更新外形後的小矮人物件

接下來，我們要調整小矮人身軀零件的位置。新外形會有不同的形狀與大小，我們需要將不同的零件正確地擺放好。請依照下列步驟來進行調整：

1. **調整頭、手臂與腿的位置**。選取 Head 物件，並調整其位置，讓頸部對齊肩膀間的正確位置。對手臂（對齊肩膀）與腿（對齊腰部）重複這項操作。

   請注意，為了你操作上的方便，肩膀的軸點會在 Body 外形上以紫色點顯示。

重新調整好這些零件的位置之後，要注意確認這些外形以正確的順序顯示──腿不能被畫在身軀之上，身軀也不能被畫在手臂之上，而頭部應該是顯示在最上層的零件。

2. 調整軀體零件的上下順序。選取頭部與手臂,將 Sprite Renderer 中 Layer 屬性下的 Order 值改成 2。

接著選取身軀,並將其順序改成 1。

做完上述設定後,小矮人的外觀看來應如圖 7-5。

圖 7-5　將外形位置調整好後的小矮人

調整物理系統

至此,小矮人的外形已調整好,接下來要調整的是物理組件。需要調整的有二個部份:碰撞器需要調整,它們才能有正確的形狀,關節也需要調整,如此軀體零件才能在正確的點上轉動。

我們將從碰撞器開始調整起。因為外形並不是由垂直線與水平線所組成，我們要將簡單的方框與圓形的碰撞器替換成**多邊形碰撞器**（*polygon colliders*）。

製作多邊形碰撞器有二種方法：要嘛讓 Unity 自動幫你產生，要嘛自己製作。我們會自己做多邊形碰撞器，因為自己做的比較有效率（Unity 所產生的，其形狀比較複雜，會影響到效能），而且也比較能控制最後所產生的結果。

當你在一個具有外形渲染器的物件上，加進一個多邊形碰撞器時，Unity會以按照影像非透明部份去描邊的方法，透過該外形來製作多邊形。若你要自行定義碰撞外形，則多邊形碰撞器組件需要被置放到一個**不具有**外形渲染器的遊戲物件上。自製碰撞外形最簡單的方式是製作一個空的子物件，並將多邊形碰撞器加到其上。請按照下列步驟操作：

1. **移除現有碰撞器**。選取所有的腿與手臂，移除其上的 Box Collider 2D。接著，選取頭部並移除 Circle Collider 2D。

2. 在每一條手臂、腿與頭部上重複下列步驟：

    a. **為碰撞器加進子物件**。製作一個新的空遊戲物件，將之命名為 Collider。將它設定成是身軀物件的子物件，並確認其位置是 0,0,0。

    b. **加進多邊形碰撞器**。選取該新做好的 Collider 物件，並在其上加進一個 Polygon Collider 2D 組件。此時會出現一個綠色碰撞器的形狀（圖 7-6）；在預設的情況下，Unity 製作出的形狀是一個五角形，你要作些調整，讓它與物件吻合。

    c. **編輯多邊形碰撞器的形狀**。點按 Edit Collider（圖 7-7），進入編輯模式。

    處於編輯模式時，你可以拖動多邊形上的點，也可以在連接點的線上點按並拖動，以產生新的點，或者，在一個點上按住 Ctrl（在 Mac 上則是 Command）並點按，以將之移除。

    將點到處拖動，它們也能概略地吻合身軀零件的形狀（圖 7-8）。

    設定好後，再點按 Edit Collider 按鈕一次。

剛加進來的碰撞器看來大致上會像圖 7-9 的樣子。

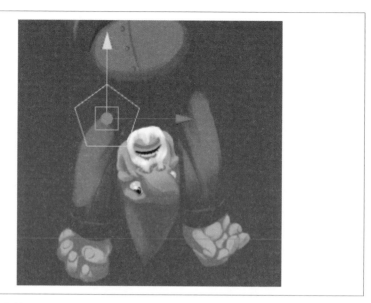

圖 7-6　新加入的 Polygon Collider 2D

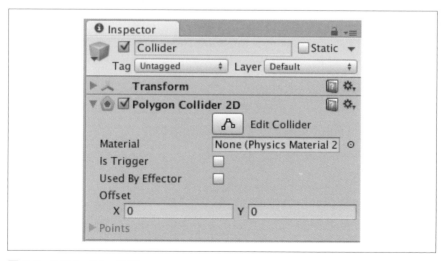

圖 7-7　Edit Collider 按鈕

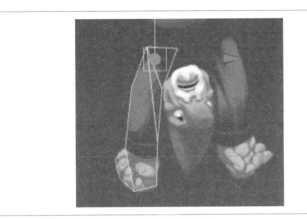

圖 7-8　小矮人手臂用的新版多邊形碰撞器

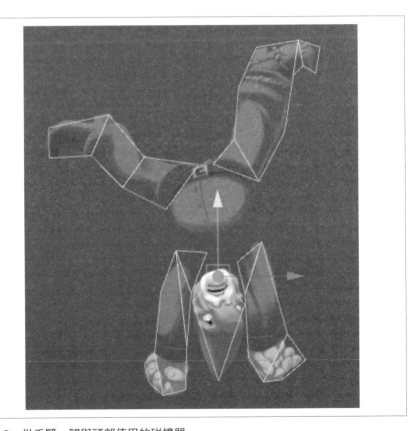

圖 7-9　供手臂、腿與頭部使用的碰撞器。

在碰撞器上還須進行一項設定：即身軀的圓形碰撞器需要稍微調大一些，以配合變胖了的身軀。

3. 將 *Body* 的圓形碰撞器之半徑調高成 *1.2*。

我們打算在此設定的效果是讓碰撞器大致能吻合各個外形，但不會重疊。也就是說，在遊戲進行時，小矮人軀體的各部份不會發生看起來很怪異的重疊現象。

至此，碰撞器形狀已經都調整好，接下來要調整關節的部份。之前做好的頭、手臂與腿都有樞紐關節附掛著，它們透過這些關節與軀體連接著。你需要確認樞紐關節的設定正確，避免產生如小矮人的下手臂會繞著上手臂轉的奇怪現象。

4. 更新小矮人關節的 *Connected Anchor* 與 *Anchor* 位置。在除了軀體之外的每一個身體零件上，將其 Connected Anchor 與 Anchor 拖放到轉軸點上。大腿應在臀部上轉，手臂應在肩膀上轉，而頭部則在脖子上轉。

若你拖動外形中心點附近的錨點與已連接錨點，它們就會貼附到那個點上。

別忘了在 Leg Rope 上有二個關節：一個將之連接到身軀上，另一個則用在繩索上。將第二個關節的 Anchor 移到腳踝上。

小矮人的 Gnome 腳本有一些需要進行調整的地方。還記得之前在小矮人碰觸到寶藏時，調整過的小矮人手臂外形嗎？現在，它的外觀還是舊的原型外觀，與目前畫面的美術設計風格已經無法搭配了。

5. 更新 *Gnome* 腳本所使用的外形。選取父 Gnome 物件。

將 ArmHoldEmpty 外形拖放到 Gnome 的 Arm Holding Empty 槽中，並將 ArmHoldFull 外形拖放到 Gnome 的 Arm Holding Full 槽中。

現在，當小矮人拿到寶藏後，手臂的外形將會更換成正確的影像。此外，當寶藏由小矮人手中掉落時（當小矮人碰觸到陷阱而陣亡時），小矮人的手臂並不會再被換成棒狀圖的手臂外形。

最後，我們需要稍微調整一下小矮人的大小，讓它能與環境匹配，然後將變更後的部份儲存到預製物件中。

6. 調整小矮人大小。選取父 Gnome 物件，將 X 與 Y 的縮放比例（scale）由 0.5 改成 0.3。

7. 將變更套用到預製物件上。選取父 Gnome 物件，然後點按 Inspectort 頂端的 Apply 鈕。

8. 自畫面中將小矮人移除。在場景中已不需要留它，它也已被儲存，所以將它刪除。

至此，小矮人已更新完成，接下來要更新 Game Manager，讓它能使用更新後的物件。

9. 讓 *Game Manager* 使用物件。選取 Game Manager，並將剛更新好的小矮人預製物件拖放到 Gnome Prefab 槽中。

10. 測試遊戲。更新後的小矮人已經出現在遊戲畫面中！圖 7-10 呈現出目前的遊戲畫面。

圖 7-10　遊戲畫面中更新後的小矮人

背景

目前的遊戲背景是一個扁平的灰色四邊形，完全不像是在井裡頭。進行調整吧！

要處理這個問題，我們要新增一套更複雜的、能作為背景與二側古井牆的物件。在繼續做下去之前，確定你已經將 *Background* 資料夾中的外形加進專案中了。

圖層

在新增影像之前，我們要先找出它們在場景上置放順序。你在製作 2D 遊戲時，如何讓正確的外形顯示在其他外形之上是很重要，而且有時還不太好處理。還好，Unity 有內建的解方，讓這件工作能變得容易一些：即**排序圖層**（*sorting layers*）。

一個排序圖層是一組會畫在一起的物件。排序圖層，如其名，能夠按照你的需求來編排其中的物件順序。也就是說，你可以將特定物件編成「背景」，將其他物件編成「前景」等等。此外，每一個物件可在其所在的圖層中排序，如此一來，你就可以確保背景的某些特定部份會被畫在其他部份之後。

至少會有一個排序圖層，其名為 "Default"。除非你進行調整，否則所有新產生的物件都會被加進這個圖層中。

我們將在這個專案中，加進幾個圖層。下列幾個是我們要加進專案的圖層：

- *Level Background* 圖層，其中包含關卡背景物件，這些物件總是會被放在最後面。

- *Level Foreground* 圖層，其中包含如側牆這類的前景物件。

- *Level Objects* 圖層，其中包含如陷阱這類的物件。

要製作圖層，請依下列步驟操作：

1. 開啟 *Tags & Layers* 檢視器。打開 Edit 選單，選取 Project Settings → Tags & Layers。

2. *加入 Level Background 排序圖層*。開啟 Sorting Layers 區，加入一個新圖層，將之命名為 "Level Background"。

   將此圖層拖放到列表的最上層（在 "Default" 之上）。讓此圖層中的所有物件出現在 Default 圖層中之物件的*背面*。

3. *加入 Level Foreground 圖層*。重複上述操作，加入一個名為 "Level Foreground" 的新圖層，將它放在 Default 圖層之下。這可讓這個圖層中的物件出現在 Default 圖層中任何物件的*前面*。

4. *加入 Level Object 圖層*。最後，再重複一次上述操作，加入一個名為 "Level Objects" 的新圖層。將它放在 "Default" 的下方，且在 "Level Foreground" 的上方。這個圖層用來放置陷阱與寶藏，它們需要被放在前景之後。

製作背景

現在圖層已經設定好了，可以開始製作背景了。背景有三種不同的佈景（themes）——即棕、藍與紅——且每一個佈景都由幾個不同的外形所組成：一個背景、一個側牆外形（side wall sprite）以及一個背景版的側牆外形。

因為你會依據自己的喜好來鋪陳關卡的內容，最好先為三個不同的佈景，製作預製物件（prefabs）。我們從 Brown 背景的佈景開始，將這個物件建起來，然後將之儲存成預製物件；接下來，重複為 Blue 與 Red 佈景做同樣的操作。

在開始動手做這些操作之前，我們要先製作一個物件，以容納所有關卡背景的物件，讓它們整齊好處理一點。底下是操作步驟：

1. *製作關卡容器物件*。開啟 GameObject 選單並選取 "Create Empty"，以製作一個新的空遊戲物件。將做好的物件命名為 "Level"，並將其位置設定成 (0,0,1)。

2. *製作 Background Brown 物件的容器*。製作另一個遊戲物件，將之命名為 "Background Brown"。將它設定成 Level 物件的子物件，並確認其位置為 (0,0,0)。這將使得此物件的位置不以 Level 物件位置的偏移值來計算。

3. 加入主背景外形。將 BrownBack 外形拖放到場景上，並將它設定成
   Background Brown 的子物件。

選取這個新外形，將其 Sorting Layer 改成 "Level Background"，最後將
它的 X 位置設成 0，讓它置中。

4. 加入背景側物件。將 BrownBackSide 外形拖放到場景上，並將它設
   定成 Background Brown 的子物件。

   將其 Sorting Layer 改成 Level Background，並將其 Order In Layer 設
   成 1。這會讓此物件出現在主背景之前，而在其他圖層的物件之後。

   將它的 X 位置設定成 -3，把它往左邊靠。

5. 加入前景側物件。將 BrownSide 外形也拖進來，並將它設定成
   Background Brown 外形的子物件。設定其 Sorting Layer 為 Level
   Foreground。

   將它的 X 位置設定成 -3.7，其 Y 位置設定成與 BrownBackSide 外形相
   同。因為它們要在水平方向對齊，但前景物件則要稍微向左調。

因為側物件只有主背景影像一半的高度，我們需製作第二排的側物件。

要複製側物件，先選取 BrownBackSide 與 BrownSide 外形，再按 Ctrl-D
（Mac 上則按 Command-D）。

將這些新加入的側物件往下移，如此上排的底邊與下排的上邊會在同一
點上。做好調整之後，背景看來應如圖 7-11。

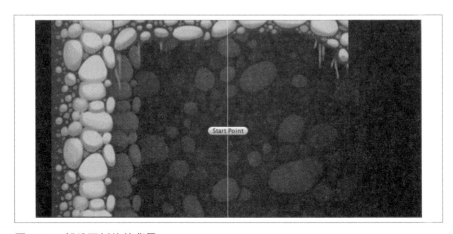

圖 7-11　部份更新後的背景

至此,我們已將左側的側物件設定好了,現在要設定右側的部份。先複製場景上的外形,然後再將它們調整成可置放在右側的物件:

1. **再複製側物件**。選取所有 BrownSide 與 BrownBackSide 物件,然後按 Ctrl-D(Mac 上則按 Command-D)。

2. **確定軸轉模式已設定成 *Center***。若 Pivot Mode 按鈕目前已被設定成 *Pivot*,則點按它,讓它改成 Center。

3. **旋轉這些物件**。使用 Rotate 工具,旋轉右側的物件到 180 度。按住 Ctrl(Mac 上則按 Command),讓旋轉可吸附在特定角度上。

> 請勿使用 Inspector 去改它們的旋轉值,因為這會在它們個別的原點上旋轉。我們要的是讓這些物件繞著共同的中心旋轉。

4. **將物件垂直翻轉**。將它們的 Y 方向大小設定成 -1。如果你不這樣子做,物件顛倒時,光照的部份會不正確。

做好之後,這些物件的形變檢視器看來應如圖 7-12。

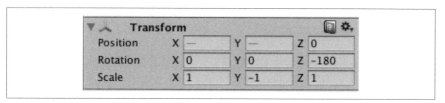

圖 7-12　右側背景元件的形變設定

5. **將這些新物件移到關卡右側**。畢竟,它們原本就該擺在那兒的。調整好後,畫面看來應如圖 7-13。

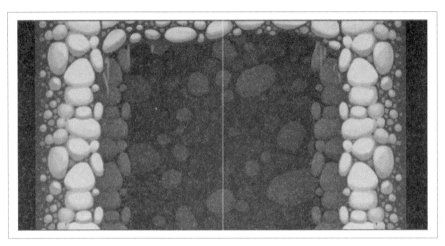

圖 7-13　更新後的背景

現在 Background Brown 物件已經設定好，接下來要將它轉成預製物件。
請依照下列步驟操作：

1. 以 *Background Brown* 物件製作預製物件。將 Background Brown 物
   件拖放到 Project 頁籤中，預製物件就會產生。將此預製物件移到
   Level 資料夾中。

2. 複製 *Background Brown* 物件。選取 Background Brown 物件，並按幾
   下 Ctrl-D（Mac 上則按 Command-D）。將每一個新產生的物件往下
   排，排出整齊的長條背景來。

不同的背景

至此，第一個背景已經製作完成，你可以依照完全相同的步驟，做出另
外二個背景佈景來：

1. 製 作 *Background Blue* 佈 景。 製 作 一 個 新 的 空 物 件， 命 名 為
   "Background Blue"，並將之設定成 Level 的子物件。

   進行與製作 Background Brown 物件時的同樣操作，不過，在此要使
   用的是 BlueBack、BlueBackSide 與 BlueSide 外形。

   做好之後，別忘了要製作 Background Blue 物件的預製物件。

2. 製 作 *Background Red* 佈 景。 同 樣 地， 依 照 相 同 的 步 驟， 使 用 RedBack、RedBackSide 與 RedSide 外形來製作紅色佈景。

做好之後，關卡背景畫面看來如圖 7-14。

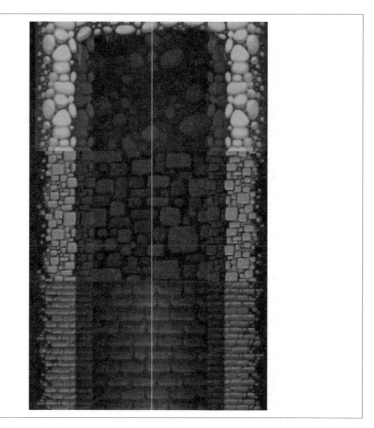

圖 7-14　背景區域

這樣設定會有一個問題：當背景圖塊碰到同顏色的背景物件時，可以鋪得很平順，但若遇上不同顏色的背景物件時，就會有粗糙的線條跑出來。

要避免這種情況，我們要在不連續的地方，疊上外形，遮住粗糙的地方。這些外形要放在 "Level Foreground" 圖層上，並將之設定成蓋在遊戲的所有物件之上。

1. 加入 *BlueBarrier* 外形。這個外形用來遮住在 Brown 與 Blue 背景間的線條。將之放在 Brown 與 Blue 背景的交界點上，並將之設定成 Level 的子物件。

2. 加入 *RedBarrier* 外形。這個外形用來遮住在 Blue 與 Red 背景間的線條；將之放在 Blue 與 Red 的交界點上，並將之設定成 Level 的子物件。

3. 為二外形更新排序圖層。選取 BlueBarrier 與 RedBarrier 外形，並將它們的 "Sorting Layer" 設定為 "Level Foreground"。

   接著，將 Order in Layer 設成 1。這會讓這些遮蔽物出現在側邊牆上。

做好之後，關卡看來應如圖 7-15 的樣子。

圖 7-15　帶有 Barrier 外形的背景

井底

最後還有一個東西要加進來：井要有個底。在這個遊戲中，井是乾枯的，有些沙子覆蓋在井底，也有些沙子會被吹到牆上。按照下列步驟操作，將這些加進場景中：

1. **為井底外形製作容器物件。**製作一個新的空遊戲物件，並將之命名為 "Well Bottom"，將它設定為 Level 的子物件。

2. **加入井底外形。**將 Bottom 外形拖進來，並將之設定成 Well Bottom 的子物件。

   將這個外形的排序圖層設成 Level Background，並將其 Order In Layer 設定成 2。這會將它置放在 "Background" 與 "Background Side" 外形之上，但在遊戲的其他物件之下。

   將這個外形放在井的底部，將其 X 位置設成 0，這會讓它與其他的關卡外形排好對齊。

3. **將側邊裝飾外形加到井的左側。**將 SandySide 外形拖進來，並將之設定成 Well Bottom 的子物件。

   將排序圖層設定成 "Level Foreground"，其 Order In Layer 設定成 1，如此它就會顯示在牆上。

   接著，將該外形移至左邊，讓它與牆對齊（其外觀請見圖 7-16）。

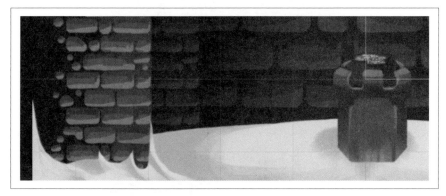

圖 7-16　SandySide 外形，與井底對齊。

4. 加入右側物件。複製 SandySide 外形，將其 X Scale 設成 -1，讓它翻轉，然後將之移至井的右側。

5. 確定寶藏的位置正確。重新置放寶藏外形，把它放在沙丘的中間。

做好之後，寶藏看來應如圖 7-17。

圖 7-17　做好的井底

更新鏡頭

要讓新背景套用到遊戲中，最後還有一件事要做：更新鏡頭。有二個地方需要調整：首先，鏡頭需要讓玩家能看到整個關卡畫面，其次，限制鏡頭位置的腳本需要更新，要考慮關卡更新後的大小。按照下列步驟來設定鏡頭：

1. 更新鏡頭大小。選取 Main Camera 物件，將鏡頭的 Ortho Size 改成 7。這可讓玩家有足夠寬的視野來看到整個關卡。

2. 更新鏡頭的限制條件。因為鏡頭可以看到的物件數量已經被調整過了，Camera 的限制條件也需要進行調整。將鏡頭的 Top Limit 調整成 11.5。

Bottom Limit 也需要調整，不過設定數值需視你所製作的古井深度而定。

找到這個設定值最好的方法是把小矮人儘可能地往下降，若在抵達古井底部時鏡頭就停止跟著移動了，則將 Bottom Limit 調低；若鏡頭已經超過古井底部（已看到藍色背景），則調高 Bottom Limit。

停止測試前，要將這二個數值記下來，因為遊戲一結束，這二個值就會被還原成預設值；停止遊戲之後，將你寫下來的數值，輸入進Bottom Limit 欄位中。

使用者介面

至此，已到了為遊戲 UI 的外觀與質感作細部調整的時候。稍早，我們在設定介面時，我們用的是 Unity 所提供的按鈕。雖然它們可以用，但與遊戲的外觀與質感搭配起來並不協調，我們需要用比較合宜的素材來製作這些按鈕的圖像。

此外，我們需要在小矮人抵達頂端，顯示 Game Over 畫面，或在玩家暫停遊戲時，呈現對應的畫面。

在繼續做下去之前，檢查一下是否已將所需的素材匯入。須將 *Interface* 外形資料夾匯入，將這個資料夾放在 *Sprites* 資料夾下。

這些外形都是高解析度的圖檔，所以可適用於不同情境。為了讓它們能作為遊戲中的按鈕，Unity 需要知道它們放到 Canvas 後的確切大小。你可以為這些外形調整 Pixels Per Unit 數值，控制它們被加進 UI 組件或外形渲染器後的大小。

將這個資料夾中的影像全部選起來（除了 "You-Win" 之外），將它們的Pixels Per Unit 設定成 2500。

我們從 Up 與 Down 按鈕開始改起，在其上使用更好的影像，這二個按鈕目前出現在視窗的右下角。先將按鈕的標籤（label）移除，再配合新影像的大小來調整按鈕大小與位置。請按照下列步驟操作：

1. **將 *Down* 按鈕的標籤移除**。找到 Down 按鈕物件，將以子物件方式附掛於其下的 Text 物件移除。

2. **更新外形**。選取 Down 按鈕，將其 Source Image 屬性改成 Down 外形（位於 *Interface* 資料夾）。

   點按 Set Native Size 按鈕，該按鈕的大小就會被調整。

   最後，調整按鈕的位置，讓它還是保持在畫面的右下角。

3. 更新 *Up* 按鈕。為 Up 按鈕重複相同的操作步驟。移除 Text 子物件並將 Source Image 屬性改成 Up 外形。接著，點按 Set Native Size，更新按鈕的位置，將它置放在 Down 按鈕的上方。

4. 測試遊戲。按鈕還是可正常運作，但外觀變漂亮了（圖 7-18）。

圖 7-18　Up 與 Down 按鈕

現在我們要將這些按鈕群組進一個容器裡頭。要這樣做的理由有二：首先，將 UI 整理整齊會比較好，其次，將它們群組到一個物件中，你可以一次就將所有物件都開啟或關閉。很快地，在實作 Pause 選單時，你就會覺得這樣子做很有用。依照下列步驟來進行設定：

1. 製作按鈕的父物件。製作一個新的空遊戲物件,將之命名為
   "Gameplay Menu",並設定成 Canvas 的子物件。

2. 將該物件設定成填滿整個畫面。將 Gameplay Menu 的錨點設定成
   可在水平與垂直方向伸縮(stretch)。點按靠近左上角的錨點,並點
   按彈出之選單右下角的選項(圖 7-19)。

   設定好之後,將 Left、Top、Right 與 Bottom 設定為 0,讓整個物件填
   滿它的父物件(即畫布,所以整個物件會填滿整個畫面。)

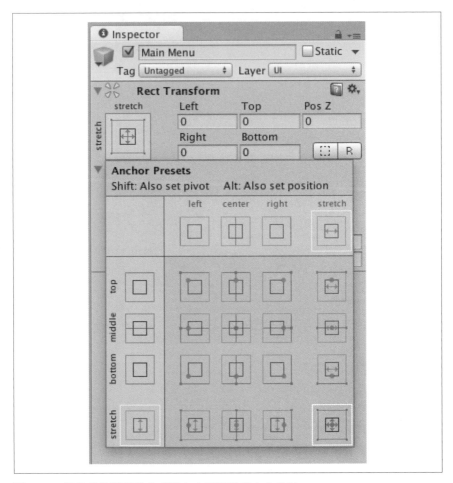

圖 7-19　將物件的錨點設定成能在水平與垂直方向伸縮

3. 將按鈕移入 *Gameplay Menu* 物件中。將階層中的 Up 與 Down 按鈕項目，移進 Gameplay Menu 物件中。

接下來，我們要製作 "You Win" 的圖。這張圖與一個按鈕會顯示給玩家看到，按了鈕後可以重新玩遊戲。依照下列步驟操作：

1. **為 *Game Over* 畫面製作容器物件**。製作一個新的空遊戲物件，命名為 "Game Over"，並將之設定為 Canvas 的子物件。

   照著與 Gameplay Menu 物件同樣的設定方式，將它設定成可在水平與垂直方向伸縮。

2. **加入 *Game Over* 影像**。開啟 GameObject 選單並選 UI → Image，製作一個新的 Image 遊戲物件。將這個新的 Image 設定成剛做好的 Game Over 物件的子物件。

   將這個新 Image 物件的錨點設定成可在水平與垂直方向伸縮。將 Left 與 Right 邊界設定成 30，Bottom Margin 設定成 60。這可讓影像在其側邊保留一些間距，也可以確保不會蓋住將加入的 Game 按鈕。

   將 Image 的 Source Image 屬性設定成 You Win 外形，打開 Preserve Aspect 選項，避免高寬比跑掉。

3. **加入新的 *Game* 按鈕**。開啟 GameObject 選單，選取 UI → Button，加入一個新的按鈕到 Game Over 物件中。

   將新按鈕的標籤文字設定成 "New Game"，並將其錨點設定成 bottom-center。

   將該按鈕移到畫面底部的中央。做好之後，介面看來如圖 7-20。

圖 7-20　Game Over 介面

4. 將 *New Game* 按鈕連接到 *Game Manager*。當這個按鈕被點按時，
   我們要讓 Game Manager 重設遊戲。透過叫用 `GameManager` 腳本的
   `RestartGame` 函式，可以重設遊戲。

   點按 Button 檢視器底部的 + 按鈕，將 Game Manager 拖進出現的插
   槽上。接著，將函式改成 `Gamemanager` → `RestartGame`。

現在我們需要將 Game Manager 連接到新的 UI 元件上。`GameManager` 腳本
已經設定好可以依據遊戲的狀態，開啟或關閉適當的使用者介面元件：
進行遊戲時，它會試著將 "Gameplay Menu" 變數中的物件啟用，將其
他選單的元件關閉。依下列步驟進行設定並測試：

1. 將 *Game Manager* 連接至選單。選取 Game Manager，並拖放
   Gameplay Menu 物件到 Gameplay Menu 槽中。接著，拖放 Game
   Over 物件到 Game Over Menu 槽中。

2. 測試遊戲。將小矮人的高度降低，一直到井底，拾起寶藏，回到出口。你會看到 Game Over 的畫面。

我們最後還有一個選單要設定：即 Pause 選單，裡頭會有用來暫停遊戲的按鈕。Pause 按鈕會顯示在畫面的右上角，當玩家點到它時，遊戲會暫停並顯示恢復遊戲與重玩的按鈕。

開始設定暫停按鈕。製作一個新的 Button 物件，將之命名為 "Menu Button"，將它設定成 Gameplay Menu 的子物件。

• 移除 Text 子物件，將按鈕的 Source Image 設定成 Menu 外形。

• 點按 Set Native Size，並將它移到畫面的右上角，將錨點設定在右上角。

• 設定完後，新按鈕看來如圖 7-21。

圖 7-21　Menu 按鈕

接下來，我們要將這個按鈕連接到 Game Manager 上。當這個按鈕被點按時，它會通知 Game Manager 要進入 Pause 狀態，如此就會呈現 Pause Menu（待會要製作的），隱藏 Gameplay Menu，然後暫停遊戲。

要連接 Menu 按鈕與 Game Manager，點按按鈕檢視器底端的 +，並將 Game Manager 拖進顯示出來的槽中。

讓這個按鈕呼叫 `GameManager.SetPaused`。將勾選框打開，如此，當該按鈕被點按時，SetPaused 按鈕就會接到傳進來的 `ture` 參數。

現在要設定暫停遊戲時要顯示出來的選單：

1. **製作 *Main Menu* 容器**。產生一個新的空物件，命名為 "Main Menu"，將它設定成 Canvas 的子物件，並設定其錨點可在水平與垂直方向伸縮。將 Left、Right、Top 與 Bottom 邊界設為 0。

2. **將按鈕加入 *Main Menu***。加入二個按鈕，分別命名為 "Restart" 與 "Resume"。將剛製作好的二按鈕都設定是 Main Menu 的子物件，並更新其標籤的文字，一為 "Restart Game"，一為 "Resume Game"。

   設定好之後，Main Menu 應如圖 7-22。

圖 7-22　Main Menu

3. 連接按鈕到 *Game Manager*。選取 Restart 按鈕，讓它叫用 Game Manager 物件的 GameManager.RestartGame 函式。

接下來，選取 Resume 按鈕，讓它叫用 Game Manager 的 GameManager.Reset 函式。

4. 將 *Main Menu* 連接至 *Game Manager*。當 Set Paused 函式被叫用時，Game Manager 需知道要顯示哪一個物件。選取 Game Manager，並將 Main Menu 物件拖放到 Game Manager 的 Main Menu 槽中。

5. 測試遊戲。現在你已可以暫停或恢復遊戲了；此外，你也可以重新再玩遊戲。

無敵模式

電動遊戲的作弊程式碼,其實是從實際的需求面演變而來的。當你在製作遊戲時,要不斷地克服難關,通過陷阱,到達你想要測試的部份,其實是很繁瑣的工作。為了加快開發的速度,通常會加入一些可讓遊戲方式產生變化的工具:射擊遊戲中,通常會加入讓敵人永遠打不到玩家的程式碼,而策略遊戲通常能關閉戰爭中無法偵察敵情的效果。

這個遊戲並無二致:為了製作這個遊戲,每次在測試遊戲時,你不應該還要逐一應付每一個障礙。我們要加入工具,讓小矮人變成是無敵的。

這個功能要用勾選框(有時稱為 開關(*toggle*))來實作,要把勾選框放在畫面的左上角。功能開啟時,小矮人就不會陣亡。它還是會 "受到傷害",也就是說,下一章要做的各式粒子效果還是會顯示,這只是用來測試的。

為了讓這件事情不會把遊戲弄得亂七八糟,這個勾選框會像其他的 UI 元件那樣,放在容器物件中。我們開始來製作這個容器:

1. 製作 *Debug Manu* 容器。製作一個空的遊戲物件,命名為 "Debug Menu",並將它設定成 Canvas 的子物件。將它的錨點設定成可在水平與垂直方向伸縮,將其 Left、Right、Top 與 Bottom 邊界設定成 0,讓物件可以填滿整個畫面。

2. 加入無敵開關。開啟 GameObject 選單,選取 UI → Toggle,製作一個新的 Toggle 物件,將此物件命名為 "Invincible"。

   將此新物件的錨點設定到 Top Left 上,並將之移到畫面的左上角。

3. 設定開關。選取 Label 物件,它是剛加入之開關的子物件,將 Text 組件的顏色設定成 white,而標籤的文字則設定成 "Invincible"。

   將 Toggle 物件的 "Is On" 屬性關閉。

   設定好之後,開關看來應如圖 7-23。

圖 7-23　位於畫面左上角的無敵勾選框

4. 將開關連接至 *Game Manager*。點按 + 按鈕，在 Invincible 開關的 Value Changed 事件中，新增一個項目。將 Game Manager 拖到出現 的槽中，並將函式改成 `GameManager.gnomeInvincible`。現在，若開關 的值有變，`gnomeInvincible` 屬性也會跟著改變。

5. 測試遊戲。播放遊戲，開啟 Invincible。小矮人既使是碰到陷阱，也 不會陣亡了！

本章總結

現在遊戲看來很不錯。主要的遊戲玩法已經弄好了，而且感覺還不錯。
你也加入了一些自己的開發工具，讓遊戲測試起來更容易。不過，我們
還需要做一些工作。在下一章中，我們要加入更多的內容，並進行細部
的修整，將選單結構與音效製作好之後，就可以完成這個遊戲的開發
工作。

第八章

古井尋寶的最後修飾

更多陷阱與關卡物件

這個遊戲愈來愈有型了：小矮人的造型已美化，UI 已經更新，背景看來也很不錯。但目前我們只有一種陷阱：即棕色的刺針。接下來要為這些固定的刺針再多製作二種不同的造型版本，增加多樣性。

我們也會新增一種新型的陷阱：旋轉輪鋸（spinning blade）。雖然它所造成傷害與刺針所造成的相同，但比較複雜——它由三個外形組成，每一個外形都會動。

最後，我們還要加入某些不會造成傷害的東西，以牆與石塊的形式出現，讓玩家要設法繞過去。這些物件，會在關卡中搭配陷阱出現，強迫玩家謹慎考量如何繞道而行，通過關卡。

刺針

我們從刺針的造型開始。目前已經有一個預製物件可供產生現有的外形；要作調整的就只是更新外形並重新產生碰撞器。請按照下列步驟進行設定：

1. **為刺針製作新的預製物件**。選取 SpikesBrown 預製物件，按下 Ctrl-D（Mac 上則按 Command-D）製作其複本。將這個新產生的物件命名為 "SpikesBlue"。

    製作另一個複本，並命名為 "SpikesRed"。

2. **更新外形**。選取 SpikesBlue 預製物件,將外形改成 SpikesBlue 影像。

3. **更新多邊形碰撞器**。因為多邊形碰撞器與 Sprite Renderer 位在同一個物件上,碰撞器使用該外形去計算其形狀。不過,當外形變動時,它並不會自動更新形狀;要調整這個部份,多邊形碰撞器需要重新設定。

   點按 Polygon Collider 2D 組件右上角的 Gear 圖示,並點按彈出選單中的 Reset。

4. **更新 *SpikesRed* 物件**。至此,SpikesBlue 物件所需做的調整都做好了,接著對 SpikesRed 物件(使用 SpikesRed 影像)進行相同的調整。

調整好之後,你可以在關卡中加入一些 SpikesBlue 與 SpikesRed。

旋轉輪鋸

接下來,我們要加入旋轉輪鋸。它比刺針還要難纏,有令人望而生畏的圓形利鋸。就底層的邏輯來說,旋轉輪鋸實際上與刺針一樣——小矮人一碰到它就會陣亡。不過,在遊戲中加進一些不一樣的陷阱,能為關卡帶來一些變化,讓玩家保持繼續闖關的興致。

因為旋轉輪鋸是會動的,我們要用幾個外形來製作。此外,這些外形之一——圓鋸——要被設定成能以高速旋轉才行。

我們要開始製作旋轉輪鋸,將 SpinnerArm 外形拖進場景中,將它的 Sorting Layer 設成 "Level Objects"。

將 SpinnerBladesClean 外形找出來,將它加成為 SpinnerArm 的子物件。將其 Sorting Layer 設定成 "Level Objects",Order in Layer 設定成 1。將之放在懸臂的頂端,然後將 X 位置設定成 0,它就會置中擺放。

將 SpinnerHubcab 外形拖出來,也將它加成 SpinnerArm 的子物件。將其 Sorting Layer 設定成 "Level Objects",Order in Layer 設定成 2,將 X 位置也設定成 0。

調整好之後，旋轉輪鋸看來應如圖 8-1。

圖 8-1　製作好的旋轉輪鋸

現在要再加進一些東西，讓它能在小矮人身上造成傷害：一段
SignalOnTouch 腳本。這段 SignalOnTouch 腳本在小矮人碰觸到附掛在物
件上的碰撞器時，會發送訊息；要讓這段腳本發揮作用，我們也需要加
入一個碰撞器。依照下列步驟操作，把這些都設定好：

1. **在輪鋸上加入碰撞器**。選取 SpinnerBladesClean 物件，並加入一
   個 Circle Collider 2D。將其半徑縮減為 2；這也會連帶縮小碰撞盒
   （hitbox）的大小，讓它比較容易處理旋轉輪鋸的情況。

2. 加 入 *SignalOnTouch* 組 件。 點 按 Add Component 按 鈕， 加 入 SignalOnTouch 腳本。

點按 Inspector 底端的 + 按鈕，將 Game Manager 拖放到該槽中，將 其函式改為 `GameManager.TrapTouched`。

接著，我們要讓輪鋸旋轉。要讓它能旋轉，我們要加入 Animator 物件， 並設定它去執行一段 Animation。這段 Animation 非常簡單：要做的就只 是讓其所附掛的物件，旋轉一整圈。

要 設 定 Animator， 需 要 先 產 生 Animator Controller。Animator Controllers 可讓你透過不同的參數，定義 Animator 目前要播放的動畫為 何。在本遊戲中，我們不會用到 Animator Controller 任何的高階功能， 不過知道有這些功能可用也有所助益。依照下列步驟進行設定：

1. 加入 *Animator*。選取輪鋸，新增 Animator 組件。

2. 製 作 *Animator Controller*。 在 *Level* 資 料 夾 中， 製 作 一 個 新 的 Animator Controller 素材，並將之命名為 "Spinner"。

3. 讓 *Animator* 使 用 新 增 的 *Animator Controller*。 選 取 輪 鋸， 將 Animator Controller 拖放到剛產生的 Controller 槽。

接著，我們要設定 Animator Controller：

1. 開啟 *Animator* 雙按 Animator Controller，Animation 頁籤會打開。

2. 在 *Animator Controller* 中 加 入 *Spinning* 動 畫。將 Spinning 動畫拖進 Animator 窗格中。Animator Controller 中現在應該有一個動畫狀態 （animation state），與之前有的 Entry、Exit 與 Any State 等項目（圖 8-2）。

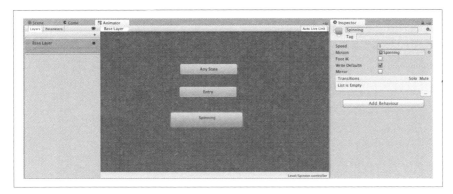

圖 8-2　供旋轉輪鋸使用的 Animation Controller

Animator 已被設定成使用 Animator Controller，而 Animator Controller
則能播放 "Spinning" 動畫。現在要設定實際上讓東西旋轉動畫。

1. 確認旋轉輪鋸已選取。回到 Scene，再次選取輪鋸。

2. 開啟 *Animation* 窗格。打開 Window 選單，選取 Animation，
   Animation 頁籤會開啟；將此頁籤拖放到方便操作的位置，也可以將
   之拖放到主 Unity 視窗頂端窗格的附近，將它停靠（dock）在 Unity
   其他操作介面中。

   在繼續設定之前，確定 Animation 窗格左上角的 Spinning 動畫已被
   選取。

3. 在旋轉輪鋸的 *Rotation* 屬性中加入一條曲線。點按 Add Property 按
   鈕，可設定動畫組件的列表就會出現。找到 Transform → Rotation 元
   件，點按列表右手邊的 + 按鈕。

在預設情況下，新屬性會帶有二個關鍵影格（keyframes）──一個代表
動畫的起點，另一個則代表動畫的終點（圖 8-3）。

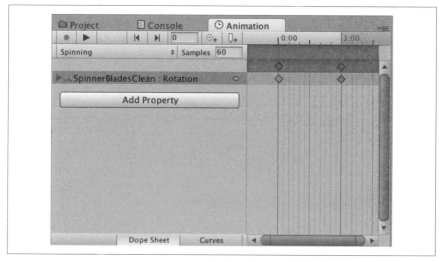

圖 8-3 新增動畫中的關鍵影格

我們要讓這個物件旋轉 360 度。也就是說,動畫開始時,該物件應該是在旋轉 0 度的位置,而在動畫結束時,它應該被旋轉到 360 度的位置。要將物件設定成這樣,需要修改動畫的最後一個關鍵影格:

1. 選取最右邊的關鍵影格。

2. 點按 Animation 窗格最右邊的菱形控點,動畫即會跳到時間軸的那一個點上。Unity 現在會處於錄製模式(*record mode*),也就是說你對旋轉輪鋸所做的調整都會被記錄下來。你也可以注意到 Unity 視窗頂端上的控制項變成紅色,提醒你正處於錄製模式。

   當你檢視 Inspector 中的 Transform 組件時,也會注意到 Rotation 的值也是紅色的。

3. 調整旋轉角度。將 Z 旋轉角度設定成 360。

4. 測試動畫。點按 Animation 頁籤中的 Play 按鈕,觀察輪鋸的旋轉。若它轉得不夠快,則點按並拖動最後的關鍵影格,讓它靠近起點一些,縮短動畫所需時間,讓物件可以更快地完成一輪動畫。

5. 讓動畫循環播放。移到 Project 窗格,選取製作好的 Spinning 動畫素材。在 Inspector 中,確認 Loop Time 勾選框有勾起來。

6. 玩遊戲。旋轉輪鋸現在會旋轉了。

在輪鋸能用之前，還有一件事要做──要將它調小一點，以搭配遊戲的其他部份：

1. 調整輪鋸大小。選取父 SpinnerArm 物件，將其 X 與 Y 大小的值調成 0.4。

2. 將輪鋸做成預製物件。將 SpinnerArm 物件拖放到 Project 窗格中，如此會產生一個稱為 SpinnerArm 的預製物件；將它改名為 "Spinner"。

石塊

除了陷阱之外，加入一些小矮人碰到也不會陣亡的障礙物，也是滿不錯的設計。這些石塊用來拖慢小矮人的速度，強迫玩家去思考應該如何應付你加進遊戲的各種陷阱。

這些石塊幾乎就是你加進遊戲中，最簡單的零件了：只要用一個外形渲染器與一個碰撞器就可以將之製作出來。因為它們很簡單，而且各種石塊都很類似，你可以同時將它們的預製物件製作出來。按照下列步驟操作，把它們設定好：

1. 將石塊外形拖出來。將 BlockSquareBlue、BlockSquareRed 與 BlockSquareBrown 外形加進場景中。接著，再加入 BlockLongBlue、BlockLongRed 與 BlockLongBrown 外形到場景中。

2. 加入碰撞器。將 6 個物件都選取起來，點按 Inspector 底端的 Add Component 按鈕。加入一個 Box Collider 2D 組件，每一個石塊就會有一個綠色框的碰撞器形狀。

3. 將之轉換為預製物件。將每一個石塊都拖放到 *Level* 資料夾中，以製作預製物件。

這樣就做好了，現在可以將石塊與牆加進關卡中。這還滿簡單的。

粒子特效

小矮人陣亡時，直接讓他往下掉的這種視覺效果並不是令人十分滿意。我們需要加入粒子系統，製作更吸睛的特效。

我們要在小矮人碰觸到陷阱時，呈現將加入的粒子特效（「濺血」效果），以及在小矮人肢體脫落時的效果（「噴血」）。

定義粒子材質

因為這二種粒子系統所噴濺出的都是同樣的東西（即小矮人的血），我們就從製作二種系統都能用的材質做起。依照下列步驟操作，將它製備好：

1. 設定 *Blood* 紋樣。找出 Blood 紋理並將之選取起來。將它的類型由 Sprite 改成 Default，並確定已開啟 "Alpha Is Transparency" 設定（圖 8-4）。

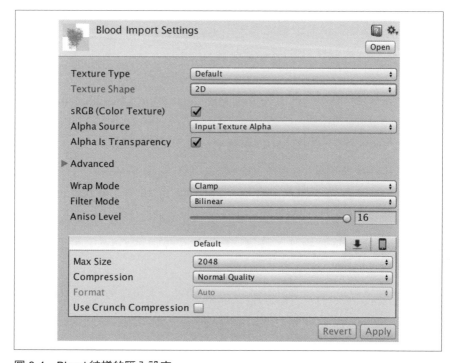

圖 8-4　Blood 紋樣的匯入設定

2. 製作 *Bloog* 材質。打開 Asset 選單並選取 Create → Material，製作一個新的 Material 素材。將此素材命名為 "Blood"，將著色器（shader）改成 Unlit → Transparent。

接著，將 Blood 紋理拖放到 Texture 槽中。做好之後，Inspector 看來應如圖 8-5。

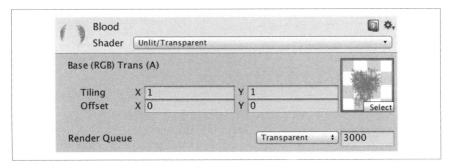

圖 8-5　粒子效果所需的材質

噴血效果

這個材質已經備妥，可以開始製作粒子特效了。我們從 Blood Fountain 效果做起，這個效果會有一束粒子往特定方向飛濺，粒子最後則會淡出。底下是設定的步驟：

1. 製作粒子系統所需的遊戲物件。打開 GameObject 選單，開啟 Effects 子選單，製作一個新的 Particle System。將新物件命名為 "Blood Fountain"。

2. 設定粒子系統。選取該物件，並如圖 8-6 與圖 8-7，更新 Particle System 中的值。

有一值需要進一步說明其用途，因為它們並不是可直接按照截圖抄過來就好的數值，你需要多瞭解一些，特別是下列這幾項：

- Color Over Lifetime 的值可以從開始的透明度（alpha）100% 到結束的 0%。顏色值從開始的白色到結束的黑色。

- Particle System 的 Renderer 部份則使用剛做好的 Blood 材質。

3. 將 *Blood Fountain* 製成預製物件。將 Blood Fountain 物件拖進小矮人資料夾中。

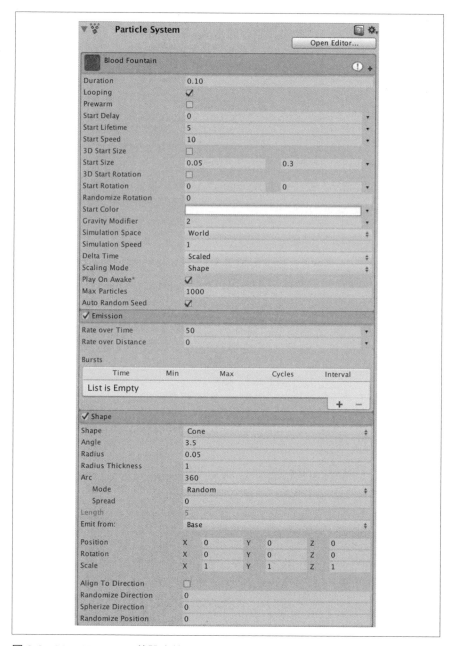

圖 8-6　Blood Fountain 的設定值

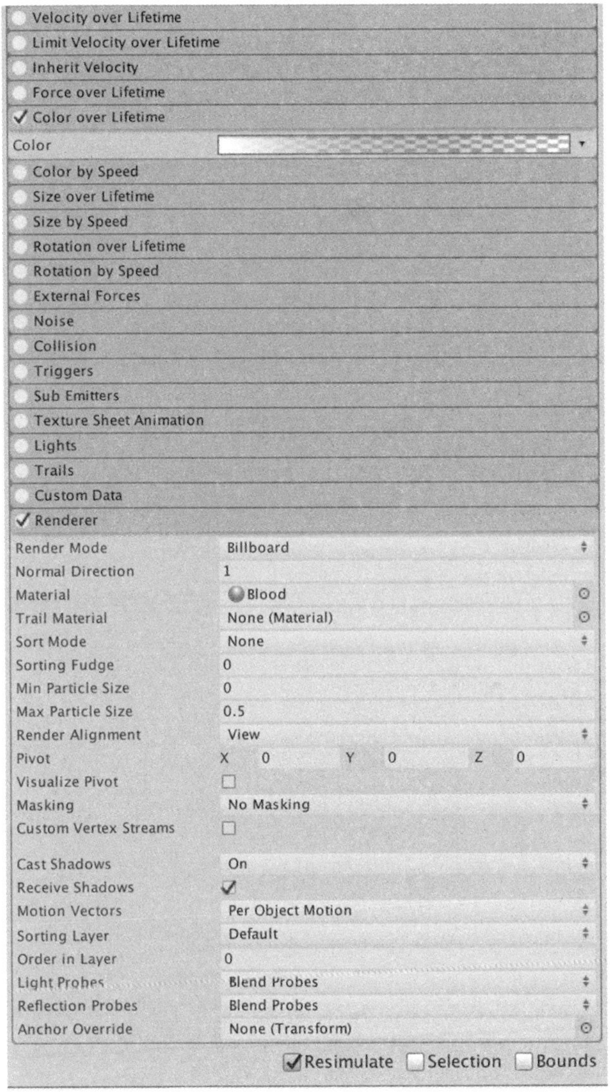

圖 8-7　Blood Fountain 的設定值（續）

濺血效果

接下來，我們要製作 Blood Explosion 預製物件，它會一次讓所有粒子爆出，而不是持續噴濺。

1. 製作粒子系統物件。製作另一個 Particle System 遊戲物件，將之命名為 "Blood Explosion"。

2. 設定粒子系統。如圖 8-8，更新其在 Inspector 中的值。

   這個粒子系統使用與 Blood Fountain 效果相同的材質與持續期間顏色變化（color over lifetime）；唯一主要的不同在於，它使用的是圓形噴射器（circle emitter），而且噴射率（emission rate）被設定成一次將所有粒子噴發出去。

3. 加入 *RemoveAfterDelay* 腳本。為了讓場景保持清爽，Blood Explosion 應該在特定時間之後，將自身移除。

   在該物件上加入 `RemoveAfterDelay` 組件，並將其 Delay 屬性設定為 2。

4. 將 *Blood Explosion* 製作成預製物件。

現在你可以在遊戲中開始使用它了。

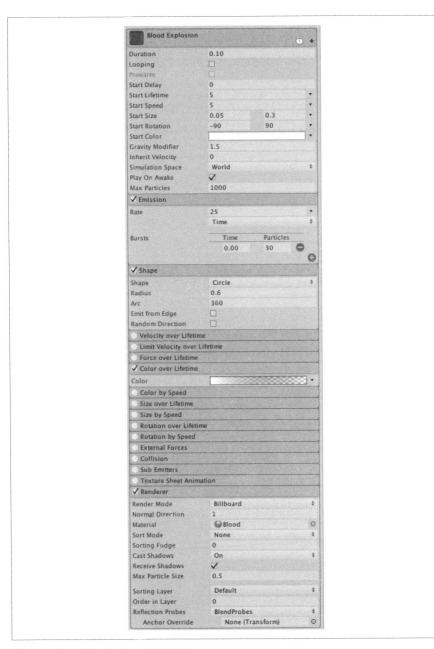

圖 8-8　Blood Explosion 的設定值

使用粒子系統

為了讓遊戲可以使用這些粒子系統,你需要將它們連接到 Gnome 預製物件上。底下是設定的步驟:

1. 選取 *Gnome 預製物件*。別忘了要選對物件——你要選的是新做好的 Gnome 預製物件,而不是舊的 Prototype Gnome 預製物件。

2. 將這些粒子系統連接到 *Gnome* 上。將 Blood Explosion 預製物件拖進 Death Prefab 槽中,將 Blood Fountain 預製物件拖進 Blood Fountain 槽中。

3. 測試遊戲。讓小矮人碰觸陷阱,你會看到有血噴濺出來。

主選單

這個遊戲的核心部份現已完成,我們也將其裝飾得很美觀。相對於*古井尋寶*特有的功能,接下來要做的是一些所有遊戲都會有的部份。明確地說:你需要一個畫面,以及如何從這個畫面進入遊戲的方法。

這個畫面會另外實作成個別的畫面,跟遊戲主體分開。因為相對於整個遊戲而言,這個選單畫面相對簡單,選單會載入得比遊戲快,玩家會先看到選單。此外,選單呈現時,可以在幕後將整個遊戲下載下來;當玩家按 New Game 按鈕時,遊戲就可以載入,並切換畫面。整體的效果就是讓遊戲能更快地啟動。依照下列步驟操作:

1. 製作新場景。打開 File 選單,選取 New Scene,接著馬上再打開 File 選單,選取 Save Scene,將這個新場景儲存起來。將它命名為 "Menu"。

2. 加入背景影像。打開 GameObject 選單,選取 UI → Image。

   將影像的 Source Image 設定成 Main Menu Background 外形。

   將影像的錨點設定成垂直方向可伸縮,水平方向置中。將 X 位置設定成 0,Top 邊界設定成 0,底邊界設定成 0,寬度設定成 800。

   將影像上的 Preserve Aspect 開啟,避免長寬比跑掉。

   設定好之後,Inspector 看來應如圖 8-9,影像本身看來應如圖 8-10。

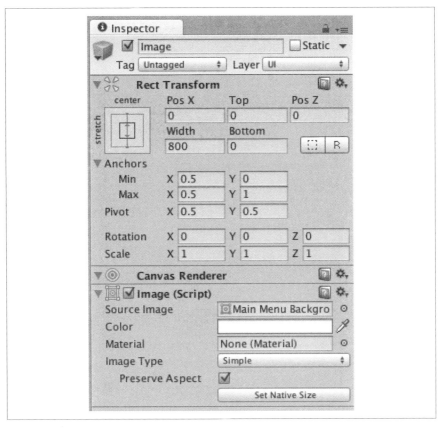

圖 8-9　主選單背景影像 Inspector 中的設定值

圖 8-10　背景影像

1. 現在要加入 *New Game* 按鈕。打開 GameObject 選單,選取 UI →
   Button,將這個物件命名為 "New Game"。

   將按鈕的錨點設定成底端置中(bottom-center)。接著,將其 X 位置
   設定成 0,Y 位置設定成 40,寬度設定成 160,高度設定成 30。

   將按鈕之 Label 物件的文字設定成 "New Game",設定好之後,按鈕
   看來應如圖 8-11。

圖 8-11 加入按鈕後的選單

場景的載入

當玩家點按 New Game 按鈕後,我們要一個疊層(overlay)呈現出來,
讓玩家知道遊戲正在載入中。依照下列步驟進行設定:

1. **製作疊層物件**。製作一個新的空遊戲物件，將之命名為 "Loading Overlay"，並將它設定成是 Canvas 的子物件。

   讓這個疊層的錨點在垂直方向與水平方向都可以伸縮（stretch），並將其 Top、Bottom、Left 與 Right 邊界設定為 0，如此可讓它填滿整個螢幕。

2. **加入 *Image* 組件**。在 Loading Overlay 物件仍被選取的情況下，點按 Add Component 按鈕，加入一個 Image 組件。畫布上會填滿白色。

   將 Color 屬性改為黑色，透明度則設定成 50%。疊層現在變成黑色的半透明層。

3. **加入標籤**。加入一個 Text 物件，將它設定成 Loading 疊層的子物件。

   將標籤的錨點設定成垂直與水平置中，將 Left、Top、Right 與 Bottom 位置設定成 0。

   接著，將 Text 組件的字型加大，讓文字垂直與水平置中。將顏色設定成白色，將文字設定成 "Loading..."。

現在疊層已經設定完成，我們要加入能實際將整個遊戲載入的程式碼，並在 New Game 按鈕被按下時，切換畫面。雖然你可以將它加到一個新的空遊戲物件中，但為了方便起見，我們要將它加到 Main Camera。依照下列步驟操作來完成這些設定：

1. **將 *MainMenu* 程式碼加入 *Main Camera*。** 選取 Main Menu，並加入一段名為 MainMenu 的 C# 腳本。

   將下列程式碼加進 *MainMenu.cs* 檔中：

   ```
   using UnityEngine.SceneManagement;

   // 管理主選單
   public class MainMenu : MonoBehaviour {

       // 內含遊戲本身之場景的名稱
       public string sceneToLoad;

       // 內含 "Loading..." 文字的 UI 組件
       public RectTransform loadingOverlay;

       // 代表背景下載中的場景
   ```

```
// 用來在應切換場景時進行控制
AsyncOperation sceneLoadingOperation;

// 啟動時，開始載入遊戲。
public void Start() {

  // 確定看不到 'loading' 疊層
  loadingOverlay.gameObject.SetActive(false);

  // 開始在幕後載入場景…
  sceneLoadingOperation =
    SceneManager.LoadSceneAsync(sceneToLoad);

  // …但在準備好之前，還不要切換到新場景中
  sceneLoadingOperation.allowSceneActivation = false;

}

// 當 New Game 按鈕被點按時叫用
public void LoadScene() {

  // 呈現 'Loading' 疊層
  loadingOverlay.gameObject.SetActive(true);

  // 下載完成時，通知場景載入操作去切換場景。
  sceneLoadingOperation.allowSceneActivation = true;

}

}
```

Main Menu 腳本負責二件事：在幕後載入遊戲場景，在玩家點按 New Game 按鈕時作出回應。在 Start 方法中，SceneManager 會被要求要在幕後開始載入場景。它會回傳一個名為 sceneLoadingOperation 的 AsyncOperation 物件，作為回應，這個物件就可以讓我們控制下載的過程。此時，我們會通知 sceneLoadingOperation，在載入完成之前，新場景不能被啟動。要這樣做的原因是，在載入完成後，載入操作要等玩家準備好後，才能切換到下一個選單去。

LoadScene 方法是用來載入場景的，當玩家點按 New Game 按鈕後，它就會被叫用。首先剛設定好的"loading"疊層會先被呈現出來；接著場景下載操作會收到通知，允許它在載入完成後，啟動場景。這樣做的原因是，當場景載入完成後，它就會立即顯現出來；若場景尚未載入完成，它也會在載入程序完成時立即顯現出來。

> 用這種方式來架構主選單，可讓整個遊戲的載入更快速。因為主選單需要的載入的資源比遊戲主要部份要來得少很多，它很快就可以顯示出來；主選單顯現時，使用者需要用一點時間去點按 New Game 按鈕，這個時間就可以讓遊戲用來載入新場景；不過，因為使用者並不會一直盯著"please wait"畫面看，所以整體感覺上會比直接啟動遊戲本身快。

依照下列步驟進行設定：

1. 設定 *Main Menu* 組件。將 Scene to Load 變數設定成 Main（即遊戲主場景的名稱）。將 Loading Overlay 變數設定成你剛做好的 Loading Overlay。

2. 製作載入場景的按鈕。選取 New Game 按鈕，讓它可以執行 Main Camera 的 `Mainmenu.LoadScene` 函式。

最後，我們需設定要包含在這個建置版本中的場景列表。`Application.LoadLevel` 與其相關的函式，只能載入列在這個建置版本之場景列表中的場景，也就是說，我們需要確定 Main 與 Menu 場景都在裡頭。依照下列步驟進行設定：

1. 打開 *Build Settings* 視窗。打開 File 選單，選取 File → Build Settings。

2. 在 *Scenes In Build* 列表中加進場景。將 Main 與 Menu 場景檔自 *Assets* 資料夾拖進 Scenes In Build 列表中。確定 Menu 被放在列表中的首位，因為這是遊戲啟動時須顯示的場景。

3. 測試遊戲。執行遊戲，點按 New Game 按鈕，你就可進入到遊戲裡頭了。

音訊

最後還需要加入一個讓遊戲更完善的元素：音效。沒有聲音，遊戲看來就像可怕的小矮人死亡啞劇，我們需要對這個部份作調整。

還好，現已加進遊戲的程式碼，可以讓配音的工作很容易就可完成。Signal On Touch 腳本會在小矮人碰觸到碰撞器時，播放對應的聲音，不過這只在有音源附掛上來的時候才會發生。要可以播放對應的聲音，你需要在不同的預製物件上加入 Audio Source 組件。

此外，Game Manager 腳本會在小矮人陣亡及帶著寶藏成功抵達出口時播放音效。同樣地，你需在 Game Manager 上加進 Audio Source 組件。依照下列步驟操作：

1. 在刺針上加入 *Audio Source* 組件。找到 SpikesBrown 預製物件，在其上加入一個新增的 Audio Source 組件。

   將 "Death By Static Object" 音效附掛到該 Audio Source 上。確定 Loop 與 Play On Awake 選項都是關閉的。

   在 SpikesRed 與 SpikesBlue 二預製物件上重複上述操作。

2. 在 *Spinner* 上加入 *Audio Source* 組件。找到 Spinner 預製物件，在其上加入一個新增的 Audio Source 組件。將 "Death By Moving Object" 音效附掛到該 Audio Source 上。確定 Loop 與 Play On Awake 選項都是關閉的。

3. 在 *Treasure* 上加入 *Audio Source* 組件。找到在古井底的 Treasure，在其上加入一個新增的 Audio Source 組件。將 "Treasure Collected" 音效附掛到該 Audio Source 上。同樣地，確定 Loop 與 Play On Awake 選項都是關閉的。

4. 在 *Game Manager* 上加入 *Audio Source* 組件。最後，選取 Game Manager 物件，在其上加入一個新增的 Audio Source 組件。讓 Audio Clip 屬性維持空值；將 "Game Over" 音效附掛到 Gnome Died Sound 槽上，將 "You Win" 音效附掛到 Game Over Sound 槽上。

5. 測試遊戲。現在，當小矮人陣亡、拾起寶藏或贏得勝利時，你都可以聽得到對應的音效。

本章總結與挑戰

現在你已經將古井尋寶遊戲建置完成，遊戲的外觀應與圖 8-12 類似。
恭喜！

圖 8-12　製作完成的遊戲

雖然遊戲已完成，但還有一些東西是你可以再加進遊戲中，探討一些可行性的：

加進魂魄

在 91 頁「設定小矮人的程式碼」中，我們已設定好在小矮人陣亡時，會產生一個物件出來。你下一步要做的是，製作一個能呈現魂魄外形且讓它往上飄的預製物件（我們已準備了一個在資源檔裡）。也可以考慮是否使用粒子效果，讓魂魄拖著空靈的殘影。

加進更多陷阱

我們在素材中有另外準備了二種陷阱：**擺盪利刃**與**火球噴槍**。擺盪利刃是一把掛在鏈子上的大刀，會從畫面左邊盪到右邊。你需要透過 Animator 讓它可以移動。火球噴槍被設計成能將火球往小矮人身上射的物件；火球打到小矮人時，會叫用 Game Manager 的 `FireTrapTouched` 函式。別忘記看一下為小矮人準備的燒焦的骷髏。

製作更多關卡

這個遊戲到目前為止只設計了一關，沒有理由不再設計其他的關卡。

加入更多效果

在寶藏週圍設定粒子效果（可使用 Shiny1 與 Shiny2 影像）。讓光芒粒子在玩家碰觸到牆壁時也會出現。

第三部

打造 3D 遊戲：
太空砲艇

在這一部中，我們將從頭開始建造第二個遊戲。不像在第二部中所製作的遊戲，這是套 3D 遊戲。你會製作出一個太空對戰模擬器，在其中，玩家需要對抗來襲的隕石，並保衛太空站。在過程中，我們將探討經常出現在其他遊戲中的系統，如拋體射擊（projectile shooting）、物件重生（respawning objects）與管理 3D 模型的呈現。我們應該會玩得很愉快（編輯讓我們保留這句雙關語）。

第九章

打造太空砲艇

Unity 不但是一個很棒的 2D 遊戲製作平台，用來製作 3D 內容，絲毫不遜色。其實，Unity 在 2D 功能問世前，原本就被設計成是 3D 引擎。因此，Unity 的功能都是先為 3D 遊戲而打造。

在本章中，你將會學到如何透過 Unity 製作*隕石襲擊*，一個 3D 的太空模擬器遊戲。這種遊戲風格在 90 年代中期很流行，那時有*星際大戰：X 翼戰機*（*Star wars: X-Wing，1993*）以及*爭戰：縱橫太空*（Descent: Freespace，1998），讓玩家可以自由地翱翔於星際，打擊惡人，到處征戰。這類遊戲與飛行模擬器有密切的關聯，不過因為我們並不期待它被實作成飛行物理學的擬真，遊戲開發者可以用娛樂導向的機制來跳脫飛行模擬器的框架。

這並不是說射擊式的飛行模擬器並不存在，只是射擊式的太空飛行模擬器比真實飛行模擬器要普遍得多。最近幾年，有個例外，有一套很熱門的遊戲叫坎博太空計畫（Kerbal Space Program），其太空飛行的物理模擬系統相當逼真，不過這種類型的遊戲目前並沒有收錄在本書當中。若你想要學習引力軌道力學，以及如何在軌道上推進，可以參考這類的遊戲。

因此，儘管本章中的這類遊戲相當普遍，用「太空模擬器（space simulator）」這詞是非常合理的，也許比用「太空對戰模擬器（space combat simulator）」更好。

在標題上做的文章夠多了，讓我們開始發射雷射加農炮吧。

做完接下來幾章中的設計與編程工作後，將完成圖 9-1 的遊戲。

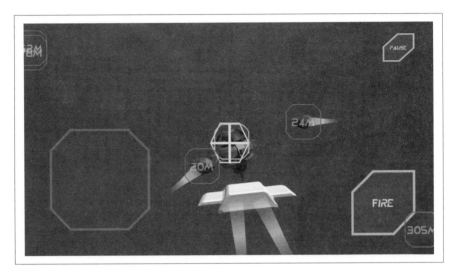

圖 9-1　製作完成的遊戲

設計遊戲

我們開始設計遊戲時，已設定了幾個主要的限制：

* 每階段遊戲最多玩幾分鐘。

* 操控必須很簡單，儘量只保留「移動」與「射擊」。

* 遊戲必須聚焦在幾個短程的挑戰上，而不要只有一個。也就是說，要打不少小怪，而不是只挑戰一趟魔王（與我們在第二部中製作的 2D 遊戲古井尋寶相反）。

* 這個遊戲主要的操作應該就是在太空中發射雷射光束。在太空中發射雷射光束的遊戲不會嫌多，永遠都**不夠**。

在紙上從高階概念開始發想，總是比較妥當。先在紙上進行設計可讓你不受限制，能讓你發掘出適合於遊戲整體規劃的新想法，我們可以坐下來，很快地將遊戲的草圖描繪出來（圖 9-2）。

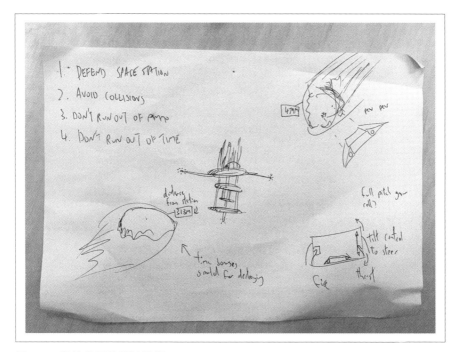

圖 9-2　遊戲的原始設計構想

雖然我們刻意讓草圖儘量單純，很快就可以畫出來，但你還是可以看到幾個額外的物件：隕石會朝著太空站飛過來，玩家使用畫面上的搖捍操縱砲艇，點按發射鈕以發射雷射光束。你也可以看到一些特定的細節，這是思考這類場景時所繪製出的：如標示隕石距離太空站的距離，以及玩家會如何拿著手機玩遊戲。

畫好草圖後，我們找來一位擅長美術設計的朋友——Rex Smeal（*https://twitter.com/RexSmeal*），請他將 Jon 畫出的粗略草圖轉化成比較細緻的設計圖。雖然這並不是遊戲設計流程中，絕對必要的部份，但它可以讓我們對遊戲整體有個初步的感覺。實際上，我們發現玩家所保衛的核心太空站，應該要受到玩家的特別關照，它看起來應該要是一座值得保衛的重要太空站。找來附近的美術設計師後，我們向他說明遊戲的想法，他畫出如圖 9-3 的設計；我們一起敲定設計後，Rex 再將此設計弄成我們能製作出的模型（圖 9-4）。

圖 9-3　Rex 最初設計的遊戲外觀

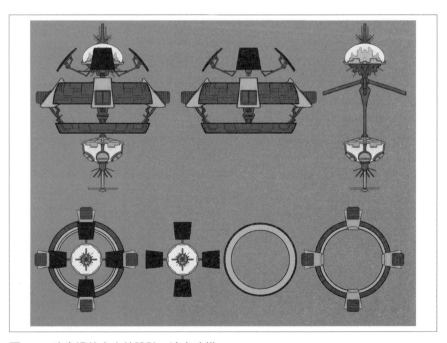

圖 9-4　改良過的太空站設計，適合建模。

配合這個設計，我們用 Blender 建模。在太空站的製作期間，因其外型風格較單純，我們決定用低多邊型法（low-poly approach）來建構模型（受 Heather Penn（*https://twitter.com/heatpenn*）與 Timothy Reynolds（*http://turnislefthome.com*））二設計師所啟發。這並不是說低多邊型法比較簡單且容易製作；就像用鉛筆作畫會比用油彩作畫簡單那樣，用這個方法較容易做出這種風格的模型）。

你可以在圖 9-5 中看到太空站的模型。此外，我們也用 Blender 製作出砲艇與隕石，請見圖 9-6 與圖 9-7。

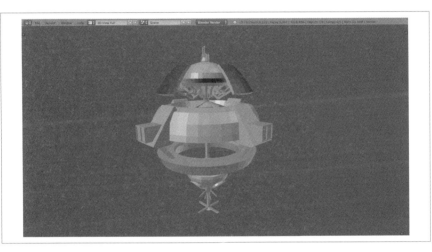

圖 9-5　太空站模型

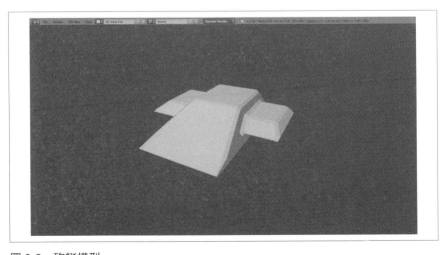

圖 9-6　砲艇模型

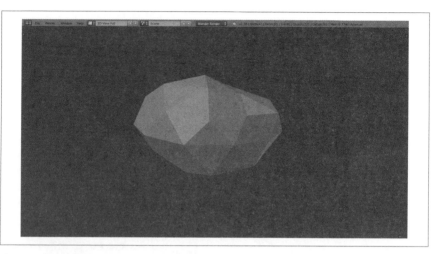

圖 9-7　隕石模型

取得素材

製作這套遊戲你需要一些資源，包括音效、模型與紋樣（textures），我們都已為你打包好了，你要先下載這些資源檔。這些檔案已經透過資料夾整理好，讓你方便取用。

請透過 GitHub 網頁（*http://bit.ly/rockfall-assets*），將這些檔案抓下來。

架構

這套遊戲的架構，其核心部份，與古井尋寶很類似。主要的遊戲管理器負責產生主要的遊戲子物件，如由玩家操控的砲艇與太空站；當玩家陣亡時，也會發佈遊戲結束的訊息。

遊戲的操作介面會比之前的遊戲來得稍稍複雜。在古井尋寶中，遊戲透過 2 個按鈕加上傾斜來控制；在 3D 遊戲中，玩家可以在任何方向上移動，傾斜控制可能並不合適。相對地，遊戲將透過畫面上的「搖桿」——畫面上可偵測觸碰，並讓玩家用手指拖動指出方向的區域，來進行操控。操控資訊就可以傳入共用的輸入管理器，讓砲艇依據這些資料調整其飛行的方向。

在 3D 遊戲中，傾斜控制（tilt controls）並不容易處理，但並不表示沒辦法將傾斜控制做好。NOVA 3（*http://bit.ly/nova-3*）是一款能讓玩家透過傾斜控制，精確地轉動角色並進行射擊的第一人稱射擊遊戲（First-Person Shooter，FPS）。你可以找來這套遊戲，體驗其操作方式。

遊戲中的飛行模型刻意做得較不那麼真實。最簡單與最逼真的方式，其實是簡單地製作一個能發出向前推力的物件模型，然後運用物理力學來轉動飛行器。不過，這種飛行器飛起來不容易，很容易就讓使用者迷失方向。與其這樣，我們認為以假的物理系統來處理會比較單純：砲艇總是會以固定的速度往前飛，而且不具有動量（momentum）。此外，玩家不能轉動砲艇，任何的轉動都將被修正（也就是說，不像真正的外太空，這個遊戲的空間會有一個固定的"上方"）。

設計與方向

為本書遊戲所作的每一項設計決策，完全是我們主觀作法。既使我們決定不要在這個遊戲中製作物理飛行模型，這並不代表在街機式的飛行模擬器中，就不該採用物理飛行模型。到處多看看，也許就會有一些想法。不要認為遊戲一定就只能是某些書籍作者告訴你的那樣，只能有某些固定的模式。他們也可能是邊做遊戲邊摸索出這些方法的。

隕石會是由專用的「隕石產生器（asteroid spawner）」物件所製作出的預製物件。這個物件不時會產生出隕石，讓它們瞄準太空站飛過來。當隕石碰撞到太空站時，會削減掉太空站的生命值（hit points）；當太空站的生命值被削減完後，太空站就算被擊毀，遊戲結束。

建立場景

接下來要開始設置場景。我們會產生一個新的 Unity 專案，然後製作可在場景中飛行的砲艇。依據下列步驟，開始進行遊戲製作：

1. **產生專案**。產生一個名為 Rockfall 的新 Unity 專案，將其模式（mode）
   設定成 3D（圖 9-8）。

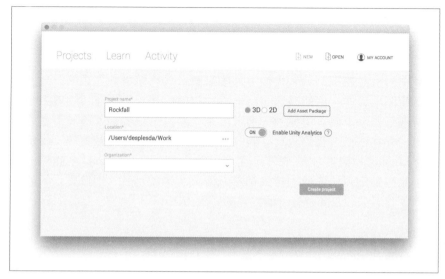

圖 9-8　產生專案

2. **儲存新場景**。當 Unity 產生專案並顯示出空場景後，打開 File 選單
   並選取 Save，將場景儲存下來。將場景儲存在 *Assets* 資料夾中，檔
   名設定成 *Main.scene*。

3. **匯入已下載的素材**。在 192 頁「取得素材」所下載的檔案中，請雙
   按 *.unitypackage* 檔。將所有素材匯入專案中。

現在可以開始製作砲艇了。

砲艇

我們從砲艇開始製作起，使用 192 頁「取得素材」所下載的砲艇模型。

Ship 物件本身是一個只內含腳本的隱形物件（invisible object）；有幾個
子物件會附掛在其下，負責處理畫面顯示的特定任務。

1. **製作砲艇物件**。開啟 GameObject 選單，選取 Create Empty。一個新
   的 GameObject 會出現在場景中；將其名稱改為 "Ship"。

我們現在要將砲艇的模型加進來。

2. 開啟 *Models* 資料夾，將 *Ship* 模型拖放到 *Ship* 遊戲物件上。這會將砲艇的 3D 模型加到場景中，請見圖 9-9。將之拖放到 Ship 遊戲物件上，會產生一個子物件，代表它會跟著父 Ship 遊戲物件一起移動。

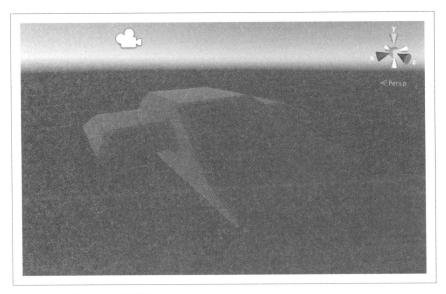

圖 9-9　場景中的砲艇模型

3. 將該模型物件改名為 "*Graphics*"。

接下來，我們要讓這個 Graphics 物件待在與 Ship 物件相同的位置上。

4. 選取該 *Graphics* 物件。點按 Transform 組件右上角的齒輪圖示，並選取 Reset Position（圖 9-10）。

 將旋轉值設定成（-90, 0, 0）。因為砲艇是在 Blender 中塑模的，其與 Unity 所用的座標系統不同，所以需要這樣設定；精確地說是 Blender 的 "up" 方向是 Z 軸，而 Unity 的 "up" 方向是在 Y 軸。要進行調整的話，Unity 會自動旋轉 Blender 所產生的模型，以補償這種差異。

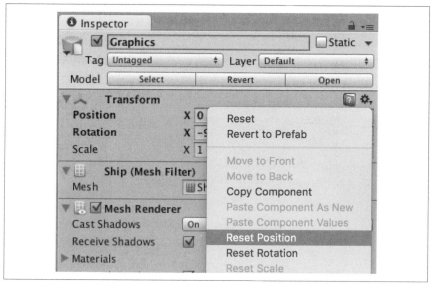

圖 9-10　重設 Graphics 物件的位置

我們的砲艇要能與物件碰撞。所以要加入 Collider。

5. 將 *Box Collider* 加進砲艇中。選取 Ship 物件（即 Graphics 物件的
父物件），然後點按 Inspector 底端的 Add Component 按鈕。選取
Physics → Box Collider。

加入碰撞器後，將 Is Trigger 打開，然後將盒子的 Size 設定成（2,
1.2, 3）。如此，所製作的盒子會圍繞在玩家角色周圍。

砲艇需要以固定的速度往前飛行。我們要加入能讓附掛在其上的所有物
件都能移動的腳本。

6. 加入 *ShipThrust* 腳本。在 Ship 物件仍被選取時，點按 Inspector 底端
的 Add Component 按鈕。產生一個新的 C# 腳本檔 *ShipThrust.cs*。

將其加入後，打開 *ShipThrust.cs*，並在其中輸入底下的程式碼：

```
public class ShipThrust : MonoBehaviour {

    public float speed = 5.0f;

    // 以固定速度將砲艇往前移動
    void Update () {
```

```
        var offset = Vector3.forward * Time.deltaTime * speed;
        this.transform.Translate(offset);
    }
}
```

這個 ShipThrust 腳本中有一個 speed 參數，Update 函式會用它來將物件往前移。這個前移的位移量由前移向量乘上速度參數後，再乘上 Time. deltaTime 屬性而得，如此能確保物件能以相同的速度前移，不會受到每秒叫用多少次 Update 函式的影響。

要確定你已將 ShipThrust 組件附掛到 Ship 物件上，而不是 Graphics 物件上。

7. 測試遊戲。點按 Play 按鈕，可看到砲艇會開始往前移動。

鏡頭跟隨

接下來要讓鏡頭在砲艇移動時會跟著它跑。你可以透過幾種方式來做出這個特效：最常用的手法是將鏡頭放在 Ship 物件裡頭，如此，它就會跟著砲艇動。不過，這樣效果並不好，因為砲艇相對於鏡頭而言，永遠不會轉動。

比較好的方式是將鏡頭做成是獨立的物件，然後在其中加上腳本，讓鏡頭隨著時間往正確的位置慢慢移動。如此，當砲艇急轉彎時，鏡頭要花一點時間才能補償過來——這就像攝影師跟拍物體的情況完全一樣。

1. 在主鏡頭中加入 *SmoothFollow* 腳本。選取 Main Camera，點按 Add Component 按鈕。新加入一份名為 *SmoothFollow.cs* 的 C# 腳本。

   開啟該檔，加入下列程式碼：

```
public class SmoothFollow : MonoBehaviour
{

    // 要跟隨的目標
    public Transform target;

    // 鏡頭在目標上方的高度
    public float height = 5.0f;
```

```
// 離目標的距離，不算高度。
public float distance = 10.0f;

// 旋轉或高度有變時，要慢多少。
public float rotationDamping;
public float heightDamping;

// 每一影格都會叫用一次 Update
void LateUpdate()
{
  // 若無目標則返回
  if (!target)
    return;

  // 計算目前的旋轉角度
  var wantedRotationAngle = target.eulerAngles.y;
  var wantedHeight = target.position.y + height;

  // 注意我們目前的位置與觀察的方向
  var currentRotationAngle = transform.eulerAngles.y;
  var currentHeight = transform.position.y;

  // 減少在 y 軸上的旋轉角度
  currentRotationAngle
    = Mathf.LerpAngle(currentRotationAngle,
      wantedRotationAngle,
        rotationDamping * Time.deltaTime);

  // 減少高度
  currentHeight = Mathf.Lerp(currentHeight,
    wantedHeight, heightDamping * Time.deltaTime);

  // 將角度轉成旋轉
  var currentRotation
    = Quaternion.Euler(0, currentRotationAngle, 0);

  // 將 x-z 平面上的鏡頭位置設定成：
  // 在目標後的 "distance" 公尺
  transform.position = target.position;
  transform.position -=
    currentRotation * Vector3.forward * distance;

  // 將鏡頭位置設成新的高度
  transform.position = new Vector3(transform.position.x,
    currentHeight, transform.position.z);

  // 最後，往目標注視的方向看。
```

```
transform.rotation = Quaternion.Lerp(transform.rotation,
   target.rotation,
     rotationDamping * Time.deltaTime);

  }
}
```

 本書中的 *SmoothFollow.cs* 是由 Unity 所提供程式碼修改而成。我們稍微作了一些調整，讓它較能適用在飛行模擬器上。若你想要看看原本的程式碼，可以在 Utility 套件中找到，打開 Assets 選單，選取 Import Package → Utility，就可將之匯入。套件匯入後，你可以在 Standard Assets → Utility 找到原本的 *SmoothFollow.cx* 檔。

SmoothFollow 藉由計算 3D 空間中鏡頭應該放置的位置，以及該位置與目前位置中的一點，來達成預期的效果。腳本套用到多個影格時，能產生鏡頭逐漸往那個點靠近的特效，不過在距離愈來愈近時，速度愈來愈慢。此外，因為鏡頭的位置在每一個影格中都會變動，鏡頭總是會稍稍落後──這就是我們要的特效。

2. 設定 *SmoothFollow* 組件。將 Ship 物件拖放到 Target 欄位上。

3. 測試遊戲。點按 Play 按鈕。當遊戲開始時，Game 面板將不再顯示移動中的砲艇；相反地，鏡頭將會跟著走。你可以在 Scene 面板中看到這種情況。

太空站

受到隕石威脅的太空站，將照著砲艇的開發模式來製作：我們會製作空的遊戲物件，然後將模型附掛上去。製作太空站比砲艇要簡單一些，因為它完全是被動的：它只會停在那邊，讓隕石撞上去。依照下列步驟來製作：

1. 為太空站製作容器。製作一個空遊戲物件，將之命名為 "Space Station"。

2. 加入模型為其子物件。開啟 *Models* 資料夾，將 Station 模型拖放到 Space Station 遊戲物件上。

3. 重設 *Station* 模型物件的位置。選取剛加入的 Station 物件,在 Transform 組件上按右鍵。選取 Reset Position,如設定 Ship 模型時那樣操作。

做好之後,太空站看來應如圖 9-11。

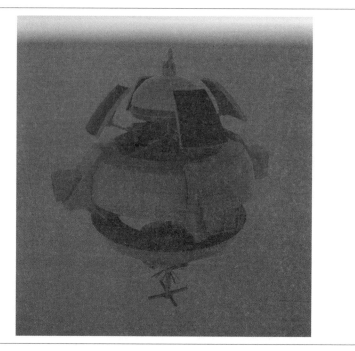

圖 9-11　太空站

模型現在已經加入,我們可以很快地看一下模型的結構,並確認它有碰撞器。太空站的碰撞器很重要,因為隕石(最後會加進來)需要有東西可撞。

選取模型物件,將之展開以呈現其子物件。這個太空站由許多子網格(submeshes)組成;主要的子網格被命名為 Station。將它選取起來。

檢查 Inspector 中的設定。除了 Mesh Filter 與 Mesh Renderer,你也會看到一個 Mesh Collider(圖 9-12)。若你沒有看到,請見「模型與碰撞器」。

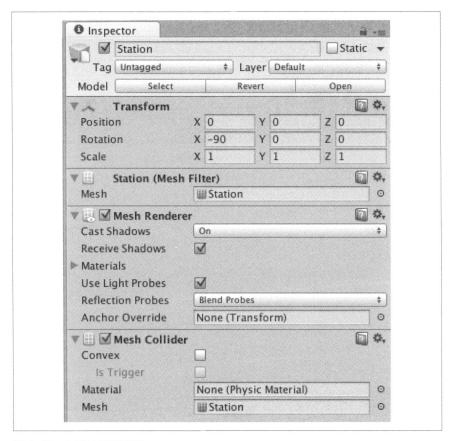

圖 9-12　太空站的碰撞器

模型與碰撞器

在你匯入模型後，Unity 也可以為這個模型製作碰撞器。當你從 *Asset* 套件中匯入模型時，你也匯入了我們為它製作好的一些設定值，其中包括為這個太空站所製作之碰接器的設定。（我們同樣也為 Ship 與 Asteroid 模型做了這些設定）。

如果你沒看見這些設定，或者匯入的是自己做的模型而想要瞭解設定的方法，則可以選取這些模型（即在 *Models* 資料夾中的檔案）以檢視並更改這些設定，然後再檢查這些設定值（圖 9-13）。特別注意 Generate Colliders 選項要選取起來。

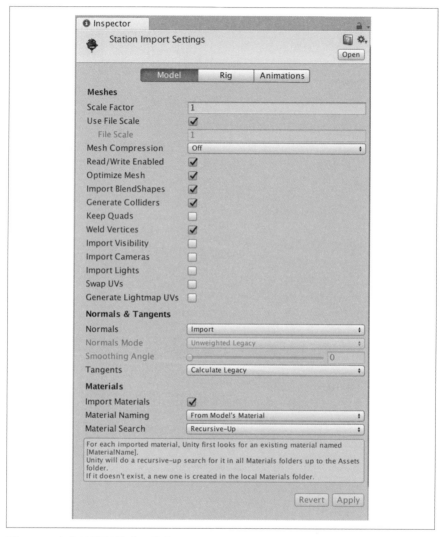

圖 9-13　太空站模型的重要設定

星幕盒

目前星幕盒（skybox）是 Unity 的預設值，它用來搭配隕石表面上的遊戲設定。變更星幕盒的設定，讓它看起來就好像你飄浮在太空中，往星際的漫漫長路航行而去，讓遊戲呈現出對的氣氛。

星幕盒透過在場景中所有物件之下，製作出虛擬的方塊來產生身處於太空的感覺，它不會對鏡頭做相對運動。如此可產生方塊上的紋樣（textures）位於無限遠處的感覺——這就是「星幕盒（skybox）」的效果。

為了讓玩家產生位於球體而不是盒狀方塊之中的錯覺，星幕盒上的紋樣需要扭曲，讓邊緣不會有看得到的接縫。有幾種方法可以製作這種效果，包括幾種供 Adobe Photoshop 使用的插件（plug-ins）；不過，多數的作法是將你或其他人所拍攝的照片，環繞起來而成。要取得遊戲中能加以運用的太空照片並不容易；相對地，透過工具製作所需影像要來得容易許多。

製作星幕盒

取得你要的星幕盒影像後，就可以將之加進遊戲中。你要先製作出星幕盒的材質（material），然後將此材質套用到場景的光照設定（lighting settings）。底下是操作步驟：

1. 製作 *Skybox* 材質。開啟 Assets 選單並選取 Create → Material，製作一件新材質。將此材質命名為 "Skybox"，並將之移到 Skybox 資料夾中。

2. 設定材質。選取該材質，將著色器（shader）從 Standard 改成 Skybox → 6 Sided。Inspector 會變成可讓你附掛 6 個紋樣的狀態（圖 9-14）。

   找到 Skybox 資料夾中的星幕盒紋樣。將 6 個星幕盒紋樣拖放到對應的槽中——將 Up 紋樣放到 Up 槽中，Front 放到 Front 槽中，以此類推。

   做好之後，Inspector 看來應如圖 9-15。

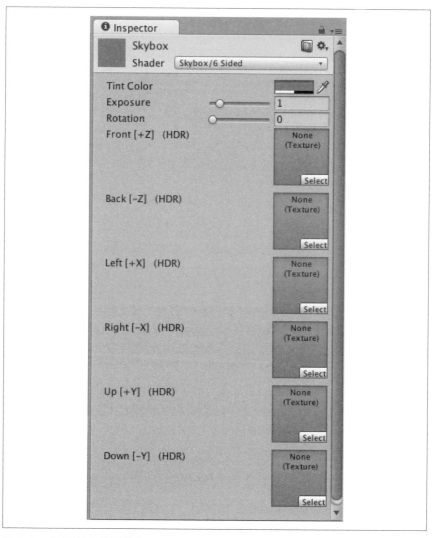

圖 9-14　不帶紋樣的星幕盒

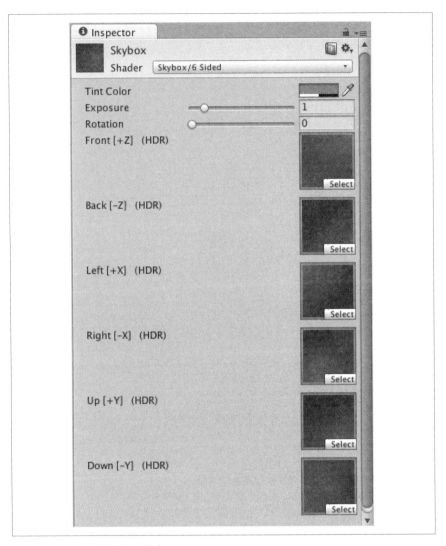

圖 9-15　已附掛紋樣的星幕盒

3. 將星幕盒連接到光照設定上。開啟 Window 選單，選取 Lighting →
   Settings，Lighting 面板會顯現；靠近該面板的上方，你會看到一個
   標示為 "Skybox" 的槽。將你剛剛附掛的 Skybox 材質放到該槽上
   （圖 9-16）。

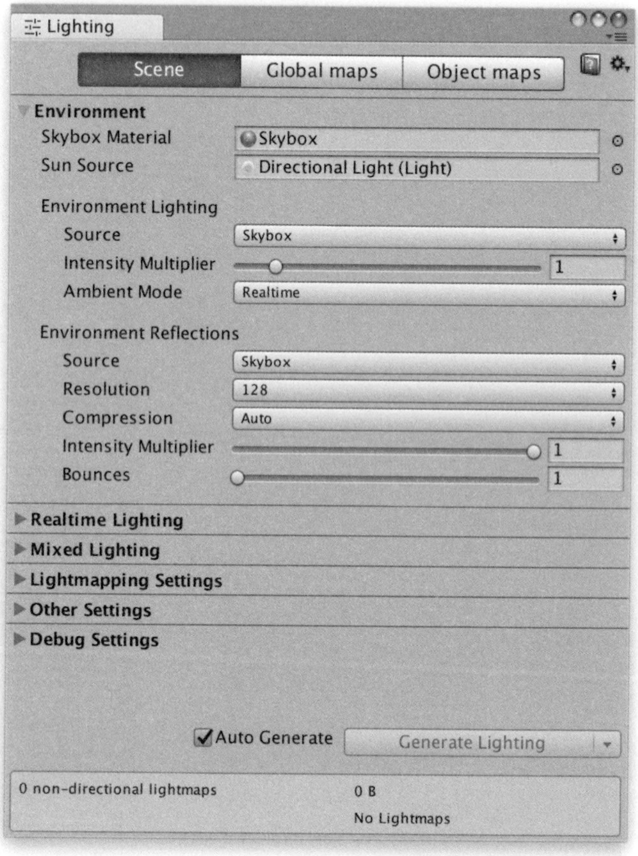

圖 9-16　製作光照設定

做好之後，天空就會變成是太空影像（圖 9-17）。此外，Unity 的光照系統會運用星幕盒的資料，被光照到的物件都會受到影響；如果你仔細看，就會注意到砲艇與太空站都會稍稍映出綠光。這是因為星幕盒影像是綠色的緣故。

圖 9-17　運作中的星幕盒

畫布

因為還沒有任何方式可讓玩家控制飛行，目前砲艇只能直直往前飛行穿越太空。我們很快就會加入控制砲艇的 UI，但在那之前，需要先製作並設定顯示 UI 要用的畫布。依照下列步驟操作：

1. 製作 *Canvas*。開啟 GameObject 選單，選取 UI → Canvas。一個 Canvas 與一個 EventSystem 物件會被產生出來。

2. 設定畫布。選取 Canvas 遊戲物件，在附掛 Canvas 組件的 Inspector 中，找到 Render Mode 設定，將之改成 "Screen Space – Camera"。現在，選項會顯示出來，你就可以進行與染渲模式有關的特定設定。

   將 Main Camera 拖放進 Render Camera 槽中，將 Plane Distance 改成 1（圖 9-18）。如此在鏡頭遠處就只會放置一個 UI 畫布。

   將 Canvas Scaler 的 "UI Scale Mode" 設定值改為 "Scale with Screen Size"，然後將參考解析度設定成 1024×768，相當於 iPad 的螢幕解析度。

至此畫布已建置好，可以開始在裡頭加組件了。

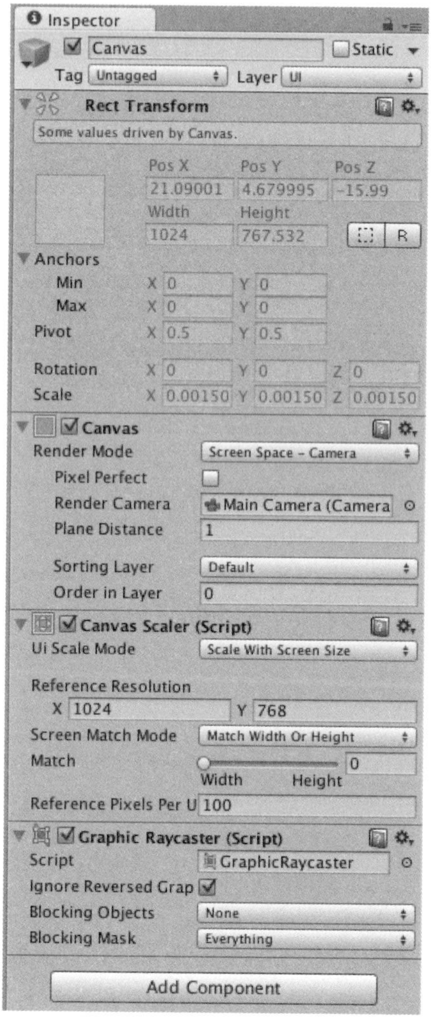

圖 9-18　畫布的 Inspector

本章總結

我們的場景已經設置好了，接下來要開始實作遊戲玩法所需的系統。在下一章中，我們會深入黑暗的太空，實作砲艇的飛行控制系統。

第十章

輸入與飛行控制

當佈景已大致鋪排妥當後，就可以開始加入基本的玩法。在本章中，我們將開始製作在太空中控制砲艇的系統。

輸入

這個遊戲需要二種不同類型的輸入：一個讓玩家輸入飛行方向的虛擬搖桿，以及一個用來讓玩家發射雷射砲的按鈕。

 別忘了，能適當地測試觸控螢幕式遊戲輸入的唯一方法，就是在觸控螢幕上進行測試。不想將遊戲建置到裝置上進行測試的話，可使用 Unity Remote app（參閱第 76 頁 "Unity Remote"）。

加入搖桿

我們將開始製作搖桿。搖桿由二個組件所組成：位於畫布左下角的一片大型正方「板（pad）」，以及方板中央的一個小「姆指（thumb）」。當玩家將指頭放在方板中時，搖桿會重新調整位置，讓那個姆指記號移到玩家指頭下方，而且也在方板中央。當玩家的指頭移頭時，姆指記號就會跟著動。依照下列步驟開始製作這套輸入系統：

1. **製作方板**。開啟 GameObject 選單，選取 UI → Panel。將新的面板命名為 "Joystick"。

   我們會先將它做成正方型，並將它放置在螢幕的左下角。將錨點（anchors）設定成 Lower Left，接下來，將面板的寬度與高度都設定成 250。

2. **加進面板的影像**。將 Image 組件的 Source Image 設定改成 Pad 外形（sprite）。

設定好之後，面板看來應如圖 10-1。

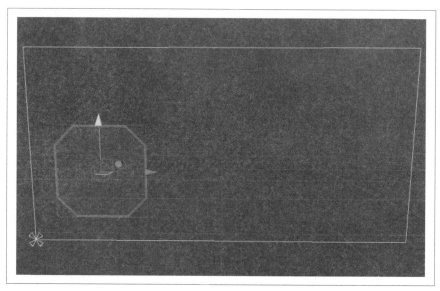

圖 10-1　搖桿面板

3. **製作姆指記號**。製作第二個 Panel UI 物件，將之命名為 "Thumb"。

   將這個姆指記號設定成是 Joystick 的子物件，將其錨點設定成 Middle Center，將其寬度與高度設定成 80。將 Pos X 與 Pos Y 設定成 0。如此可將姆指記號放置在面板的中間。最後，將其 Source Image 設定成 Thumb 外形。

4. 加入 *VirtualJoystick* 腳 本。 選 取 Joystick， 新 加 入 一 個 名 為 VirtualJoystick.cs 的 C# 腳本。開啟該檔，並輸入底下的程式碼：

```csharp
// 取得 Event 介面的存取權
using UnityEngine.EventSystems;

// 取得 UI 元件的存取權
using UnityEngine.UI;

public class VirtualJoystick : MonoBehaviour,
    IBeginDragHandler, IDragHandler, IEndDragHandler {

    // 可被到處拖動的外形
    public RectTransform thumb;

    // 沒有被拖動時，姆指與搖桿的位置。
    private Vector2 originalPosition;
    private Vector2 originalThumbPosition;

    // 姆指被拖離原位置的距離
    public Vector2 delta;

    void Start () {
        // 搖桿啟動時，記錄其原位。
        originalPosition
            = this.GetComponent<RectTransform>().localPosition;
        originalThumbPosition = thumb.localPosition;

        // 停用姆指後，玩家就看不到它了。
        thumb.gameObject.SetActive(false);

        // 將 delta 值設定為 0
        delta = Vector2.zero;
    }

    // 開始拖動時叫用
    public void OnBeginDrag (PointerEventData eventData) {

        // 將姆指顯示出來
        thumb.gameObject.SetActive(true);

        // 找出拖動在空間的何處發生
        Vector3 worldPoint = new Vector3();
        RectTransformUtility.ScreenPointToWorldPointInRectangle(
            this.transform as RectTransform,
            eventData.position,
            eventData.enterEventCamera,
```

```
    out worldPoint);

    // 將搖桿置於該點上
    this.GetComponent<RectTransform>().position
      = worldPoint;

    // 確保姆指已回到相對於搖桿的原位
    thumb.localPosition = originalThumbPosition;
}

// 拖移時叫用
public void OnDrag (PointerEventData eventData) {

    // 找出拖動在目前空間中的何處發生
    Vector3 worldPoint = new Vector3();
    RectTransformUtility.ScreenPointToWorldPointInRectangle(
      this.transform as RectTransform,
      eventData.position,
      eventData.enterEventCamera,
      out worldPoint);

    // 將姆指置於該點上
    thumb.position = worldPoint;

    // 計算與原位置的距離
    var size = GetComponent<RectTransform>().rect.size;

    delta = thumb.localPosition;

    delta.x /= size.x / 2.0f;
    delta.y /= size.y / 2.0f;

    delta.x = Mathf.Clamp(delta.x, -1.0f, 1.0f);
    delta.y = Mathf.Clamp(delta.y, -1.0f, 1.0f);

}

// 拖動結束時叫用
public void OnEndDrag (PointerEventData eventData) {
    // 重設搖桿的位置
    this.GetComponent<RectTransform>().localPosition
      = originalPosition;

    // 將該距離重設為 0
    delta = Vector2.zero;

    // 隱藏姆指
```

```
        thumb.gameObject.SetActive(false);
    }
}
```

VirtualJoystick 類別實作了三個重要的 C# 介面：即 IBeginDragHandler、
IDragHandler、IEndDragHandler。當玩家在 Joystick 中開始拖動、持續拖
動或結束拖動時，腳本會收到對應的 OnBeginDrag、OnDrag 與 OnEndDrag
叫用。這些方法都會收到一個參數：一個內含指頭在螢幕上的位置及其
他資料的 PointerEventData 物件。

- 當拖動開始時，面板會重設自身的位置，讓中心點位在指頭下方。

- 當拖動持續時，姆指記號會移動到指頭下方，面板中心點與姆指記
  號的距離會被計算出來，並儲存在 delta 屬性中。

- 當拖放結束時（即玩家指頭離開螢幕），面板與姆指記號之位置會被
  重設回之前的位置。delta 屬性會被重設成 0。

繼續設定以完成輸入系統的建置工作：

5. 設定搖桿。選取 Joystick 物件，並將 Thumb 物件拖放進 Thumb
   槽中。

6. 測試搖桿。執行遊戲，在搖桿中點按與拖動。面板在開始拖動時會
   移動，姆指會在持續拖動時移動。注意 Joystick 的 Delta 值──在你
   移動姆指時，它的值應該會有變化。

輸入管理器

至此，搖桿已經設置好了，我們要讓砲艇能從它那邊取得資訊，如此搖
桿才能用來轉方向。

我們可以直接將砲艇連接到搖桿上，不過，這樣做會產生一個問題。
在遊戲進行中，砲艇會被摧毀，而新的砲艇會被產生出來。為了要能這
樣，我們要用預製物件來製作砲艇，如此遊戲管理器才能製作出砲艇的
許多複本來。不過預製物件不能在場景中參考到物件，也就是說，新產
生出來的砲艇沒辦法取得搖桿的參照（reference）。

比較好的作法是，製作一個 Input Manager 單體（singleton），讓它一直
待在場景中，如此，它就可以取得搖桿的參照。因為它並不是從預製物
件被實體化出來的，我們就不需擔心它被創造出來時，將它的參照遺失
了。當這架砲艇被產生出來時，它會使用這個 Input Manager 單體（透過
程式碼取得）來抓到搖桿，藉此取得其中的數值。

1. 製作 *Singleton* 的程式碼。在 Assets 資料夾中，製作一個新的 C# 腳
   本，將之命名為 *Singleton.cs*。開啟該檔，將下列程式碼放入其中：

```
// 這個類別允許其他物件參考到一個單一的共用物件
// GameManager 與 InputManager 類別會用到它

// 要使用這個類別，要如下列寫法來繼承它：
// public class MyManager : Singleton<MyManager> {  }

// 然後你就可以如下存取該類別的單一共用實體：
// MyManager.instance.DoSomething();

public class Singleton<T> : MonoBehaviour
  where T : MonoBehaviour {

  // 此類別的單一實體
  private static T _instance;

  // 存取方法。第一次叫用時，_instance 會被設定好。
  // 若找不到適當的物件，會記錄下錯誤訊息。
  public static T instance {
    get {
      // 若我們還沒有設定好 _instance..
      if (_instance == null)
      {
        // 試著找到該物件
        _instance = FindObjectOfType<T>();

        // 若找不到，則記錄下錯誤。
        if (_instance == null) {
          Debug.LogError("Can't find "
            + typeof(T) + "!");
        }
      }

      // 回傳實體以供運用！
      return _instance;
```

```
      }
    }
  }
```

這段 Singleton 的程式碼與*古井尋寶*中所使用的 Singleton
完全相同。參閱 77 頁「建立單體類別」，瞭解它的用途。

2. 製作 *Input Manager*。產生一個新的空遊戲物件，將之命名為 "Input
   Manager"。在其中加入命名為 *InputManager.cs* 的 C# 腳本，在腳本檔
   中加入下列程式碼：

```csharp
public class InputManager : Singleton<InputManager> {

  // 用來讓砲艇轉向的搖桿
  public VirtualJoystick steering;

}
```

目前，InputManager 只用來當作簡單的資料物件：其中只會存放
VirtualJoystick 的參照。之後，我們會加入更多的邏輯到裡頭去，以支
援像發射砲艇目前所用武器之類的任務。

3. 設定 *Input Manager*。將搖桿拖放進 "Steering" 槽中。

至此，搖桿就設定完成，我們可以開始透過它來控制砲艇的飛行了。

飛行控制

目前的砲艇只會往前移動。要控制砲艇的飛行，只需要改變砲艇的「前
向」方向。我們會取得虛擬搖桿的資訊，然後用相關資料來更新砲艇在
太空中移動的方向。

在每一張影格中，砲艇會從搖桿取得飛行方向，以及控制砲艇該轉多快
的數值，以產生出新的旋轉。接著再組合砲艇**目前**的方向，得到砲艇該
面向的新方向。

不過，我們並不希望玩家一直翻轉砲艇，而搞不清楚一些如太空站這種重要物件的位置。要處理這種問題，轉向腳本也應能運用一種**額外旋轉**，能慢慢地將砲艇慢慢地轉回水平表面（level surface）。如此砲艇才能像在大氣中飛行的航空器那樣，直觀易懂容易操控（但較不逼真）。

1. 加入 *ShipSteering* 腳本。選取 Ship，加入一段新的 C# 腳本，將檔案命名為 *ShipSteering.cs*。開啟該檔，加入下列程式碼：

```
public class ShipSteering : MonoBehaviour {

    // 砲艇的轉向率
    public float turnRate = 6.0f;

    // 砲艇維持水平的強度值
    public float levelDamping = 1.0f;

    void Update () {

        // 用搖桿的方向乘上轉向率，產生新的旋轉，
        // 並將之限制在半個圓周的 90% 內。

        // 首先，取得玩家的輸入。
        var steeringInput
          = InputManager.instance.steering.delta;

        // 現在產生旋轉量，作成向量。
        var rotation = new Vector2();

        rotation.y = steeringInput.x;
        rotation.x = steeringInput.y;

        // 乘上 turnRate 取得我們要轉動的量。
        rotation *= turnRate;

        // 乘上半圓周的 90%，轉成強度。
        rotation.x = Mathf.Clamp(
          rotation.x, -Mathf.PI * 0.9f, Mathf.PI * 0.9f);

        // 將這些強度轉成旋轉四元數（quaternion）！
        var newOrientation = Quaternion.Euler(rotation);

        // 將這個轉向與目前位向結合
        transform.rotation *= newOrientation;

        // 接著，試著將翻滾最小化！
```

```
    // 先找出若不沿 Z 軸翻滾的位向
    var levelAngles = transform.eulerAngles;
    levelAngles.z = 0.0f;
    var levelOrientation = Quaternion.Euler(levelAngles);

    // 將目前位向與這個「零翻滾」的小值組合起來；
    // 若在幾個影格中套用，則該物件會慢慢恢復水平。
    transform.rotation = Quaternion.Slerp(
      transform.rotation, levelOrientation,
      levelDamping * Time.deltaTime);

  }
}
```

ShipSteering 腳本運用搖桿的輸入，計算出一個新的、流暢的轉動，並將之套用到砲艇上。之後再套用額外的輕微旋轉，讓砲艇可以恢復水平。

2. 測試轉向。啟動遊戲。砲艇會開始往前飛；當你在搖桿區中點按並拖動時，砲艇會改變方向。運用這種方式，你就可以到處飛來轉去。你會發現若砲艇有轉動（比方說，若你將它拉高然後轉到一邊時），砲艇會有轉回水平姿態的傾向。

指示器

因為這套遊戲牽涉到 3D 空間中的飛行，很容易就會讓玩家無法追蹤遊戲中的各種物件。太空站（最終）將面臨隕石的威脅，玩家一定要知道太空站以及隕石的位置。

要處理這種問題，我們要實作能在螢幕上標示出重要物件位置之指示器（indicators）的系統。若鏡頭能看到這些物件，則要將它們圈出來。若物件不在畫面上，則物件指示器會出現在畫面的邊緣，以表示若要看到該物件，你應該要轉的方向。

製作 UI 元件

我們要先製作用來在畫布中作為所有指示器的容器物件。做好容器之後，你就可以製作一個指示器，然後將之轉成預製物件以重複運用。依照下列步驟開始製作：

1. 製作 *Indicator* 容器。選取 Canvas，開啟 GameObject 選單並選取 Create Empty Child，製作一個新的空子物件。這樣製作出的子物件，相對於帶有一般 Transform 的物件（供 3D 元件使用），會具有 Rect Transform（供像畫布元件這樣的 2D 元件使用）。將容器的錨點設定成可在水平與垂直方向伸縮。

   將這個新物件命名為 "Indicators"。

2. 製作 *Indicator* 雛型。開啟 GameObject 選單並選取 UI → Image，製作一個新的 Image。

   將這個新物件命名為 "Position Indicator"。將之設定為上個步驟中所建立出來的 Indicators 物件之子物件。

   將 Indicator 外形拖放到該外形的 Source Image 槽。你可以在 UI 資料夾中看它。

3. 製作文字標籤。製作一個新的 Text 物件（同樣在 GameObject 選單下的 UI 子選單中）。將這個 Text 物件設定成 Position Indicator 外形物件的子物件。

   將文字的顏色改成白字，將對齊選項設定成水平與垂直置中。

   將 Text 的文字設定成 "50m"（雖然這裡的文字會在遊戲進行中改變，但這樣子設定可以讓你對指示器的外觀有個譜）。

   將這個 Text 的錨點設定成 "center middle"，並將其 X 與 Y 位置設成 0。這可讓文字被置放於該外形的中間。

   最後，我們要為這個指示器設定自定字型。找到位於 *Fonts* 資料夾中的 CRYSTAL-Regular 字型，將之拖放到 Text 的 Font 槽中，並將 Font Size 改成 28。

   設定好之後，Text 組件的 Inspector 看來應如圖 10-2，而指示器物件本身看來應如圖 10-3。

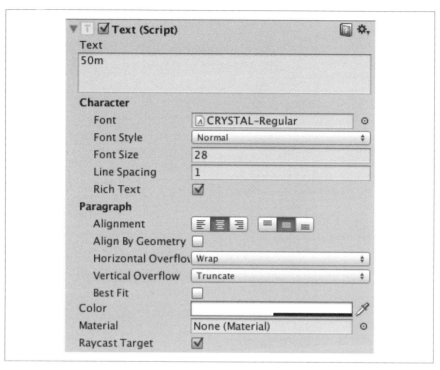

圖 10-2　指示器文字標籤的 Inspector

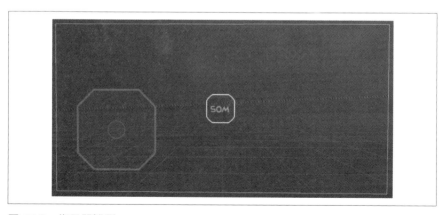

圖 10-3　指示器雛型

4. **加進程式碼**。在 Indicator 雛型物件上，加進一個 *Indicator.cs* 的 C# 腳本，並在其中加入下列程式碼：

```csharp
// 存取 UI 類別
using UnityEngine.UI;

public class Indicator : MonoBehaviour {

    // 我們所追蹤的物件
    public Transform target;

    // 計算從 'target' 到這個形變的距離
    public Transform showDistanceTo;

    // 顯示計算所得距離用的標籤
    public Text distanceLabel;

    // 離螢幕邊緣的距離
    public int margin = 50;

    // 影像的顏色
    public Color color {
      set {
        GetComponent<Image>().color = value;
      }
      get {
        return GetComponent<Image>().color;
      }
    }

    // 設定指示器
    void Start() {
      // 隱藏標籤；若取得目標，則會重新顯示。
      distanceLabel.enabled = false;

      // 在開始時，顯示前要先等候一個影格，避免出現殘破不全的影像。
      GetComponent<Image>().enabled = false;

    }

    // 在每個影格中更新指示器位置
    void Update()
    {

      // 目標消失了嗎？若是，我們也應該消失。
      if (target == null) {
        Destroy (gameObject);
```

```
    return;
}

// 若有目標要計算距離，則進行計算並將之在 distanceLabel 中顯示出來。
if (showDistanceTo != null) {

  // 顯示標籤
  distanceLabel.enabled = true;

  // 計算距離
  var distance = (int)Vector3.Magnitude(
    showDistanceTo.position - target.position);

  // 在標籤中顯示距離
  distanceLabel.text = distance.ToString() + "m";
} else {
  // 不顯示標籤
  distanceLabel.enabled = false;
}

GetComponent<Image>().enabled = true;

// 找出物件在螢幕空間中的位置
var viewportPoint =
  Camera.main.WorldToViewportPoint(target.position);

// 該點在我們的背後嗎？
if (viewportPoint.z < 0) {
  // 將它推到螢幕邊緣
  viewportPoint.z = 0;
  viewportPoint = viewportPoint.normalized;
  viewportPoint.x *= -Mathf.Infinity;
}

// 找出我們在視埠空間中的位置
var screenPoint =
  Camera.main.ViewportToScreenPoint(viewportPoint);

// 靠到螢幕邊緣
screenPoint.x = Mathf.Clamp(
  screenPoint.x,
  margin,
  Screen.width - margin * 2);

screenPoint.y = Mathf.Clamp(
  screenPoint.y,
  margin,
```

```
    Screen.height - margin * 2);

  // 找出畫布空間中視野空間座標的位置
  var localPosition = new Vector2();
  RectTransformUtility.ScreenPointToLocalPointInRectangle(
    transform.parent.GetComponent<RectTransform>(),
    screenPoint,
    Camera.main,
    out localPosition);

  // 更新位置
  var rectTransform = GetComponent<RectTransform>();
  rectTransform.localPosition = localPosition;

  }
}
```

指示器程式碼的運作方式如下：

- 在每個影格的 update 方法中，指示器所追蹤的物件 3D 座標會被轉換成**視埠空間**（*viewport space*）。

  在視埠空間中，座標代表螢幕上的位置，其中（0,0,0）是螢幕左下角，（1,1,0）是右上角。視埠空間座標中的 Z 軸則表示距鏡頭的距離，以全域單位（world units）計算。

  這代表你可以很容易地辨認出某個物件是否出現在螢幕中，以及它是不是在你的背後。若一個物件視角空間座標中的 X 與 Y 軸，不在（0,0）到（1,1）間，它就是偏到一側去了；若 Z 軸座標小於 0，則它已跑到你的背後。

- 若該物件在你背後（即，Z 座標小於 0），我們需要將標示（marker）推到一邊。若不這麼做，則某些位於你正後方的物件指示器會出現在畫面中央。玩家會因此而認定該指示器所指的物件是在前方。

  要將標示推到一側，視埠的 X 軸要乘上負無限大；乘上無限大後，指示器要不在畫面的左側遠處，要不在右側遠處。乘上**負**無限大的用意是要補償它在背後的狀況。

- 接下來，要將視野空間（view-space）座標轉換成螢幕空間，然後將之固定住，如此，它就永不會超出視窗。這裡需要設一個邊界參數，用來將指示器往畫面中推一點，以確保顯示距離之文字標籤中的文字可被清楚判讀。

- 最後，這個螢幕空間座標要轉成指示器容器的座標空間，然後用這個座標來更新指示器的位置。設定好之後，指示器就會待在正確的位置上。

指示器也有自己的維護工作要做：在每個影格中，它們要檢查自己的 target 是否為 null，若是，表示它們已被銷毀。

最後還需要做一件工作，即設定指示器。設定好之後，你就可以將這個指示器雛型轉成預製物件了。

4. **連結距離標籤**。將 Text 的子物件拖到 Distance Label 槽中。

5. **將雛型轉成預製物件**。將 Position Indicator 物件拖進 Project 面板中。如此，會有一個新的預製物件會被產生出來，它可以讓你在執行期產生出幾個 Indicators 來。

    製作好這個預製物件後，將場景中的雛型刪除掉。

指示器管理器

Indicator Manager 是一個管理製作指示器過程的單體物件（singleton object）。這個物件可以被任何需要在螢幕上加進指示器的其他物件所用——即為太空站與隕石所用。

透過將這個物件製作成單體，我們就可以製作並設定好場景上所需的物件，而不需進行複雜的操作，讓管理器掌握自預製物件上載入的物件。

1. **製作 *Indicator Manager***。製作一個新的空物件，將之命名為 "Indicator Manager"。

2. **加進 *IndicatorManager* 腳本**。將新的 C# 腳本加到物件中，命名為 *IndicatorManager.cs* 後，再加入下列程式碼：

```
using UnityEngine.UI;

public class IndicatorManager : Singleton<IndicatorManager> {

  // 所有指示器都是這個物件的子物件
  public RectTransform labelContainer;

  // 用來為每一個指示器產生子物件的預製物件
  public Indicator indicatorPrefab;

  // 這個方法會被其他物件叫用
  public Indicator AddIndicator(GameObject target,
    Color color, Sprite sprite = null) {

    // 製作標籤物件
    var newIndicator = Instantiate(indicatorPrefab);

    // 讓它追蹤目標
    newIndicator.target = target.transform;

    // 更新顏色
    newIndicator.color = color;

    // 若接到外形，則將指示器的設定成接到的外形。
    if (sprite != null) {
      newIndicator
        .GetComponent<Image>().sprite = sprite;
    }

    // 將它加進指示器
    newIndicator.transform.SetParent(labelContainer, false);

    return newIndicator;
  }

}
```

Indicator Manager 提供一個方法，AddIndicator，能自 Indicator 預製物件產生子物件，用要追蹤的目標物件與要對外形著色的顏色，將這個子物件設定好，然後再將之加進指示器容器中。若你要製作特別的指示器，也可以提供自製的 Sprite 給這個方法。（稍後，要加入砲艇的射擊準星時，就會用這種方式。）

寫好 IndicatorManager 原始碼後，現在要進行組態設定。此管理器需要知道二件事：即哪一個預製物件應該被用來為指示器產生子物件，以及哪一個物件應該是它們的父物件。

3. 設定 *Indicator Manager*。將 Indicators 容器物件拖放到 Label Container 槽上。將 Position Indicator 預製物件拖放到 Indicator Prefab 槽上。

接下來，我們要製作太空站的程式碼，在遊戲開始時，為它加上指示器。

4. 選取太空站。

5. 加進 *SpaceStation* 腳本。在該物件上加進新的 C# 腳本，將之命名為 *SpaceStation.cs*，並在檔中加入下列程式碼：

```csharp
public class SpaceStation : MonoBehaviour {

  void Start () {
    IndicatorManager.instance.AddIndicator(
      gameObject,
      Color.green
    );
  }

}
```

這段程式碼只簡單地要求 IndicatorManager 單體加入用來追蹤這個物件的新指示器，並將之設定成綠色而已。

6. 執行遊戲。現在已經有一個指示器附掛在太空站上了。

距離顯示器尚未出現，因為太空站還沒有設定好 showDistanceTo 變數。這是故意的—— 我們會在 Asteroids 上設定這個變數，但不會在太空站上設。螢幕上顯示太多數字的話，會讓人很困惑。

本章總結

恭喜！你已從無到有做好砲艇了。在下一章中，我們將擴充遊戲，將遊戲玩法套上來。

第十一章

加入武器與瞄準功能

目前你已經有一部可以到處航行的砲艇了，接下來要加入更多的遊戲零件與玩法。首先要為砲艇裝配武器；有了武器之後，你要有可被射擊的目標。

武器

砲艇每次動用武器時，它會射出雷射光束，雷射光會一直往前飛，直到它射中東西或時間用完為止。若它打中某件東西，這件被打中的物件要能接受損傷，而且雷射光要能將資訊傳給該物件才行。

我們可以用一個帶有碰撞器並能以固定速率往前移動（如砲艇那樣）的物件來實作它。雷射光束可以用幾種不同的方式來實作——製作一個飛彈的 3D 模型、製作一個粒子特效或製作一個外形（sprite）。你可以自行決定實作的方式，只要不影響到遊戲中雷射光實際的行為即可。

在本章中，我們將使用*拖曳渲染器*（*trail renderer*）來呈現雷射光束。拖曳渲染器會在其移動的軌跡上產生拖曳特效，這種拖曳特效最後會消失。具有這種特性讓它特別適合用來表示移動中的物件，如擺動或彈射式的飛行。

我們將用比較簡單的方式來製作雷射光束的拖曳渲染器：它會拖出一條細紅線，然後愈來愈細。因為雷射光束總是會往前飛，這種方式將呈現出一種好看的類「爆裂閃光（blaster bolt）」特效。

雷射光束的非圖形組件將使用**運動學剛體**（*kinematic rigidbody*）來實作。通常，剛體對施於其上的力會有回應：重力會將它們往下拉，而且當其他剛體撞上它們的時候，根據牛頓的第一運動定律，它們的速度會有所改變。不過，我們並不需要讓雷射光束被以這種方式彈開。要讓 Unity 忽略掉剛體任何施加於其上的力，同時還可以讓剛體與其他物件產生碰撞的話，你要將剛體設定成是**運動學**（*kinematic*）式的。

你大概會問為何我們要使用剛體來製作雷射光束？畢竟，砲艇並沒有使用，為何雷射光束要用呢？

這是 Unity 的物理引擎所造成的。碰撞只會發生在碰撞物件中至少有一個內含有剛體的時候；因此，為確保雷射光束在碰觸到其他物件時，能作出反應，我們要將剛體附掛在其上，並設定其**運動學**（*kinematic*）屬性。

我們現在就開始來製作雷射光束物件，並設定好它的碰撞屬性。之後，會再在其上加進 Shot 程式碼，負責讓雷射光束以固定的速度往前飛。

1. **製作雷射光束**。製作一個新的空遊戲物件，並將其命名為 "Shot"。

   將一個剛體組件加進該物件，確認已將 Use Gravity 關閉，而 Is Kinematic 開啟。

   將一個球型碰撞器加進該物件，將其半徑設定成 0.5，確認其中心點是（0,0,0），且 Is Trigger 設定應該要開啟。

2. **加進 *Shot* 腳本**。製作一個新的 C# 腳本，命名為 Shot，並將其加進該物件。打開 *Shot.cs*，加入下列程式碼：

```
// 以固定速度往前移動，經過特定時間後須消失。
public class Shot : MonoBehaviour {

    // 雷射光束前移的速度
    public float speed = 100.0f;

    // 在這麼多秒之後，將這個物件移除。
    public float life = 5.0f;

    void Start() {
        // 'life' 秒後銷毀
        Destroy(gameObject, life);
```

```
  }

  void Update () {
    // 以固定速度往前移
    transform.Translate(
      Vector3.forward * speed  * Time.deltaTime);
  }
}
```

Shot 的程式碼相當簡單，其著重在二件工作上：確認在一段時間後，雷射光束會消失，而且在這段時間內光束會一直往前移。

Destroy 方法通常只搭配一個參數來使用，即你要從遊戲中移除的物件。不過，你也可以傳進選用的第二個參數，即幾秒後要銷毀這個物件。Destroy 在 Start 方法中被叫用，傳入 life 變數，讓 Unity 在 life 秒後，銷毀這個物件。

Update 函式直接使用 transform 的 Translate 方法，以固定的速度把物件往前移。將 Vector3.forward 值乘上 speed 值後，再乘上 Time.deltaTime，物件就會在每個影格中以固定的速度往前移。

接下來，我們把雷射光束的圖形加進來。如之前所提過的，我們將使用拖曳渲染器來產生雷射光束的視覺特效。拖曳渲染器使用一種材質來定義拖曳特效的外觀，也就是說，我們要製作材質。

材質可以是你中意的任何樣式，不過，為了讓遊戲的外觀與質感（look and feel）保持簡單，我們會使用一種純色、不發亮的紅色來製作。

1. 製作新材質。將之命名為 "Shot"。

2. 更新著色器。要將這個拖曳特效作成純色，而且沒有任何光照的話，要將此材質的著色器設定成 Unlit/Color。

3. 設定顏色。更改材質的著色器後，材質用的參數將會變成一個單一參數，也就是要使用的顏色。將它改成明亮好看的紅色。

材質製作完成後，我們就可以在拖曳渲染器中使用它。

1. 製作 Shot 的圖形物件。製作一個新的空物件，將之命名為 "Graphics"，將它設定為 Shot 的子物件，並將其位置設定成（0,0,0）。

2. 製作拖曳渲染器。在 Graphics 物件中，加入一個新的 Trail Renderer 組件。

   加好後，Cast Shadows、Receive Shadows 與 Use Light Probes 都應該要關掉。

   接著，將 Time 設定成 0.05，Width 設定成 0.2。

3. 將拖曳尾巴往端點這邊調窄。在曲線區（在 Widthg 欄位下方）中雙按滑鼠，會出現一個新的控制點。將這個新控制點拖放到曲線區的右下方。

4. 套用 *Shot* 材質。打開 Materials 列表，將剛做好的 Shot 材質拖進來。

   做好之後，拖曳渲染器的 Inspector 看來如圖 11-1。

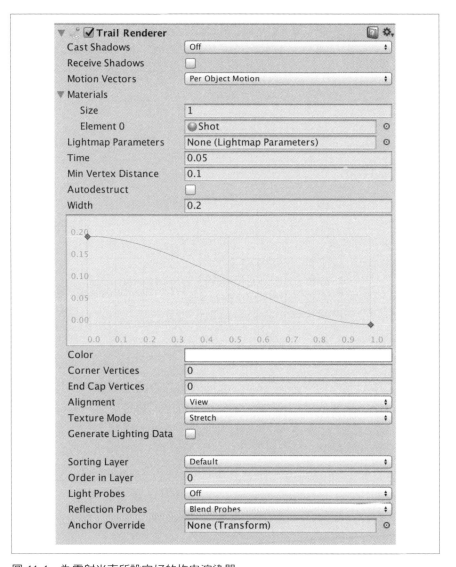

圖 11-1　為雷射光束所設定好的拖曳渲染器

Shot 物件還沒有做完：還沒有辦法測試砲艇武器的發射
（目前還沒有），我們很快地就會把它加進來。

還剩下最後一步——將 Shot 變成預製物件：

1. 將 *Shot* 物件從場景上拖放進 *Objects* 資料夾。這將把 Shot 轉成預製物件。

2. 刪除場景中的 *Shot*。

接下來，我們要製作負責發射武器的物件。

砲艇的武器

當玩家要開始發射砲艇配備的雷射砲時，我們需要有物件負責將 Shot 物件實際產生出來。砲艇發射雷射砲的方法比單純的按一次 Fire 鈕產生一個 Shot 要稍微複雜一些；而且，我們要在 Fire 鈕一直被按著的時候，讓砲艇開始以固定的速率射出雷射光來。

此外，我們也需要指定雷射光束由何處射出。由砲艇的概念圖（圖 9-3）中可看出，二側機翼上各有一門雷射砲，也就是說雷射光束應由二門砲口射出。

在這裡，我們要決定雷射光束如何發射。可以共時發射二門雷射砲，也可以交替地先發射左邊的那一門，再發射右邊的這一門。在這個遊戲中，我們是以交替的方式來進行，因為這樣可以讓雷射光束的發射很流暢——不過這件事，不要光只聽我們的！用不同的模式來發射雷射光，觀察砲艇會不會有不一樣的感覺。

武器的發射將由 ShipWeapons 腳本控制。這個腳本將運用前段所製作的雷射光束預製物件，以及其內存放 Transform 物件的陣列（array）；當武器發射時，它會開始在每一個 Transform 物件的位置上，輪流產生雷射光束的子物件。進行到 Transform 陣列的結尾時，則返回其起點。

1. 在砲艇中加進 *ShipWeapons* 腳本。選取砲艇，加入一個新的 C# 腳本，將之命名為 *ShipWeapons.cs*，接著將下列程式碼，加進其中：

   ```
   public class ShipWeapons : MonoBehaviour {

       // 每一次發射所需的預製物件
       public GameObject shotPrefab;

       // 將發射雷射光束的位置列表
   ```

```
public Transform[] firePoints;

// firepoint 的索引，存放著下次要發射的雷射光束。
private int firePointIndex;

// 由 InputManager 叫用
public void Fire() {

  // 若找不到可發射的點，則返回。
  if (firePoints.Length == 0)
    return;

  // 計算要從哪一點發射
  var firePointToUse = firePoints[firePointIndex];

  // 在發射點上以其旋轉值產生新雷射光束
  Instantiate(shotPrefab,
    firePointToUse.position,
    firePointToUse.rotation);

  // 移到下一個發射點上
  firePointIndex++;

  // 若已到了佇列結尾，則返回起點。
  if (firePointIndex >= firePoints.Length)
    firePointIndex = 0;

}

}
```

ShipWeapons 腳本會追蹤將在其上一點（firePoints 變數）發射雷射光束的位置列表，以及代表每一次雷射光束的預製物件。此外，它會追蹤下一次的發射應該在何處產生（firePointIndex 變數）；當 Fire 按鈕被按下時，雷射光束就會出現在一個發射點上，接著 firePointIndex 就會被更新，指向下一個發射點。

2. 製作雷射光束發射點。製作一個新的空遊戲物件，將之命名為 "Fire Point 1"。將它設定成是 Ship 物件的子物件，接著按 Ctrl-D（Mac 上則按 Command-D），這樣就能產生出另一個叫作 "Fire Point 2" 的空物件。

將 Fire Point 1 的位置設定成（-1.9, 0, 0），置於砲艇左側。

將 Fire Point 2 的位置設定成（1.9, 0, 0），置於砲艇右側。

設定好後，Fire Point 1 與 Fire Point 2 的位置如圖 11-2 與 11-3 所示。

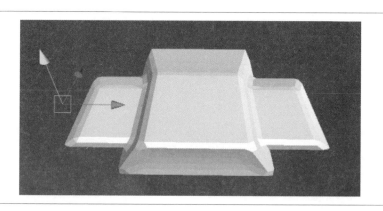

圖 11-2　Fire Point 1 的位置

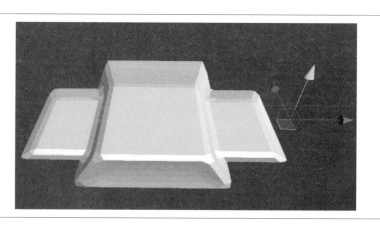

圖 11-3　Fire Point 2 的位置

3. 設定 *ShipWeapons* 腳本。將之前做好的 Shot 預製物件拖放到 ShipWeapons 的 Shot Prefab 槽中。

接著，我們要將二個 Fire Point 物件加進 Ship Weapons 腳本中。你可以將 Fire Points 陣列的大小設定成 2，然後再個別將二個物件拖放進去，不過，有一種比較快的方法可以用。

選取 Ship，點按 Inspector 右上角的鎖，如此可將 Inspector 鎖住，也就是說，當你選取另一個物件時，在 Inspector 中所顯示的物件不會被改變。

接下來，在 Hierarchy 中點按 Fire Point 1 後，按著 Ctrl（Mac 上則按 Command），然後再點按 Fire Point 2，將二個 Fire Point 物件選取起來。

接著，將二個物件拖放到 ShipWeapon 的 Fire Points 槽上。要確認將之拖到 "Fire Point" 的文字上（不是在其下），否則是沒有作用的。

> 這種技巧適用在腳本中的任何陣列變數上。它可以讓你省下不少拖放（dragging and dropping）的操作。要注意的是，從階層中將物件拖放到陣列上時，物件的順序可能會不同。

4. 解鎖 *Inspector*。至此，你已設定好 Ship Weapons 腳本，點按右上角的鎖頭圖示，解鎖 Inspector。

> 在這個遊戲中，砲艇只有二個發射點，不過腳本能支援更多的發射點。如果要試試看的話，你可以再多加一些發射點進去——只要將它們設定成 Ship 物件的子物件，並將它們加進 Inspector 中的 Fire Points 列表中即可。

接下來，我們要把 Fire 按鈕加進遊戲的介面中，按了這個按鈕就可以發射武器。

發射按鈕

我們現在要加進一個按鈕，當玩家碰觸到這個按鈕時，砲艇會開始發射雷射光束，手指離開按鈕時，則停止發射。

遊戲當中只會有一個 Fire 按鈕，不過可能有好幾架砲艇。也就是說，我們不能把 Fire 按鈕直接掛在砲艇下，我們需要在 Input Manager 中新增支援，讓它能處理 ShipWeapons 腳本的幾個實體（instances）。

Input Manager 處理這個問題的方式是：因為遊戲中，同一時間點，只會有一架砲艇，也只會有一個 ShipWeapons 實體。當一個 ShipWeapons 腳本出現時，它會與 InputManager 單體聯繫，並通知該單體說，它是目前使用的 ShipWeapons 腳本。InputManager 會記住它，將它當作是發射系統的一部份。

最後，Fire 按鈕會連接到 Input Manager 物件上，並且在 Fire 鈕被按住時，傳送 "firing started" 訊息，而在按鈕被釋放時，會傳送 "firing stopped" 訊息。Input Manager 就會將這些訊息轉送給目前的 ShipWeapons 腳本，雷射光束就會發射出去。

> 發射功能的另一種作法是使用 FindObjectOfType 方法。這個方法會在所有物件中搜尋符合某一類型的組件（component），並傳回第一個找到的物件。透過 FindObjectOfType，你並不需要讓一個物件將本身註冊（register）成目前使用的物件，但要付出代價：FindObjectOfType 執行起來慢，因為它需要檢查場景中每一個物件下的每一個組件。它可以不斷地使用，但你不應該在每一個影格中都使用它。

首先，我們要在 InputManager 類別中加進能追蹤目前 ShipWeapons 實體的支援；然後在 ShipWeapons 中加入程式碼，讓它出現時，可註冊成目前的實體，而當這個組件被移除時（如砲艇被摧毀），可取消註冊。

我們要將 ShipWeapons 的管理程式碼加進 Input Manager 類別中：

```
public class InputManager : Singleton<InputManager> {

    // 用來為砲艇轉向的搖桿
    public VirtualJoystick steering;

    // 二次發射間的延遲，以秒為單位。
    public float fireRate = 0.2f;

    // 目前能發射的 ShipWeapons 腳本
    private ShipWeapons currentWeapons;

    // 若值為真，表目前正發射武器。
    private bool isFiring = false;

    // 由 ShipWeapons 呼叫，以更新 currentWeapons 變數。
```

```
>    public void SetWeapons(ShipWeapons weapons) {
>      this.currentWeapons = weapons;
>    }
>
>    // 同樣地；可被叫用以重設 currentWeapons 變數。
>    public void RemoveWeapons(ShipWeapons weapons) {
>
>      // 若 currentWeapons 物件是 'weapons'，則將之設成 null。
>      if (this.currentWeapons == weapons) {
>        this.currentWeapons = null;
>      }
>    }
>
>    // 玩家碰觸 Fire 按鈕時會被叫用
>    public void StartFiring() {
>
>      // 啟動開始射擊的程序
>      StartCoroutine(FireWeapons());
>    }
>
>    IEnumerator FireWeapons() {
>
>      // 將自己標示成射擊出去的雷射光束。
>      isFiring = true;
>
>      // 當 isFiring 值為真時，迴圈就持續執行。
>      while (isFiring) {
>
>        // 若目前有 weapons 腳本，則通知它發射！
>        if (this.currentWeapons != null) {
>          currentWeapons.Fire();
>        }
>
>        // 在發射下一發雷射時，等 fireRate 秒。
>        yield return new WaitForSeconds(fireRate);
>
>      }
>
>    }
>
>    // 玩家不再碰觸 Fire 按鈕時叫用
>    public void StopFiring() {
>
>      // 將此值設成 false，FireWeapons 中的迴圈就會停止。
>      isFiring = false;
>    }
>
>  }
```

這段程式碼會追蹤目前負責從砲艇發射雷射光束的 ShipWeapons 腳本。當 ShipWeapons 腳本被建立或銷毀時，會叫用 SetWeapons 與 RemoveWeapons 方法。

當 StartFiring 方法被叫用時，新的協程（coroutine）會啟動，叫用 ShipWeapons 組件上的 Fire 以發射雷射，然後等待 fireRate 秒。當 isFiring 的值為真時，執行迴圈；當 StopFiring 方法被叫用時，isFiring 的值會被設定成假。當玩家開始或停止碰觸我們待會兒要設定的 Fire 按鈕時，StartFiring 與 StopFiring 方法會分別被叫用。

我們接著要加入與 InputManager 通訊的程式碼到 ShipWeapons 中，將底下的方法加到 ShipWeapons 類別中：

```
public class ShipWeapons : MonoBehaviour {

    // 在每一次發射所使用的預製物件
    public GameObject shotPrefab;

>   public void Awake() {
>       // 當這個物件啟動時，會通知輸入管理器將它設成目前的武器物件。
>       InputManager.instance.SetWeapons(this);
>   }
>
>   // 當物件被移除時叫用
>   public void OnDestroy() {
>       // 若不是正在玩遊戲，不能做這個設定。
>       if (Application.isPlaying == true) {
>           InputManager.instance
>               .RemoveWeapons(this);
>       }
>   }

    // 發射點位置列表
    public Transform[] firePoints;

    // 下一次發射點 firePoints 的索引
    private int firePointIndex;

    // 由 InputManager 叫用
    public void Fire() {

        // 若沒有發射點可用，則返回。
        if (firePoints.Length == 0)
            return;
```

```
// 找出發射用的發射點
var firePointToUse = firePoints[firePointIndex];

// 在發射點的位置上，以其旋轉值產生新的雷射光束。
Instantiate(shotPrefab,
  firePointToUse.position,
  firePointToUse.rotation);

// 移到下一個發射點
firePointIndex++;

// 若移超過列表中的最後發射點，
// 則移回佇列的開頭。
if (firePointIndex >= firePoints.Length)
  firePointIndex = 0;

  }

}
```

砲艇製作好了之後，ShipWeapons 腳本的 Awake 方法現在已可存取 InputManager 單體，並將自己註冊成是目前的武器腳本。當該腳本被銷毀時——在砲艇碰撞到我們稍後會加入的隕石時——OnDestroy 方法會讓輸入管理器將這支腳本解除註冊。

注意到 OnDestroy 方法如何在繼續執行下去之前，檢查 Application.isPlaying 之值是否為真的方式了嗎？之所以這樣做的原因是，當你在編輯器中停止播放遊戲時，所有物件都會被銷毀，而且連帶地，所有具 OnDestroy 方法的腳本，都會被這個方法叫用到。不過，這樣了做會產生一個問題，即要求 InputManager.singleton 會因為遊戲已經結束且該物件也已經被銷毀而產生錯誤。

為了解決這個問題，我們要先檢查 Application.isPlaying 的值。要 Unity 停止播放遊戲後，這個值會是假的，如此可完全避免叫用 InputManager.singleton 可能產生的問題。

我們要開始製作能要求輸入管理器開始或停止發射的 Fire 按鈕了。因為我們需要通知輸入管理器按鈕開始被按住或放開，所以不能使用預設的按鈕行為，預設的行為只會在「點按」（手指放下然後再抬起）後傳出訊息。我們需要用 Event Trigger，在 Point Down 與 Point Up 事件發生時分別傳遞出訊息。

首先，我們要製作按鈕，再將它擺好。開啟 GameObject 選單，並選取 UI → Button，製作一個新按鈕，並將其命名為 "Fire Button"。

點按 Inspector 左上角 Anchor 按鈕，將錨點與軸點設定到右下角，按著 Alt 鍵（Mac 則按 Option）並點按右下角的選項。

接著，將按鈕的位置設成（-50, 50, 0），把按鈕放在畫布的右下角。按鈕的寬與高則設定成 160。

將按鈕 Image 組件的 Source Image 設成 Button 外形，Image Type 則設定成 Sliced。

選取 Fire Button 的 Text 子物件，將其文字設成 "Fire"。將其字體設定成 CRYSTAL-Regular，其 Fone Size 設定成 28。對齊方式（alignment）則設定成垂直與水平方向置中。

最後，點按 Color 欄位將 Fire 按鈕的顏色設定成淡青色（light cyan），並在 Hex Color 欄位中，輸入 3DFFD0FF（圖 11-4）。

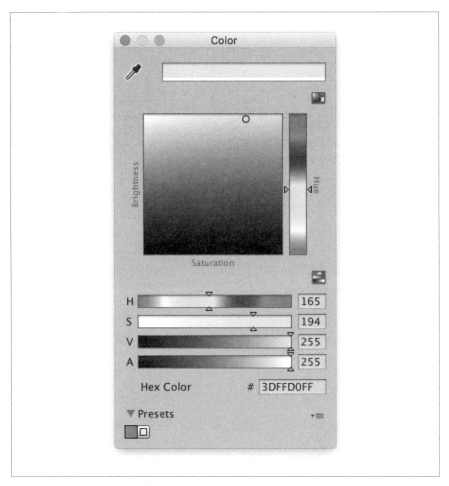

圖 11-4　設定發射按鈕標籤的顏色

設定好了之後，按鈕看來應如圖 11-5。

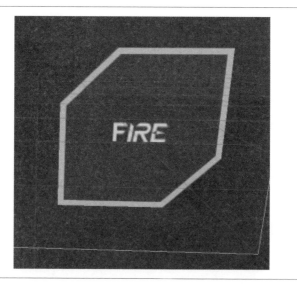

圖 11-5　發射按鈕

現在開始要依照我們的需要設定按鈕的行為：

1. 設定移除 *Button* 組件。選取 Fire Button 物件，點按 Button 組件右上角的設定圖示，再點按 Remove Component.

2. 加入 *Event Trigger* 以及 *Point Down* 事件。加入一個新的 Event Trigger 組件，並點按 Add Event Type。在出現的選單中選取 "PointerDown"。

   新的事件會出現在列表中，裡頭包含物件列表與當指標碰觸按鈕時（即玩家開始碰觸 Fire 按鈕時）將執行的方法。在預設的情況下，這邊是空的，所以你需要加入新的標的。

3. 設定 *Pointer Down* 事件。點按 PointerDown 列表底端的 + 鈕，會有一個新項目出現在列表中。

   將 Input Manager 物件從 Hierarchy 中拖放到這個槽中。接下來，將方法自 "No Function" 改成 "InputManager → StartFiring"。

4. 加入並設定 *Pointer Up* 事件。接著你需要加入用來處理玩家手指頭離開螢幕的事件。再點按 Add Event Type，選取 "PointerUp"。

以與 PointDown 同樣的方式來設定這個事件，但方法要叫用的是
InputManager 的 "StopFiring"。

設定完成後，Inspector 看來應如圖 11-6。

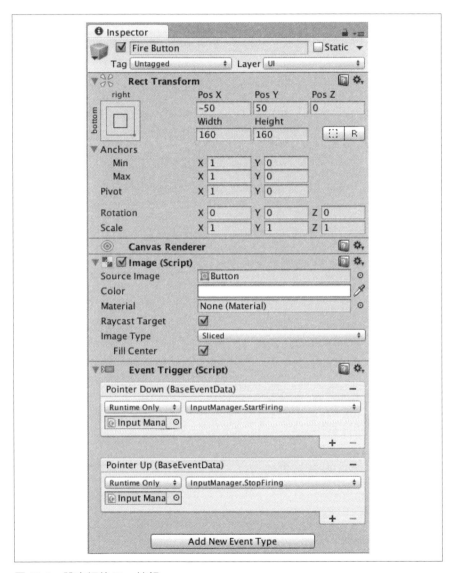

圖 11-6　設定好的 Fire 按鈕

5. 測試 *Fire 按鈕*。試玩遊戲。按下 Fire 按鈕時，雷射光束會顯現！

目標準星

至此，還沒有一個明確的方法可供玩家瞭解自己是對準哪裡在發射雷射光束。因為鏡頭與砲艇都可以旋轉，要正確的錨準目標，還真的不太容易。要修正這個問題，我們要用之前做好的指示器系統在畫面上將目標準星顯示出來。

我們要製作一個新物件，像 Space Station 那樣，讓 Indicator Manager 在畫面上產生出指示器來追蹤其位置。這個物件是砲艇的隱形子物件，將之安排在砲艇前，離砲艇有一點距離的位置上。這就可以讓指示器將自己放在玩家目前所瞄準的位置上。

最後，這個指示器應該要有一個特殊的圖示，如此才能清晰地代表準星。*Targer Reticle.psd* 影像內含一個十字圖示，用它來做準星，再恰當不過。

1. 製作 *Target 物件*。將此物件命名為 "Target" 並設定成砲艇的子物件。

2. 置放 *Target*。將 Target 物件的位置設定在（0, 0, 100）。如此可讓準星與砲艇間保持一點距離。

3. 加入 *ShipTarget 腳本*。在 Target 物件中加入一段新的 C# 腳本，將之命名為 *ShipTarget.cs*，並於其中加入下列程式碼：

```
public class ShipTarget : MonoBehaviour {

    // 用來當目標準星的外形
    public Sprite targetImage;

    void Start () {

        // 註冊新指示器來追蹤這個物件，用黃色與自定外形來做。
        IndicatorManager.instance.AddIndicator(gameObject,
          Color.yellow, targetImage);
    }

}
```

ShipTarget 程式碼用 targerImage 變數來通知 Indicator Manager，讓它使用自定外形來顯示。也就是說，Target Image 槽還需要設定。

4. 設定 *ShipTarget* 腳本。將 "Target Reticle" 外形拖放到 ShipTarget 腳本上的 Target Image 槽。

5. 試玩遊戲。當你駕著砲艇飛來飛去的時候，目標準星應該會出現在砲艇所瞄準的地方。

本章總結

武器系統都已準備好了。你應該開著砲艇出去晃晃，體驗一下操作它的感覺。也許你會注意到，目前太空中還沒有任何目標存在；雖然這是太空很寫實的呈現，太空中絕大部份的空間並沒有許多東西存在，不過對遊戲而言，這太空洞了。請繼續看下去，我們會著手來解決這個問題。

第十二章

隕石與損壞處理

隕石

至目前為止，砲艇已能在太空中翱翔，畫面上有指示器，也具有能瞄準目標並發射雷射砲的能力。現在缺的就是能對著它發射雷射光束並將之摧毀的目標（太空站不算）。

現在是解決這個問題的時候了。我們會製作隕石，數量不需要很多，讓它們到處飛。此外，我們也要製作出能產生隕石並將它們往太空站扔的系統。

首先，讓我們將隕石的雛型做出來。隕石由二種物件組成：一是內含碰撞器與所有邏輯之高階且抽象的物件，另一是「圖形（graphics）」物件，讓玩家能看到隕石的物件。

1. 製作物件。製作一個新的空遊戲物件，並將之命名為 "Asteroid"。

2. 在其中加入隕石模型。在 *Models* 資料夾中找到 Asteroid 模型。將 Asteroid 物件拖放到剛製作好的物件上，將這個新的子物件命名為 "Graphics"。重新設定 Graphics 物件之 Transform 組件的位置，將它的位置設定成（0, 0, 0）。

3. 在 *Asteroid* 物件中加進剛體與球型碰撞器。可別將它加到 Graphics 物件上。

將它們加進去之後，把剛體上的重力（gravity）關掉，設定球型碰撞器的半徑為 2。

4. **加進 *Asteroid* 腳本。** 加入新的 C# 腳本到 Asteroid 遊戲物件上，將之命名為 *Asteroid.cs*，並在其中加入下列程式碼：

```csharp
public class Asteroid : MonoBehaviour {

    // 隕石移動的速度
    public float speed = 10.0f;

    void Start () {
        // 設定剛體的速度
        GetComponent<Rigidbody>().velocity
            = transform.forward * speed;

        // 為隕石製作紅色指示器
        var indicator = IndicatorManager.instance
            .AddIndicator(gameObject, Color.red);

    }

}
```

這段 Asteroid 的腳本很簡單：當物件出現時，會有一個「前向」力套用在該物件的剛體上，讓它往前移。此外，指示器管理器會被通知，要在螢幕上為這個隕石加上新的指示器。

 你會看到一個警告訊息，指出 indicator 變數正被寫入而不是讀取。這沒有關係——它並不會造成遊戲的問題。稍後我們會再加一些程式碼來使用這個 indicator 變數，那時這個警告就會消失。

設定好之後，Asteroid 的 Inspector 看來應如圖 12-1。

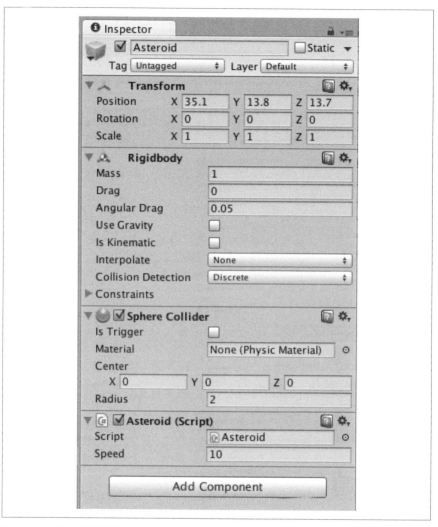

圖 12-1　設定好的隕石

設定好後，物件外觀看起來應像圖 12-2。

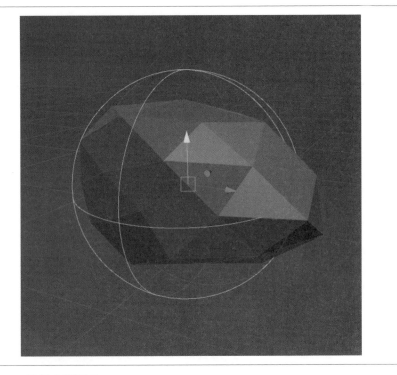

圖 12-2　遊戲中的隕石

5. 測試隕石。啟動遊戲，看一下隕石的外觀。它應該會往前移動，而在螢幕上也會看到指示器！

隕石產生器

現在隕石已經可正常運作了，接著要做的是*隕石產生器*（*asteroid spawner*）。這個物件用來週期性地產生隕石物件，並讓它們往所瞄準的目標飛行。這些隕石將從一個隱形球體表面隨機挑選出的位置上產生出來，然後瞄準遊戲中的一個物件，將「前行（forward）」方向設定成往該物件的方向。此外，隕石產生器將運用 Unity 可在場景面板中顯示額外資訊的 "Gizmos" 功能，把隕石將於其上出現的空間範圍（volume）顯示出來。

首先，要將之前做好的隕石雛型轉成預製物件，然後再製作並設定 Asteroid Spawner。

1. **製作隕石的預製物件**。將 Asteroid 物件從 Hierarchy 拖放到 Project 面板中，這將產生一個該物件的預製物件。接著，將場景中的 Asteroid 刪除。

2. **製作 *Asteroid Spawner***。製作一個新的空遊戲物件，將之命名為 "Asteroid Spawner"，其位置設定成（0, 0, 0）。

接著，加入新的 C# 腳本檔，檔名設成 *AsteroidSpawner.cs*，在其中加入下列程式碼：

```csharp
public class AsteroidSpawner : MonoBehaviour {

    // 生產區的半徑
    public float radius = 250.0f;

    // 要產生的隕石
    public Rigidbody asteroidPrefab;

    // 生產時間間隔為 spawnRate ± variance 秒
    public float spawnRate = 5.0f;
    public float variance = 1.0f;

    // 隕石要瞄準的目標
    public Transform target;

    // 若其值為假，則停止生產。
    public bool spawnAsteroids = false;

    void Start () {
        // 立即啟動製作隕石的生產協程
        StartCoroutine(CreateAsteroids());
    }

    IEnumerator CreateAsteroids() {

        // 無限循環迴圈
        while (true) {

            // 計算下一個隕石何時該產生
            float nextSpawnTime
                = spawnRate + Random.Range(-variance, variance);
```

```
    // 經過這段時間之後
    yield return new WaitForSeconds(nextSpawnTime);

    // 而且還要等到物理系統要開始更新的時候
    yield return new WaitForFixedUpdate();

    // 製作隕石
    CreateNewAsteroid();
  }

}

void CreateNewAsteroid() {

  // 若目前不需產生隕石，則退出。
  if (spawnAsteroids == false) {
    return;
  }

  // 隨機在球體表面選取一點
  var asteroidPosition = Random.onUnitSphere * radius;

  // 照物件的大小進行縮放
  asteroidPosition.Scale(transform.lossyScale);

  // 並以隕石產生器的位置調整偏移值
  asteroidPosition += transform.position;

  // 產生新的隕石
  var newAsteroid = Instantiate(asteroidPrefab);

  // 將它放在剛計算出的點上
  newAsteroid.transform.position = asteroidPosition;

  // 讓它對準目標
  newAsteroid.transform.LookAt(target);
}

// 當產生器物件被選取時，由編輯器叫用
void OnDrawGizmosSelected() {

  // 我們要畫出黃色的東西
  Gizmos.color = Color.yellow;

  // 通知 Gizmos 工具箱使用目前的位置與大小
  Gizmos.matrix = transform.localToWorldMatrix;
```

```
        // 畫出代表生產區域的球體
        Gizmos.DrawWireSphere(Vector3.zero, radius);
    }

    public void DestroyAllAsteroids() {
        // 移除遊戲中的所有隕石
        foreach (var asteroid in
          FindObjectsOfType<Asteroid>()) {
          Destroy (asteroid.gameObject);
        }
    }
}
```

AsteroidSpawner 腳本使用 CreateAsteroids 協程（coroutine），以叫用 CreateNewAsteroid 延遲一段時間，然後再重複這個過程的方式，持續製作出新的隕石物件。

此外，OnDrawGizmosSelected 方法會在其被選取時，顯示出一個球體線框（wireframe）。這個球體代表隕石的產生位置：它們從球體表面產生，然後往目標飛去。

3. 將隕石產生器調扁。將 Asteroid Spawner 的 Scale 調成（1，0.1，1）。這樣做的結果會讓隕石出現在目標周圍的圓圈上，而不是在球面上（圖 12-3）。

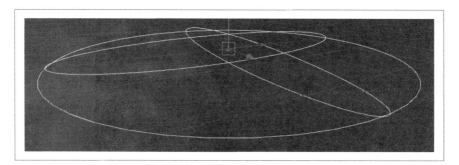

圖 12-3　Scene View 中的 Asteroid Spawner

4. 設定 *AsteroidSpawner*。將你剛做好的 Asteroid 預製物件拖放到 Asteroid Prefab 槽上，並將 Space Station 物件拖放到 Target 槽上。把 Spawn Asteroids 打開。

5. 測試遊戲。Asteroids 會開始出現，並往太空站移動！

損壞產生與處理

你的砲艇現在可以在太空站周圍繞來繞去，所有的隕石也都已經會往太空站飛來，不過，你發射的雷射光束還無法產生什麼效果。我們要加上能造成損害並對損害作出反應的能力。

「損壞（Damage）」，在這個遊戲中，表示某些物件有「生命值（hit points）」，即代表其健康度的數字。若一個物件的生命值減少至 0，則該物件會被移除。

某些物件可以處理傷害，而某些物件則會造成傷害。某些物件則具備這二種能力，如隕石──它們能接受到被雷射光束打到的傷害，它們也可以在撞擊其他物件時，如太空站，在其上造成傷害。

要實作這些功能，我們需要另外再製作二段腳本：即 DamageTaking 與 DamageOnCollide。

- DamageTaking 腳本會維護其附掛上去之宿主的剩餘生命值，並且在生命值歸零時，將物件移除。DamageTaking 也有一個公開的方法，TakeDamage，讓其他物件叫用，將損害套用到其上去。

- DamageOnCollide 腳本會在其與其他物件碰撞時執行程式，或進入到觸發器區域（trigger area）中。若它所碰撞的物件帶有 DamageTaking 組件，則 DamageOnCollide 腳本會叫用它的 TakeDamage 方法。

DamageOnCollide 腳本會被加到 Shot 與 Asteroid 中，而 DamageTaking 腳本則會被加到 Space Station 與 Asteroid 中。

讓我們開始進行設定，讓隕石能接受到傷害：

1. 加入 *DamageTaking* 腳本到隕石中。選取在 Project 窗格中的 Asteroid 預製物件，在其上加入一段新的 C# 腳本，將之命名為 *DamageTaking.cs*，並在其中加入下列程式碼：

   ```
   public class DamageTaking : MonoBehaviour {

       // 這個物件所擁有的生命值
       public int hitPoints = 10;

       // 若我們被摧毀了，則在目前位置上再產生出一個。
       public GameObject destructionPrefab;
   ```

```
// 這個物件被摧毀後，是否該結束遊戲？
public bool gameOverOnDestroyed = false;

// 由其他物件叫用（如 Asteroids 與 Shots），以接受傷害。
public void TakeDamage(int amount) {

  // 回報被擊中
  Debug.Log(gameObject.name + " damaged!");

  // 生命值減少 amount 點
  hitPoints -= amount;

  // 陣亡了嗎？
  if (hitPoints <= 0) {

    // 記錄下來
    Debug.Log(gameObject.name + " destroyed!");

    // 將本身移除
    Destroy(gameObject);

    // 有解構預製物件可用嗎？
    if (destructionPrefab != null) {

      // 以目前旋轉值在目前位置上重新產生
      Instantiate(destructionPrefab,
        transform.position, transform.rotation);
    }

  }

}

}
```

DamageTaking 腳本只會追蹤這個物件的生命值，並提供一個方法讓其他物件叫用，以產生損害。若生命值已降低至 0 或比 0 還低，該物件就會被銷毀，而且若其具有解構預製物件（如我們將在 258 頁「爆炸」中加進來的爆炸），則解構物件會被產生出來。

2. 設定 *Asteroid*。將隕石的 Hit Points 變數設成 1。這讓隕石很容易就可被摧毀。

接著,我們要製作 Shot 物件,讓被它碰到的物件都會受到損傷。

3. **在雷射光束上加進 *DamageOnCollide* 腳本**。選取 Shot 預製物件,加入一段新的 C# 腳本,將之命名為 "DamageOnCollide.cs",並在其中加入下列程式碼:

```csharp
public class DamageOnCollide : MonoBehaviour {

    // 碰撞時所要產生的損害值
    public int damage = 1;

    // 碰接時自身所產生的損害值
    public int damageToSelf = 5;

    void HitObject(GameObject theObject) {
        // 可能的話,讓碰到的物件產生損害。
        var theirDamage =
            theObject.GetComponentInParent<DamageTaking>();
        if (theirDamage) {
            theirDamage.TakeDamage(damage);
        }

        // 可能的話,讓自身產生損害。
        var ourDamage =
            this.GetComponentInParent<DamageTaking>();
        if (ourDamage) {
            ourDamage.TakeDamage(damageToSelf);
        }
    }

    // 有任何物件進入觸發區嗎?
    void OnTriggerEnter(Collider collider) {
        HitObject(collider.gameObject);
    }

    // 有碰撞到物件嗎?
    void OnCollisionEnter(Collision collision) {
        HitObject(collision.gameObject);
    }
}
```

DamageOnCollide 腳本也非常簡單；若它偵測到碰撞，或者有物件與該物件的觸發碰撞器（trigger collider）重疊（此處指的是砲艇）時，則 HitObject 方法會被叫用，它會判斷撞上的物件是否具有 DamageTaking 組件。若有，則該組件的 TakeDamage 方法會被叫用。此外，我們也會在目前物件上，做同樣的處理；之所以這麼做的原因是，若一個隕石撞到太空站，除了要讓太空站接受到損害之外，也要將隕石銷毀。

4. 測試遊戲。駕砲艇到處繞，往幾個隕石發射雷射光束看看。若有隕石被雷射光束打中，隕石應該會消失才對。

接著，我們要讓太空站能被破壞才行。

5. 將 *DamageTaking* 加入 *Space Station*。選取 Space Station，加入 DamageTaking 腳本組件。

開啟 Game Over On Destruction 選項。目前這還沒有什麼功用，稍後我們會在太空站被摧毀時，用它來讓遊戲結束。

設定好之後，Space Station 的 Inspector 看來應像圖 12-4。

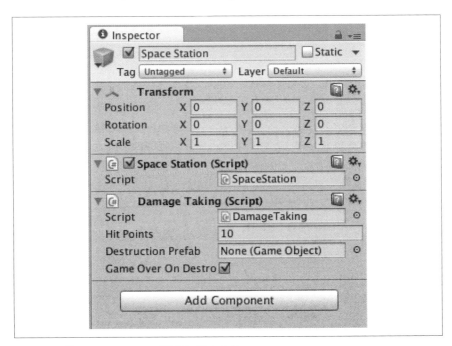

圖 12-4　將 DamageTaking 腳本加進太空站

爆炸

當一個隕石被摧毀後，它直接消失。這不太能令人接受——隕石應該要消失在爆炸當中才對。

使用粒子特效來製作爆炸是一種滿好的處理方式。粒子特效適用在要讓每個元素看來都很自然且很隨機的場合。用在煙、火、風以及（當然）爆炸上，效果都很棒。

本遊戲中的爆炸由二種粒子特效所組成。第一種粒子特效會製造出一開始的明亮閃光。第二種特效則產生一些最後淡出的煙塵。

運用粒子特效時，首重資源的安排調配，尤其是，你要知道所套用的粒子特效是否需要自定的材質，或者使用預設的粒子材質即可。預設材質就只是模糊的圈圈，它適用於很多場合，不過，若你需要在特效中加進更多的材質，那就得自行製作自己的材質。

我們可以用預設的粒子材質來製作閃光，但我們也要自行為煙塵雲製作材質。雖然你可以使用許多預設粒子的細微實體來重建煙塵雲，但用一張煙塵的圖來製作，不但效果更好看，而且也可省下不少工夫。

1. 製作 *Dust* 材質。開啟 Asset 選單，選取 Create → Material。將這個新產生的材質命名為 "Dust"。

2. 設定材質。選取該材質，將其著色器改成 Particles/Additive。

   接著，將 Dust 紋樣拖放到 Particle Texture 槽中。

   在 Tint Color 槽上點按滑鼠鍵，並選取顏色，將顏色設定成半透明的深灰色。若你比較習慣輸入特定的顏色數值，請輸入（70, 70, 70, 190）。請參考圖 12-5 的設定範例。

   最後，將 Soft Particles Factor 設定成 0.8。

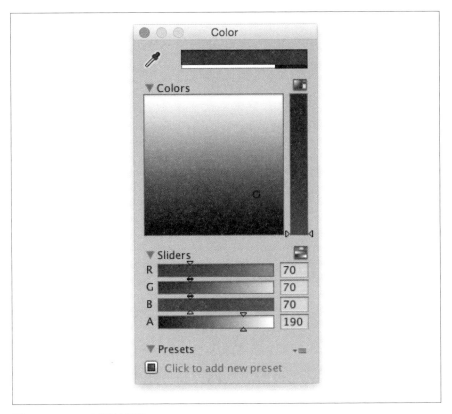

圖 12-5　Dust 材質的顏色

設定好了之後，材質的 Inspector 看來應如圖 12-6。

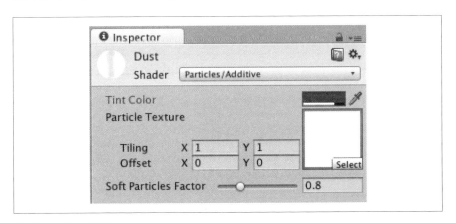

圖 12-6　Dust 材質

現在開始設定粒子系統。先為爆炸製作出空的容器物件,然後再進行二粒子系統的產生與設定工作。

1. **製作 Explosion 物件**。製作一個新的空物件,將其命名為"Explosion"。

2. **製作 Fireball 物件**。製作第二個空物件,將其命名為 "Fireball"。將這個物件設定成 Explosion 的子物件。

3. **為 Fireball 加入並設定粒子特效**。選取 Fireball,在其中新增一個 Particle Effect 組件。

   如圖 12-7 所示的值,為該粒子效果進行設定。

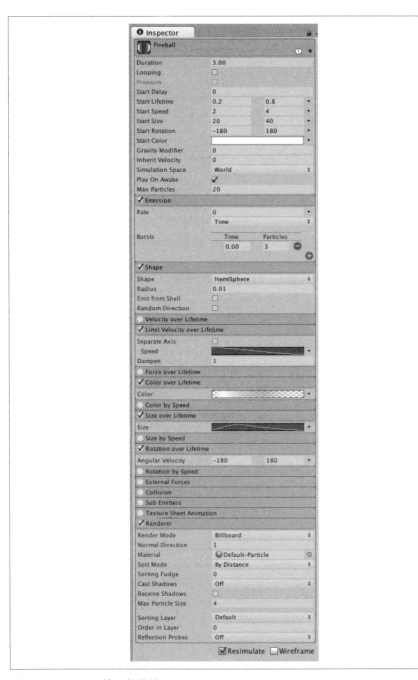

圖 12-7　Fireball 粒子效果的 Inspector

雖些這些參數大部份是你可以直接輸入的數值，有一些
項目還是需要說明：

- 存續期間的漸層顏色如圖 12-8

漸層的透明度值為：

- 0% 處為 0
- 12% 處為 255
- 100% 處為 0

顏色值是：

- 0% 處為 White
- 12% 處為 Light
- 57% 處為 Dark
- 100% 處為 White

存續期間的大小由 0 開始，在 35% 處則為 3，最後則調
回 0（圖 12-9）。

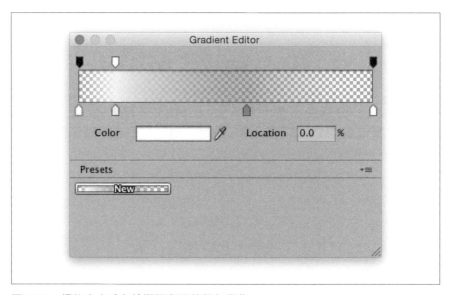

圖 12-8　爆炸中火球存續期間漸層的顏色變化

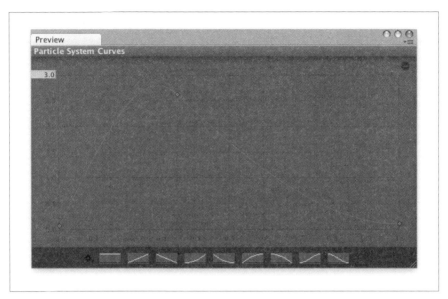

圖 12-9　爆炸中火球存續期間的大小變化曲線

Fireball 物件一開始會為爆炸特效產生短暫的閃光，接著才是我們現在要加進去的第二個特效，Dust 特效。

1. 製作 *Dust* 物件。製作一個空的遊戲物件，將其命名為 "Dust"，將這個物件設定成 Explosion 的子物件。

2. 加入並設定粒子系統。新增一個 Particle System 組件，按照圖 12-10 所示的值，為它進行設定。

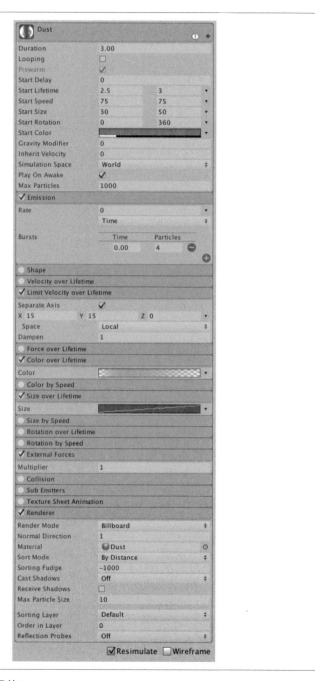

圖 12-10　Dust 粒子的 Inspector

某些設定並不能直接複製圖 12-10 的：

- Renderer 所使用的 Material 是剛做好的 Dust 材質。直接將它拖放到 Material 槽中。

- RGBA 的起始值是 [130, 130, 120, 45]。點按 Start Color 變數，將這些值輸入進去。

- 存續期間的大小是一條直線，從 0% 到 100%。

- 存續期間的顏色變化如圖 12-11 所示──顏色是固定的棕褐色，透明度的值由 0% 處的 0，到 14% 的 255，再到 100% 處的 0。

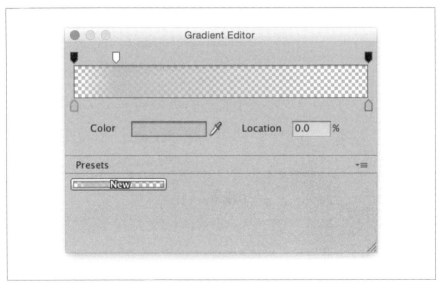

圖 12-11　爆炸煙塵粒子存續期間的顏色變化

至此就都設定好了。現在你可以將爆炸特效套用到隕石上了：

1. 將該物件轉換成預製物件。將 Explosion 物件拖放到 Project 窗格中，然後將其自場景上移除。

2. 讓隕石在被摧毀時使用這個爆炸特效。選取 Asteroid 預製物件，將 Explosion 拖放到 Destruction Prefab 槽中。

3. 測試遊戲。當你把隕石打下來時，它們會爆炸！

本章總結

現在隕石與損壞模型都已經做好了，我們又往前邁進了一步。在下一章中，我們會開始修飾遊戲，將它能提供更豐富、更完善的體驗。

第十三章

音訊、選單、陣亡與爆炸！

太空砲艇遊戲的核心部份已經做好了，不過遊戲還未完成。為了在 Unity 主要遊戲範圍外也能進行操作，你需要加進選單與其他的控制項（controls），讓玩家可以像應用程式那樣，在遊戲的各個部份中瀏覽。最後，我們會替換掉臨時代用的圖片，以高品質的 3D 模型與材質來呈現遊戲各部元件。

選單

至目前為止，要玩遊戲就只能點按編輯器的 Play 按鈕。一開始玩遊戲，你就要立即採取應變操作，若太空站被摧毀，你就得把遊戲停下來，重新再玩。

為了要提供使用者更多的遊戲訊息，我們需要加入選單。實際上，我們要加進一個特別且重要的按鈕："New Game"。若太空站被摧毀，我們需要提供方法，讓玩家可以重新再玩。

在遊戲中加入選單結構，可讓遊戲給人予完成度高的感覺。我們將加入 4 個組成選單的組件。

主選單

這個畫面呈現出遊戲的標題，以及 New Game 按鈕。

暫停畫面

這個畫面會顯示 "Paused" 文字，裡頭也有一個解除暫停的按鈕。

遊戲結束畫面

這個畫面會顯示 Game Over 及 New Game 按鈕。

遊戲介面

這個畫面內含搖桿、指示器、發射鈕與其他玩家在玩遊戲時會看到的介面元件。

上述的這些 UI 群組是互斥的——畫面上一次只會顯示出一種。遊戲從 Main Menu 開始，玩家點按 New Game 按鈕後，選單會消失，畫面接著會呈現遊戲介面（且遊戲正式開始）。

> Unity 的 UI 系統能讓你使用電腦上的滑鼠或觸控板來測試選單。不過，你還是要在具有觸控螢幕的裝置上，透過 Unity Remote 軟體（參閱第 76 頁 "Unity Remote"），測試選單所呈現出來的感覺。

流程中的第 1 步是將遊戲介面元件放進一個物件裡頭，如此就可以一次管理所有元件。

1. **製作遊戲介面元件容器。** 選取 Canvas 物件並產生一個新的空子物件。將其命名為 "In-Game UI"。

2. **設定容器。** 將遊戲介面元件的錨點都設定成可在水平與垂直方向伸展，並將左、上、下、右邊界都設定成 0。如此，可讓它與整個畫布切齊。

接下來，我們要將現有的 UI 元件都放進這個容器中。

3. **將遊戲的 *UI* 群組起來。** 除了 In-Game UI 容器外，選取畫布中的每一個子物件，將它們移進 In-Game UI 中。

現在要開始製作其他的選單。在開始之前，先將 In-Game UI 關掉會比較容易操作，如此，它比較不會干擾你將要製作的 UI 內容。

4. 關閉 *In-Game UI*。選取 In-Game UI 物件，點按 Inspector 左上角的勾
選框，將之關閉。做好之後，設定畫面看來應如圖 13-1。

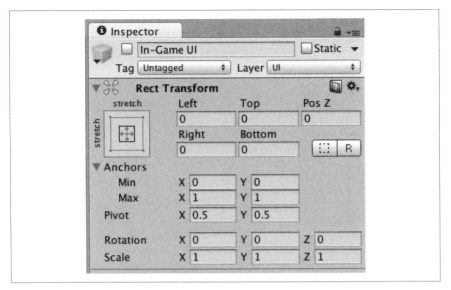

圖 13-1　In-Game UI，顯示狀態為關閉；另外要注意此物件的大小與位置，要將這
個物件填滿整個畫布，也不能有邊界。

主選單

主選單的內容很簡單──由一個顯示遊戲標題（"Rockfall"）的文字欄
位，與一個能產生新遊戲的按鈕所組成。

與 In-Game UI 很類似，Main Menu 也是由一個空的容器物件所構成，選
單中所需要的 UI 組件，都會被加進其中作為其子物件。

1. 製作 *Main Menu* 容器。製作一個新的空遊戲物件，將之設定成是
Canvas 的子物件，並命名為 "Main Menu"。

設定可在水平與垂直伸展，讓它填滿整個畫布，將所有邊界值都設定
成 0。

2. 製作標題標籤。開啟 GameObject 選單，選取 UI → Text，製作一個新的 Text 物件。將它設定成為 Main Menu 的子物件，命名為 "Title"。

將這個新 Text 物件的錨點設定到 Center Top。將 Pos X 值設定成 0，Pos Y 值則設定成 -100。將高設定成 120，寬設定成 1024。

接下來，要設定文字的屬性。將文字的顏色設定成 #FFE99A（淡黃色），文字的對齊方式為置中，文字則為 "Rockfall"。此外，將 Best Fit 設定打開，可讓文字 Text 物件的邊界自動調整大小。最後，將 At Night 字型拖放到 Font Slot 槽中。

3. 製作按鈕。製作新的 Button 物件，並命名為 "New Game"。將它設定成是 Main Menu 的子物件。

將此按鈕的錨點設定成置中置頂，將其 X 與 Y 位置值設定成 [0, -300]。其高設定成 330，其寬則設定成 80。

將此按鈕的 Source Image 設定成 Button 外形，將 Image Type 設定成 Sliced。

選取 Text 子物件，將其文字值改成 "New Game"。將 Font 設定成 CRYSTAL-Regular，Font Size 設定成 28，顏色值設定成 3DFFD0FF。

設定好之後，選單看來應如圖 13-2。

圖 13-2　主選單

在繼續下去之前，將 Main Menu 容器關閉。

暫停畫面

Paused 畫面會顯示 "Paused" 文字，其中也會有一個按鈕用來解除遊戲的暫停狀態。依照設定 Main Menu 的操作步驟，將此畫面製作出來，不過，請注意步驟中有下列不同的地方：

- 容器物件應命名為 "Paused"。
- Title 物件的文字應設定成 "Paused"。
- 按鈕物件應命名為 "Unpause Button"。
- 按鈕上的文字應設定成 "Unpause"。

設定好之後，Pause 選單看來應如圖 13-3。

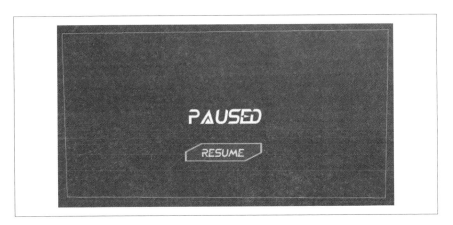

圖 13-3　Pause 選單

製作最後選單前，即 Game Over 畫面，請先將 Paused 容器關閉。

遊戲結束畫面

Game Over 畫面中應該呈現 "Game Over" 文字，以及一個可重新啟動遊戲的按鈕。Game Over 畫面會在太空站被摧毀時出現，遊戲在此時結束。

同樣地，依照 Main Menu 與 Paused 畫面的設定步驟來進行設定，下列是設定值不一樣的地方：

- 容器物件應命名為 "Game Over"。
- Title 物件的文字應設定成 "Game Over"。
- 按鈕物件應命名為 "New Game Button"。
- 按鈕上的文字應設定成 "New Game"。

設定好之後，Game Over 畫面看來應如圖 13-4。

圖 13-4　遊戲結束畫面

 這 3 個新建的選單幾乎相同，也許你會有為什麼同樣的事要做 3 次的疑問。之所以如此的原因是，稍後你會在 3 個物件上分別套用不同的設定，將它們先分別製作，之後可省下一些工夫。

最後還有一個需要加進遊戲的 UI 組件，這是讓遊戲可以被 Pause 的方法。

加入暫停按鈕

Pause 按鈕會出現在 In-Game UI 的右上方，讓遊戲知道玩家要暫停遊戲一下子。

製作 Pause 按鈕，要先產生一個新的 Button 物件，將它設定成 In-Game UI 容器物件的子物件，並將之命名為 "Pause Button"。

將 Pause 按鈕的錨點設定到右上角，將其 X 與 Y 位置的值設定成 [-50, -30]。將寬設定成 80，將高設定成 70。

將 Image 組件的 Source Image 設定成 Button 外形。

Text 子物件的文字則設定成 "Pause"。將其字體設定成 CRYSTAL-Regular，其大小則設定成 28，顏色則設定成 #3DFFD0FF。

恭喜！遊戲的 UI 完成。不過，目前所有的設定好的按鈕還無法正確運作。為了讓它們能夠運作，你要加進 Game Manager，以協調管控所有的組件。

遊戲管理員與陣亡

Game Manager，如 Input Manager 與 Incicator Manager，是一個單體（singleton）物件。Game Manager 主要負責二件工作：

- 管理遊戲狀態與選單，以及

- 產生砲艇與太空站。

遊戲開始時，遊戲還是處於未啟動（unstarted）狀態。砲艇與太空站還未出現在畫面中，隕石產生器也還不會產生隕石。此外，Game Manager 將顯示出 Main Menu 容器物件，並隱藏其他選單。

當玩家點按 New Game 按鈕時，In-Game UI 會顯示出來，砲艇與太空站會被建置出來，隕石產生器被告知要開始生產隕石。此外，Game Manager 會把一些重要的遊戲元件先設定好：Camera Follow 腳本會被通知要開始跟著新產生的 Ship 物件，而且 Asteroid Spawner，會被通知要讓其產生的隕石往 Space Station 衝。

最後，Game Manager 會處理 Game Over 狀態。你可能還記得之前在 DamageTaking 腳本中有個勾選框叫 "Game Over On Destroyed"，若它被勾選，我們會指揮 Game Manager 在該腳本所附掛的物件被摧毀時，讓遊戲結束。讓遊戲結束的操作很簡單，只要關閉隕石產生器並將現有的砲艇銷毀（太空站也是，若它還存在附近的話）即可。

開始製作 Game Manager 前，我們要能製作出 Ship 與 Station 的複本來。因此，需要將這些物件轉成預製物件，也要設定二者將出現的位置。

先將 Ship 與 Station 轉成預製物件。將 Ship 拖放到 Project 中，以產生預製物件，之後將其在場景中的物件移除。對 Space Station 重複上述操作。

起點

我們需要產生二個標示物件，作為指示器，用來表示 Ship 與 Space Station 在遊戲開始時，要在何處產生。玩家不應該看到這些指示器，所以要在編輯器中將之設定成只能夠被我們看到。

1. **產生 Ship 位置標示**。製作一個新的空遊戲物件，將之命名為 "Ship Start Point"。

   點按 Inspector 左上角的圖示，並選取紅色標籤（圖 13-5）。雖然玩家看不見，但該物件會出現在場景中。

   將標示放在你要砲艇出現的位置。

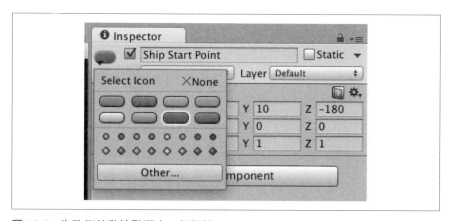

圖 13-5　為砲艇的啟始點選定一個標籤

2. 製作 *Space Station* 位置標示。重覆上述步驟，將產生的物件命名為 "Station Start Point"。將之放在你要太空站出現的位置。

設定好後，我們可以開始製作並設定 Game Manager 了。

製作 Game Manager

Game Manager 主要的任務是儲存遊戲中重要的資訊，如目前砲艇與太空站的參照，當按鈕被按下或 DamageTaking 腳本通知遊戲應結束時，它也須負責更改這些重要遊戲物件的狀態。

要設定出 Game Manager，先製作一個新的空遊戲物件，並加進一段名為 *GameManager.cs* 的 C# 腳本，在其中加入下列程式碼：

```
public class GameManager : Singleton<GameManager> {

    // 用來製作砲艇的預製物件、其啟始位置以及目前的砲艇物件。
    public Gameobject shipPrefab;
    public Transform shipStartPosition;
    public GameObject currentShip {get; private set;}

    // 用來製作太空站的預製物件、其啟始位置以及目前的太空站物件。
    public GameObject spaceStationPrefab;
    public Transform spaceStationStartPosition;
    public GameObject currentSpaceStation {get; private set;}

    // 主鏡頭上的跟蹤腳本
    public SmoothFollow cameraFollow;

    // 各種 UI 組件所需的容器
    public GameObject inGameUI;
    public GameObject pausedUI;
    public GameObject gameOverUI;
    public GameObject mainMenuUI;

    // 遊戲正進行中嗎？
    public bool gameIsPlaying {get; private set;}

    // 遊戲的隕石產生器
    public AsteroidSpawner asteroidSpawner;

    // 監看遊戲是否暫停
    public bool paused;

    // 遊戲啟始時，顯示主選單。
```

```
void Start() {
  ShowMainMenu();
}

// 顯示一個 UI 容器，並隱藏其他容器。
void ShowUI(GameObject newUI) {

  // 製作涵蓋所有 UI 容器的列表
  GameObject[] allUI
    = {inGameUI, pausedUI, gameOverUI, mainMenuUI};

  // 將它們全部隱藏起來
  foreach (GameObject UIToHide in allUI) {
    UIToHide.SetActive(false);
  }

  // 然後顯示所提供的 UI 容器
  newUI.SetActive(true);
}

public void ShowMainMenu() {
  ShowUI(mainMenuUI);

  // 當遊戲啟動時，我們還沒開始玩，
  gameIsPlaying = false;

  // 也還不產生隕石。
  asteroidSpawner.spawnAsteroids = false;
}

// New Game 按鈕被按下時叫用
public void StartGame() {
  // 顯示遊戲 UI
  ShowUI(inGameUI);

  // 開始玩
  gameIsPlaying = true;

  // 若已有砲艇，將之銷毀。
  if (currentShip != null) {
    Destroy(currentShip);
  }

  // 太空站也一樣
  if (currentSpaceStation != null) {
    Destroy(currentSpaceStation);
  }
```

```
// 產生一架砲艇，將之放置在啟始位置。
currentShip = Instantiate(shipPrefab);
currentShip.transform.position
  = shipStartPosition.position;
currentShip.transform.rotation
  = shipStartPosition.rotation;

// 太空站也是
currentSpaceStation = Instantiate(spaceStationPrefab);

currentSpaceStation.transform.position =
  spaceStationStartPosition.position;

currentSpaceStation.transform.rotation =
  spaceStationStartPosition.rotation;

// 讓追蹤腳本去追蹤新砲艇
cameraFollow.target = currentShip.transform;

// 開始產生隕石
asteroidSpawner.spawnAsteroids = true;

// 讓隕石瞄準新產生的太空站
asteroidSpawner.target = currentSpaceStation.transform;
}

// 由在被摧毀時會終止遊戲的物件叫用
public void GameOver() {
  // 顯示遊戲結束 UI
  ShowUI(gameOverUI);

  // 遊戲停止進行
  gameIsPlaying = false;

  // 銷毀砲艇與太空站
  if (currentShip != null)
    Destroy (currentShip);

  if (currentSpaceStation != null)
    Destroy (currentSpaceStation);

  // 停止產生隕石
  asteroidSpawner.spawnAsteroids = false;

  // 移除畫面上所有隕石
```

```
            asteroidSpawner.DestroyAllAsteroids();
        }

        // 當暫停或恢復按鈕被按下時叫用
        public void SetPaused(bool paused) {

            // 在遊戲與暫停 UI 間切換
            inGameUI.SetActive(!paused);
            pausedUI.SetActive(paused);

            // 若目前處於暫停狀態…
            if (paused) {
                // 停止計時
                Time.timeScale = 0.0f;
            } else {
                // 恢復計時
                Time.timeScale = 1.0f;
            }
        }

    }
```

Game Manager 腳本看來很擁腫，但其實很簡單。它有 2 個主要功能：管理選單與 In-Game UI 的外觀，以及在遊戲開始與結束時，產生或銷毀太空站與砲艇。

我們現在來說明這些程式碼，一步步來。

初始設定

在 Game Manager 第一次出現在場景中時，Start 方法會被叫用 —— 即在遊戲開始時被叫用。它只做一件事，讓主選單顯示出來，即叫用 ShowMainMenu。

```
        // 遊戲啟始時，顯示主選單。
        void Start() {
            ShowMainMenu();
        }
```

為了能顯示任何 UI，我們使用 ShowUI 方法來處理所需物件的顯示與其他 UI 物件的隱藏。它會先將所有物件隱藏，然後再讓所需的 UI 元件顯示出來：

```
// 顯示一個 UI 容器，並隱藏其他容器。
void ShowUI(GameObject newUI) {

  // 製作涵蓋所有 UI 容器的列表
  GameObject[] allUI
    = {inGameUI, pausedUI, gameOverUI, mainMenuUI};

  // 將它們全部隱藏起來
  foreach (GameObject UIToHide in allUI) {
    UIToHide.SetActive(false);
  }

  // 然後顯示所提供的 UI 容器
  newUI.SetActive(true);
}
```

用這樣的實作方式，ShowMainMenu 就可以被實作出來。它所做的就是呈現主選單 UI（透過 ShowUI）、設定遊戲目前還未開始，以及隕石產生器還不能產生隕石：

```
public void ShowMainMenu() {
  ShowUI(mainMenuUI);

  // 當遊戲啟動時，我們還沒開始玩，
  gameIsPlaying = false;

  // 也還不產生隕石。
  asteroidSpawner.spawnAsteroids = false;
}
```

啟動遊戲

在 New Game 按鈕被點按時，StartGame 方法會被叫用，其將顯示 In-Game UI（其他 UI 會被隱藏），移除現有的砲艇與太空站，製作出新的之後，場景就會被設定好。它也會讓鏡頭開始追蹤新做出的砲艇，並通知隕石產生器開始將產生出來的隕石，往新做好的太空站那邊丟：

```
// New Game 按鈕被按下時叫用
public void StartGame() {
  // 顯示遊戲 UI
  ShowUI(inGameUI);

  // 開始玩
  gameIsPlaying = true;
```

```
// 若已有砲艇，將之銷毀。
if (currentShip != null) {
  Destroy(currentShip);
}

// 太空站也一樣
if (currentSpaceStation != null) {
  Destroy(currentSpaceStation);
}

// 產生一架砲艇，將之放置在啟始位置。
currentShip = Instantiate(shipPrefab);
currentShip.transform.position
  = shipStartPosition.position;
currentShip.transform.rotation
  = shipStartPosition.rotation;

// 太空站也是
currentSpaceStation = Instantiate(spaceStationPrefab);

currentSpaceStation.transform.position =
  spaceStationStartPosition.position;

currentSpaceStation.transform.rotation =
  spaceStationStartPosition.rotation;

// 讓追蹤腳本去追蹤新砲艇
cameraFollow.target = currentShip.transform;

// 開始產生隕石
asteroidSpawner.spawnAsteroids = true;

// 讓隕石瞄準新產生的太空站
asteroidSpawner.target = currentSpaceStation.transform;

}
```

結束遊戲

GameOver 方法會在某些特定物件被摧毀時叫用而終止遊戲。它會顯示出 Game Over UI，停止遊戲，並銷毀目前的砲艇與太空站。此外，隕石的生產也會停止，畫面上的隕石也會被移除。本質上，我們就是回到遊戲的初始狀態上：

```
// 由被摧毀而終止遊戲的物件叫用
public void GameOver() {
  // 顯示遊戲結束 UI
  ShowUI(gameOverUI);

  // 遊戲停止進行
  gameIsPlaying = false;

  // 銷毀砲艇與太空站
  if (currentShip != null)
    Destroy (currentShip);

  if (currentSpaceStation != null)
    Destroy (currentSpaceStation);

  // 停止產生隕石
  asteroidSpawner.spawnAsteroids = false;

  // 移除畫面上所有隕石
  asteroidSpawner.DestroyAllAsteroids();
}
```

暫停遊戲

當 Pause 或 Resume 按鈕被點按時，SetPaused 方法會被叫用。它所做的就是管理暫停 UI 的顯示，以及停止或恢復時間的運行。

```
// 當暫停或恢復按鈕被按下時叫用
public void SetPaused(bool paused) {

  // 在遊戲畫面與暫停 UI 間切換
  inGameUI.SetActive(!paused);
  pausedUI.SetActive(paused);

  // 若目前處於暫停狀態…
  if (paused) {
    // 停止計時
    Time.timeScale = 0.0f;
  } else {
    // 恢復計時
    Time.timeScale = 1.0f;
  }
}
```

設定場景

程式碼寫好之後,現在可以在場景中設定 Game Manager 了。設定 Game Manager 的工作,就是將場景中的物件連結到腳本中的變數上:

- Ship 預製物件應該設成你剛做好的砲艇預製物件。

- Ship 的啟始位置應該是場景中砲艇的啟始位置。

- Station 預製物件應該設成你剛做好的太空站預製物件。

- Station 的啟始位置應該是場景中太空站的啟始位置。

- Camera Follow 應該設成場景中的 Main Camera。

- In-Game UI、Main Menu UI、Paused UI 與 Game Over UI 應該設定成場景中相對應的 UI。

- Asteroid Spawner 應該設成場景中的 Asteroid Spawner 物件。

- 現在先別管 Warning UI;那是下一段才要設定的。

設定好之後,Game Manager 的 Inspector 看來應如圖 13-6。

圖 13-6 Game Manager 的 Inspector

至此,Game Manager 已設定完成,我們需要將 Game UI 中的一些按鈕連結到 Game Manager 上。

1. 連結 *Pause* 按鈕。在 Game UI 中選取 Pause 按鈕，點按在 Clicked 事件底端的 + 按鈕。將 Game Manager 拖進出現的槽中，並將函式改成 GameManager → SetPaused。此時會出現一個勾選框；將它打開。讓 SetPaused 方法可在 Game Manager 上叫用，並傳進一個 true 布林值。

2. 連結 *Unpause* 按鈕。在 Pause 選單中選取 Unpause 按鈕。依照 Pause 的設定方式來設定它，但有一個地方不同：即將該勾選框關閉。這會讓這個按鈕叫用 SetPaused，但傳入 false 布林值。

3. 連結 *New Game* 按鈕。選取 Main Menu 中的 New Game 按鈕，點按 Clicked 事件底端的 + 按鈕。將 Game Manager 拖進槽中，並將函式改成 GameManager → StartGame。

   接著，重覆在 Game Over 畫面中設定 New Game 按鈕的步驟。

現在已經將這些按鈕都設定好了！在完工前，還有一小部份的地方要設定，以呈現遊戲完整的使用者體驗。

首先，我們要在 Space Station 被摧毀時，讓遊戲結束。Space Station 上已有 DamageTaking 腳本；我們要讓這個腳本叫用 Game Manager 上的 GameOver 函式。

4. 在 *DamageTaking.cs* 中加入叫用 *GameOver* 的程式。開啟該檔，在其中加入下列程式碼：

```
public class DamageTaking : MonoBehaviour {

    // 此物件的生命值點數
    public int hitPoints = 10;

    // 若被摧毀，則在目前位置上產生一個解構預製物件。
    public GameObject destructionPrefab;

    // 若該物件被摧毀，是否應該要終止遊戲？
    public bool gameOverOnDestroyed = false;

    // 由其他物件（如 Asteroids 與 Shots）叫用，產生傷害。
    public void TakeDamage(int amount) {

        // 回報被擊中
        Debug.Log(gameObject.name + " damaged!");

        // 扣掉生命值點數
```

```
         hitPoints -= amount;

         // 陣亡了嗎？
         if (hitPoints <= 0) {

             // 記錄資料
             Debug.Log(gameObject.name + " destroyed!");

             // 將自身移除
             Destroy(gameObject);

             // 有解構預製物件可用嗎？
             if (destructionPrefab != null) {

                 // 在目前位置上以現有的旋轉值產生一個
                 Instantiate(destructionPrefab,
                             transform.position, transform.rotation);
             }

>            // 若現在我們應該結束遊戲，則叫用 GameManager 的 GameOver 方法。
>            if (gameOverOnDestroyed == true) {
>                GameManager.instance.GameOver();
>            }
         }

     }

 }
```

這段程式碼讓物件可以檢查 gameOverOnDestroyed 變數是否被設定成 true；若是，Game Manager 的 GameOver 方法會被叫用，結束遊戲。

隕石在撞擊時也需要產生損傷，我們會在其上加進 DamageOnCollide 腳本來處理這項工作。

要在隕石上產生損害，要先選取 Asteroid 預製物件，然後加進 DamageOnCollide 組件。

接下來，隕石應該顯示其到太空站的距離。這可幫助玩家判斷哪一個隕石要優先處理。我們要修改 Asteroid 腳本，讓它們可以向 Game Manager 查詢太空站的目前位置，這項位置資訊就會儲存在隕石指示器的 showDistanceTo 變數中。

要讓隕石顯示距離標籤，開啟 Asteroid.cs，將下列程式碼加進 Start 函式中：

```
public class Asteroid : MonoBehaviour {

    // 隕石移動的速度
    public float speed = 10.0f;

    void Start () {
        // 設定剛體的速度
        GetComponent<Rigidbody>().velocity
            = transform.forward * speed;

        // 為該隕石產生紅色指示器
        var indicator =
            IndicatorManager.instance.AddIndicator(
                gameObject, Color.red);

>           // 從這個物件開始追蹤其與目前由 GameManager 管理的太空站之距離
>           indicator.showDistanceTo =
>               GameManager.instance.currentSpaceStation
>                   .transform;
    }

}
```

這段程式碼設定了可以顯示隕石到太空站的指示器，可協助玩家判斷哪顆隕石距太空站最近。

至此，完工！

播放遊戲。現在你可以到處飛行並射擊隕石，若有太多隕石撞上太空站，它可能會被撞毀；你也可能射中太空站，意外將它摧毀。若太空站被摧毀，則遊戲結束！

邊界

遊戲還有最後一塊核心部份需要加進來：若玩家飛離太空站太遠的話，我們要顯示警告訊息。若玩家飛離太遠，我們將在畫面的周圍顯示出一個紅色的警示框，以免一閃神，遊戲就結束了。

製作 UI

首先，我們要設定警告框的 UI：

1. **加入 Warning 外形**。選取 Warning 紋樣，將其類型改成 Sprite/UI。

   這個外形需要先經過**裁切**（*slice*），如此才能在不會扭曲邊角形狀的情況下，伸展至整個畫面上。

2. **裁切外形**。點按 Sprite Editor 按鈕，這個外形會出現在一個新視窗中。在該視窗的右下窗格中，將其所有邊的邊框（border）都設定成 127。如此，邊角就不會被扭曲（圖 13-7）。

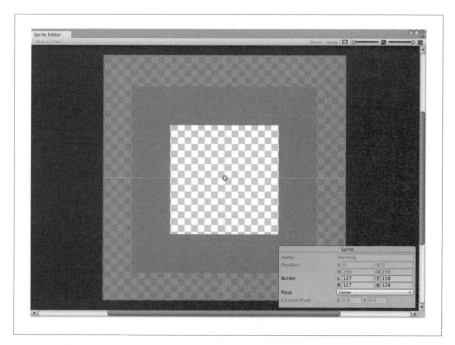

圖 13-7　裁切 Warning 外形

點按 Apply 按鈕。

3. 接下來，我們要製作 *Warning UI*。這只是將一張影像顯示在 UI 中，這張影像要設定成能依整個畫面大小來伸展。

   要設定這個警示 UI，先製作一個新的空遊戲物件，並將之命名為 "Warning UI"，並將之設定成是 Canvas 的子物件。

   將其錨點設定成可在水平與垂直方向伸展，並將邊界設定成 0。這可以讓它填滿整個畫布。

   將一個 Image 組件加進其中，將該 Image 組件的 Sourcd Image 設定成剛剛做好的 Warning 外形，將 Image Type 設定成裁切（sliced）。這個影像就會在依整個畫面大小來伸縮。

設定好之後，要開始編寫程式了。

為邊界編程

玩家看不到邊界，編輯遊戲時也看不到這些邊界。若你要讓玩家可飛行的空間區域顯現出來，需要再運用 Gizmos 功能，就像為 Asteroid Spawner 所做的設定那樣。

我們需要關注二個共心球體，一個是警示（*warning*）球體，一個是毀滅（*destroy*）球體。這二個球體雖放在同一個球心上，但會有不同的半徑（radii）：警示球體的半徑會略小於毀滅球體。

• 若砲艇位於警示球體中，則一切正常，不會看到任何警告訊息。

• 若砲艇位於警示球體外，則螢幕上會出現訊息，警告玩家需要轉彎或掉頭。

• 若砲艇位於毀滅球體外，則遊戲結束。

實際檢查砲艇位置的工作由 Game Manager 負責，它使用儲存在 Boundary 物件（即將製作）中的資料，判斷砲艇是否處於二個球體之外。

我們開始來製作 Boundary 物件，將底下處理視覺化的程式碼加進二球體中：

1. **產生 *Boundary* 物件**。產生一個名為 "Boundary" 的空物件。

   在物件中新增一段新的 C# 腳本，將檔案命名為 Boundary.cs，將下列程式碼加進去：

   ```csharp
   public class Boundary : MonoBehaviour {

       // 玩家離中心點這麼遠時，呈現警示 UI。
       public float warningRadius = 400.0f;

       // 當玩家離中心點這麼遠時，結束遊戲。
       public float destroyRadius = 450.0f;

       public void OnDrawGizmosSelected() {
           // 顯示帶有警示半徑值的黃色球體
           Gizmos.color = Color.yellow;
           Gizmos.DrawWireSphere(transform.position,
             warningRadius);

           // 顯示帶有毀滅半徑值的紅色球體
           Gizmos.color = Color.red;
           Gizmos.DrawWireSphere(transform.position,
             destroyRadius);
       }
   }
   ```

回到遊戲編輯器上，你會看到二個線框球體（wireframe spheres）。黃色球體代表警示半徑，而紅色球體代表毀滅半徑（圖 13-8）。

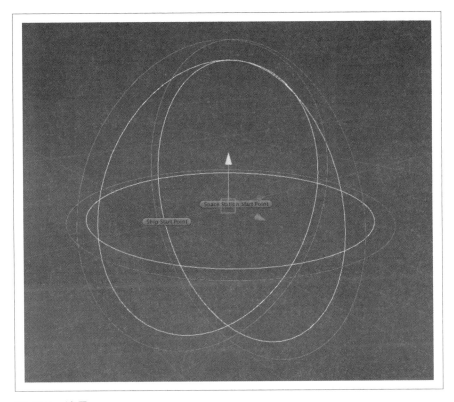

圖 13-8　邊界

 Boundary 腳本實際上並不會在自身的範圍內進行任何的邏輯操作。其中的資料，其實是在玩家飛出邊界半徑時，GameManager 要用的。

現在邊界物件已製作好了，我們要設定 Game Manager 來使用它。

2. 在 *GameManager* 腳本中加進邊界欄位，並更新 *GameManager* 以使用新欄位。在 *GameManager.cs* 檔中，加入下列程式碼：

```
public class GameManager : Singleton<GameManager> {

    // 砲艇所使用的預製物件，與其初始位置及目前的砲艇物件。
    public GameObject shipPrefab;
    public Transform shipStartPosition;
    public GameObject currentShip {get; private set;}
```

```
// 太空站所使用的預製物件，與其初始位置及目前的太空站物件。
public GameObject spaceStationPrefab;
public Transform spaceStationStartPosition;
public GameObject currentSpaceStation {get; private set;}

// 主鏡頭中的追蹤腳本
public SmoothFollow cameraFollow;

// 遊戲的邊界
public Boundary boundary;

// 供其他 UI 使用的容器
public GameObject inGameUI;
public GameObject pausedUI;
public GameObject gameOverUI;
public GameObject mainMenuUI;

// 接近邊界時會出現的警示 UI
public GameObject warningUI;

// 遊戲目前進行中？
public bool gameIsPlaying {get; private set;}

// 遊戲中的隕石產生器
public AsteroidSpawner asteroidSpawner;

// 追蹤遊戲是否處於暫停狀態
public bool paused;

// 遊戲開始時，呈現主選單。
void Start() {
  ShowMainMenu();
}

// 顯示一個 UI 容器，並隱藏其他容器。
void ShowUI(GameObject newUI) {

  // 為所有 UI 容器建立列表
  GameObject[] allUI
    = {inGameUI, pausedUI, gameOverUI, mainMenuUI};

  // 全部隱藏
  foreach (GameObject UIToHide in allUI) {
    UIToHide.SetActive(false);
  }

  // 然後顯示所提供的 UI 容器
```

```
    newUI.SetActive(true);
}

public void ShowMainMenu() {
  ShowUI(mainMenuUI);

  // 遊戲啟始時，我們還未開始玩。
  gameIsPlaying = false;

  // 也先不產生隕石
  asteroidSpawner.spawnAsteroids = false;
}

// 當 New Game 按鈕被點按時叫用
public void StartGame() {
  // 呈現遊戲 UI
  ShowUI(inGameUI);

  // 現在開始玩
  gameIsPlaying = true;

  // 若現已有砲艇，將之銷毀。
  if (currentShip != null) {
    Destroy(currentShip);
  }

  // 太空站也一樣
  if (currentSpaceStation != null) {
    Destroy(currentSpaceStation);
  }

  // 製作一部新的砲艇，並將之放置在啟始位置。
  currentShip = Instantiate(shipPrefab);
  currentShip.transform.position
    = shipStartPosition.position;
  currentShip.transform.rotation
    = shipStartPosition.rotation;

  // 太空站也一樣
  currentSpaceStation = Instantiate(spaceStationPrefab);

  currentSpaceStation.transform.position =
    spaceStationStartPosition.position;

  currentSpaceStation.transform.rotation =
    spaceStationStartPosition.rotation;
```

```
    // 讓追蹤腳本跟著新產生的砲艇跑
    cameraFollow.target = currentShip.transform;

    // 開始產生隕石
    asteroidSpawner.spawnAsteroids = true;

    // 讓隕石瞄準新產生的太空站
    asteroidSpawner.target = currentSpaceStation.transform;

  }

  // 由在被摧毀時會終止遊戲的物件叫用
  public void GameOver() {
    // 呈現 Game Over UI
    ShowUI(gameOverUI);

    // 遊戲停止進行
    gameIsPlaying = false;

    // 銷毀砲艇與太空站
    if (currentShip != null)
      Destroy (currentShip);

    if (currentSpaceStation != null)
      Destroy (currentSpaceStation);

    // 若警示 UI 還看得見，將之隱藏。
    warningUI.SetActive(false);

    // 停止產生隕石
    asteroidSpawner.spawnAsteroids = false;

    // 並移除畫面上所有隕石
    asteroidSpawner.DestroyAllAsteroids();
  }

  // 當 Pause 與 Resume 按鈕被點按時叫用
  public void SetPaused(bool paused) {

    // 在遊戲與暫停 UI 間切換
    inGameUI.SetActive(!paused);
    pausedUI.SetActive(paused);

    // 若目前處於暫停狀態…
    if (paused) {
      // 停止計時
      Time.timeScale = 0.0f;
```

```
      } else {
        // 恢復計時
        Time.timeScale = 1.0f;
      }
    }

>   public void Update() {
>
>     // 若沒有砲艇，則返回。
>     if (currentShip == null)
>       return;
>
>     // 若砲艇在邊界的摧毀半徑外，則遊戲結束。
>     // 若它處於摧毀半徑與警示半徑之間，則顯示 Warning UI。
>     // 若它在二者之內，則連 Warning UI 也不顯示。
>
>     float distance =
>       (currentShip.transform.position
>         - boundary.transform.position)
>           .magnitude;
>
>     if (distance > boundary.destroyRadius) {
>       // 砲艇超越摧毀半徑，所以，遊戲終止。
>       GameOver();
>     } else if (distance > boundary.warningRadius) {
>       // 砲艇超越警示半徑，顯示警示 UI。
>       warningUI.SetActive(true);
>     } else {
>       // 處於警示門檻值內，故不顯示警示 UI。
>       warningUI.SetActive(false);
>     }
>
>   }

  }
```

這些新加入的程式碼運用剛做好的 Boundary 類別，來檢查玩家是否超過警示半徑或摧毀半徑。每一個影格都會檢查玩家到邊界球體中心點的距離；若超過警示半徑，警示 UI 就會顯現，若超過摧毀半徑，則遊戲結束。若玩家處於警示半徑之內，則安全無虞，警示半徑是關閉的。也就是說，若玩家飛出警示半徑之外，然後再飛進來，畫面上就會先看到警示 UI 出現，接著再消失。

接下來,你只需要把這些槽連結好。Game Manager 需要一個參考到剛製作好的 Boundary 物件之參照,也需要連到 Warning UI 的參照。

3. 設定 *Game Manager* 以使用邊界物件。將 Warning UI 拖放到 Warning UI 槽中,將 Boundary 物件拖放到 Boundary 槽中。

4. **播放遊戲**。當你靠近邊界時,警示訊息會出現,若你不折返,則遊戲就會終止!

最終修飾

恭喜!至此你已完成一套相當複雜的太空射擊遊戲核心。之前在你跟著進行設定的過程中,已設定好一個太空場景,製作出砲艇、太空站、隕石與雷射光束;設定好其物理特性;也設定好將它們都串在一起的各式邏輯組件。在這些零件的上層,你也製作好在 Unity 編輯器外,可以實際操作進行遊戲的必要 UI。

遊戲的核心已經完成,不過視覺上仍有一些改善的空間。因為這套遊戲的空間在視覺上仍嫌空洞,並沒有太多視覺參考點能讓玩家感受到飛行的速度。此外,我們要在砲艇與隕石上加進拖曳渲染器(trail renderers),以加進更多的色彩。

太空星塵

若你之前曾玩過太空戰鬥遊戲,如星際遊俠(*Freelancer*)或獨立戰爭(*Independence War*)的話,也許你有注意到,當玩家在場景中到處飛行時,會有一些星塵、碎片或其他小型的物事,由玩家身邊飛過。

為了改善我們的遊戲,我們會加進小的星塵微粒,讓玩家飛經它們時,會有深度與透視感。我們會用能與玩家一起移動,並持續在玩家周圍產生星塵粒子的粒子系統,來製作這種效果。重點是,星塵粒子並不會相對於玩家移動。也就是說,玩家飛行時,星塵粒子會顯現,然後玩家就會呼嘯而過,將星塵粒子拋在腦後。這將可為遊戲製造出更令人印象深刻的速度感。

依照下列步驟，製作星塵粒子：

1. 將 *Ship* 預製物件拖放到場景中。我們要對這個預製物件作一些調整。

2. 製作 *Dust* 子物件。產生一個空的遊戲物件，將之命名為 "Dust"。
   將它設定成你剛拖出來的 Ship 之子物件。

3. 於其上加入 *Particle System* 組件。將圖 13-9 中的設定複製到其上。

這個粒子系統的關鍵部份是，要將 Simulation Space 設定成 World，且將
Shape 設定成 Sphere。將 Simulation Space 設定成 World 後，粒子就不會
跟著它的父物件（Ship）移動。也就是說 Ship 會從它們旁邊飛過。

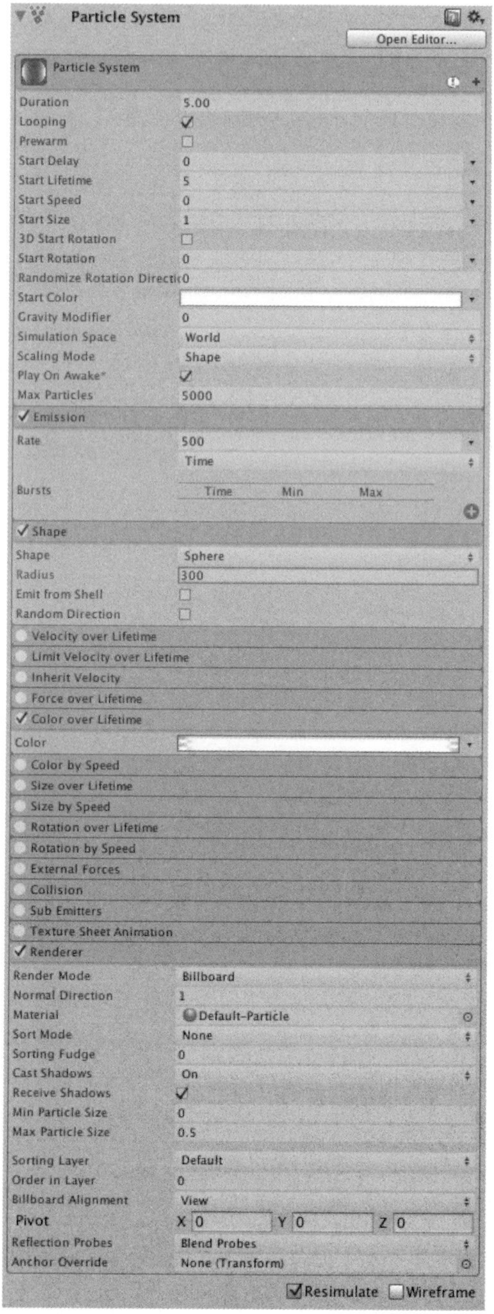

圖 13-9　星塵粒子的設定值

4. 套用變更到預製物件上。選取 Ship 物件，點按 Inspector 上方的 Apply 按鈕。這會將你所作的變更儲存進預製物件中。我們還沒有設定完，還不要將砲艇刪除。

你可以在圖 13-10 中看到粒子系統運作的情況。你可以看到，相較於天空盒（skybox）相對平滑的顏色，粒子系統可營造出星域的感覺。

圖 13-10　星塵粒子系統

拖曳渲染器

砲艇雖是一個簡單的模型，但並不能因此就隨便應付過去，我們可以用特別的效果來裝飾它。我們將加進二個直線渲染器到砲艇上，製作出引擎在砲艇後所產生的效果。

1. 為拖曳特效製作 *Material*。開啟 Assets 選單，選取 Create → Material。將新產生的材質命名為 "Trail"，並置於 *Objects* 資料夾中。

2. 設定 *Trail* 材質使用一個加成性著色器（*Additive shader*）。選取 Trail 材質，將其 Shader 改成 Mobile → Particles → Additive。這是一個簡單的著色器，會直接將其顏色加到背景上。讓 Particle Texture 欄值為空——此處並不需要它。

3. 在 *Ship* 中加進一個新的子物件。將之命名為 "Trail 1"，並置於
（-0.38, 0, -0.77）。

4. 加進一個 *Trail Renderer* 組件。它的各項設定值如圖 13-11。要注意
它所使用的 Material 是剛做好的 Trail 材質。

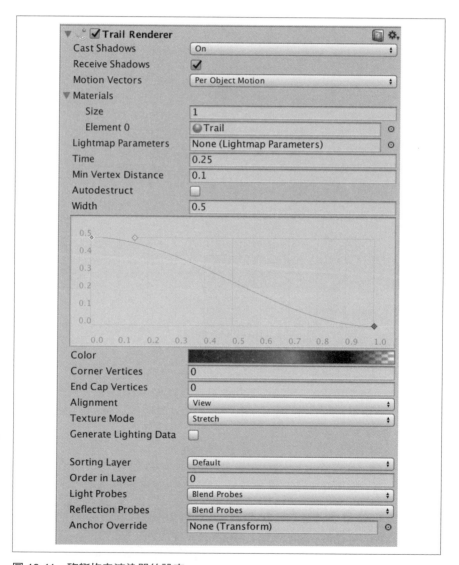

圖 13-11　砲艇拖曳渲染器的設定

拖曳渲染器的各漸層顏色值為：

- #000B78FF
- #061EF9FF
- #0080FCFF
- #000000FF
- #00000000

你會發現這個漸層色愈往末端顏色愈重。因為 Trail 材質使用了 Additive 著色器，它會有讓尾端逐漸淡出的特效。

5. 複製物件。設定好第一個拖曳尾之後，開啟 Edit 選單，選取 Duplicate 將之複製。將新複製出的物件置放到（0.38, 0, -0.77）。

第二個拖曳尾的位置與第一個相同，但其 X 組件值是翻轉過來的。

6. 將所作的變動套用至預製物件上。選取 Ship 物件，Inspector 上方的點按 Apply 按鈕。最後，將 Ship 自場景中移除。

現在已準備好可以作測試了！操縱砲艇飛行時，其後會拖出二道藍光，如圖 13-12。

圖 13-12　砲艇後的引擎曳光

現在我們要在隕石上加上類似的特效。遊戲中的隕石顏色相當暗，雖然有指示器能幫助玩家追蹤其位置，但若在隕石上多加一點顏色的話，玩家可以更容易察覺到隕石的位置。要改良這個部份，我們會在隕石上加進拖曳渲染器。

1. 在場景中加進一個隕石。將 Asteroid 預製物件拖放到場景中，如此就可以在其上作一些調整。

2. 在 *Graphics* 子物件上加進 *Trail Renderer* 組件。請套用圖 13-13 中的各項設定值。

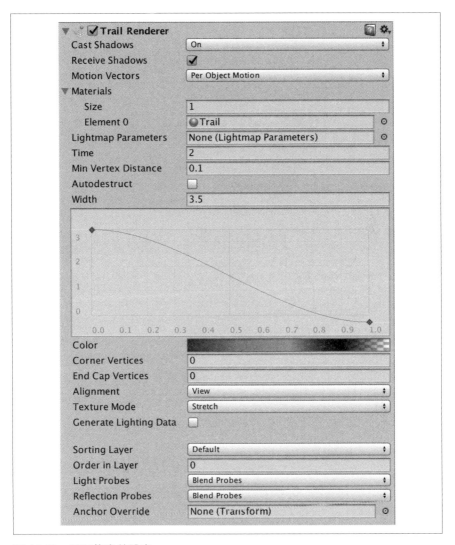

圖 13-13　隕石拖曳的設定

3. 在 *Asteroid* 預製物件上套用這些調整，然後從場景中將之移除。

隕石現在能拖出一條明亮的尾巴來了，圖 13-14 呈現出遊戲進行中的畫面。

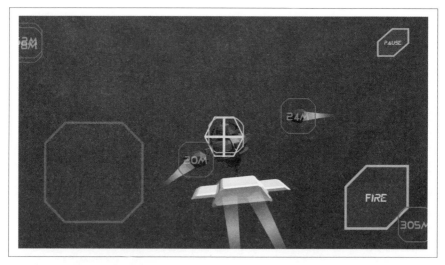

圖 13-14　遊戲進行中的畫面

音訊

這裡還有最後一個要加進遊戲的元素：即音訊！即使真正處於太空中無法聽到任何聲音，但電玩有聲音的話，效果會有很大的提升。在這個遊戲中，我們有三種音訊要加進來：砲艇引擎的怒吼聲、雷射光的發射聲以及隕石的爆破聲。我們會依序將之加入。

本書收錄了一些可公開運用的音效檔，你可以在 *Audio* 資料夾中找到。

砲艇

首先，我們要加入一段可重複播放的音效到砲艇中。

1. 將 *Ship* 加進場景中。我們要對它進行調整。

2. 在 *Ship* 中加進一個 *Audio Source* 組件。Audio Sources 是可以播放音訊的組件。

3. 開啟重複播放。在玩家開著砲艇飛行時，我們要讓引擎嘈雜的聲音持續播放。

4. 加入火箭音效。將 Engine 音訊剪輯拖放進 AudioClip 槽中。

5. 儲存對預製物件所作的調整

加入重複播放的音訊不但非常容易，而且只花一點點工夫就可以大大提升遊戲整體的質感。

現在還不要刪除場景中的 Ship——我們還要在其上加一些東西。

武器特效

為武器加上音效就稍微複雜一些。我們要在每次武器發射時播放音效，也就是說，我們要讓程式碼能控制音效的播放。

首先，我們需要在二個武器點上加進音源（audio sources）：

1. 在武器的發射點上加進 *Audio Sources*。將二個武器發射點選取起來，然後加入 Audio Source。

2. 將 *Laser* 特效加進音源中。做好之後，將 Play On Awake 設定關閉——我們只要在武器發射時播放音效。

3. 加進程式碼讓武器發射時能播放音效。在 ShipWeapons.cs 檔中加入下列程式碼：

```csharp
public class ShipWeapons : MonoBehaviour {

    // 每次發射所使用的預製物件
    public GameObject shotPrefab;

    public void Awake() {
        // 當這個物件啟動時，要通知輸入管理器，將本物件當成目前的武器物件。
        InputManager.instance.SetWeapons(this);
    }

    // 當該物件被移除時叫用
    public void OnDestroy() {
```

```
    // 若還沒開始玩遊戲，就先別做。
    if (Application.isPlaying == true) {
      InputManager.instance.RemoveWeapons(this);
    }
  }

  // 發射點位置列表
  public Transform[] firePoints;

  // 下一次發射點的索引
  private int firePointIndex;

  // 由 InputManager 叫用
  public void Fire() {

    // 若沒有發射點可用，則返回。
    if (firePoints.Length == 0)
      return;

    // 找出發射點
    var firePointToUse = firePoints[firePointIndex];

    // 在發射點位置上以其旋轉值產生新的雷射光束
    Instantiate(shotPrefab,
      firePointToUse.position,
      firePointToUse.rotation);

>   // 若發射點上帶有音源組件，則播放其音效。
>   var audio
>     = firePointToUse.GetComponent<AudioSource>();
>   if (audio) {
>     audio.Play();
>   }

    // 移到下一個發射點
    firePointIndex++;

    // 若已到發射點列表的末端，則返回到佇列前端。
    if (firePointIndex >= firePoints.Length)
      firePointIndex = 0;

  }

}
```

這段程式碼會檢查發射雷射光束的發射點是否帶有 AudioSource 組件。若有，它會播放發射音效。

4. 將 Ship 預製物件的變更儲存下來，並將它從場景中移除。

設定完成。至此，每次發射雷射光束時，你都會聽到音效！

爆炸

最後，還有一種音效要加進來：即爆炸音效，用來在爆炸顯現時播放。這個音效的設定很容易：只要將音源加到爆炸物件上，將之設定成啟動時（awake）播放即可。當爆炸顯現時，它就會自動播放 Explosion 音效。

1. 在場景中加進 Explosion。

2. 將 Audio Source 組件加進爆炸中。將 Explosion 音訊段拖放進來，並將 Play On Awake 選項打開。

3. 將對預製物件的調整儲存起來，自場景中將之移除。

現在一出現爆炸，音效也會跟著播放出來！

本章總結

至此所有工作已全部做完。恭喜！隕石襲擊已完成。你可以想想接下來還要在上頭加些什麼！

有一些想法提供參考：

加入新武器

也許可以做一種會追著目標跑的火箭？

加入會攻擊玩家的反派角色

隕石也許太簡單了，只會直接往太空站撞過去，玩家背後沒有什麼物事需要他操心。

在太空站上加進損壞特效

被隕石撞擊時，在撞擊點上加進可釋放出煙霧與火焰的粒子系統。這樣子做也許並不切合實際情況，但我們還是可以思考遊戲還有哪些地方需要補充與改良。

第四部

進階功能

在這個部份中，我們將進一步地討論 Unity 中的一些特定功能，從對 UI 系統作更細部的探討，到透過擴充編輯器瞭解 Unity 底層結構的運作方式，都有涵蓋。我們也會探究光照（lighting）與著色（shading）系統，最後以 Unity 生態體系的巡禮作為總結。如何讓你所開發的遊戲在裝置上順利運行，並推廣到全世界，我們也有所著墨。

第十四章

光照與著色器

在本章中,我們將討論光照與材質——除了你所使用的紋樣(textures)之外——這些是決定遊戲外觀的主要因素。精確一點地說,我們會詳細介紹 Standard 著色器,這個著色器可讓你很簡單地就製作出好看的材質。我們也會討論如何自製著色器,讓你可以透過各式各樣的設定,控制遊戲中物件的外觀。最後,我們會討論如何使用全域照明(global illumination)與光映對(lightmapping),透過場景上擬真的光照模型,讓你製作出美觀的遊戲環境。

材質與著色器

在 Unity 中,物件的外觀是由附掛於其上的*材質*(*material*)所決定的。材質由二種東西組成:著色器與其所使用的資料。

著色器是一支在顯示卡上執行的小程式。你在螢幕上所看到的每一件東西,都是在著色器計算出每一個像素上應顯示的正確顏色值後,所形成的。

在 Unity 中,有二種主要的著色器類型:*表面*(*surface*)著色器與*頂點 - 區片*(*vertex-fragment*)著色器。

表面著色器負責計算物件表面的顏色。如我們已經在上頭說明過的，表面的顏色是由幾個組件所決定的，包括其貼圖面（albedo）與平滑度（smoothness）等。表面著色器的工作是計算物件上每一像素的這些屬性值；計算出來的表面資訊會回傳給 Unity，然後場景中的光照資訊就會與這些表面資訊組合，形成每一個像素上所顯示出的顏色。

另一方面，頂點 - 區片著色器就單純許多。這類著色器負責計算像素最終的顏色；若你的著色器需要含括光照資訊，你需要自行處理。頂點 - 區片著色器可以讓你進行低階的控制，也就是說，很適合透過它們來做特效。因為通常它們都比較單純，所以會比表面著色器快很多。

表面著色器實際上會被編譯成頂點 - 區片著色器，Unity 會實作為達成真實光照所需的光照計算，能替你省下不少工夫。你可以用表面著色器來做的事情，也都可以在頂點 - 區片著色器中進行，不過需要多費一點工夫。

除非有很特別的情況，否則使用表面著色器就可完成大部份的工作了。本章中，我們二者都會討論到。

Unity 也提供有第三種著色器，即固定功能著色器（*fixed-function*）。固定功能著色器是由一些預先定義好的操作組合而成，不是讓你編寫自行定義的著色器用的。固定功能著色器是廣泛運用自定著色器之前，你可以用來處理一些事情的主要方式；雖然它們比自定著色器單純一些，但所得效果比較不好看，而且其運用並不被鼓勵。本章並不會討論到固定功能著色器，若你真的要學習這方面的內容，可以參考 Unity 說明文件中，編寫固定功能著色器部份的指引（*http://docs.unity3d.com/Manual/ShaderTut1.html*）。

我們現在要從與標準著色器類似的自定表面著色器開始做起，要在其中加入能呈現出輪廓光照（rim lighting）的功能——也就是說，要在物件的邊緣打上一圈亮光。你可以在圖 14-1 中看到這種效果的範例。

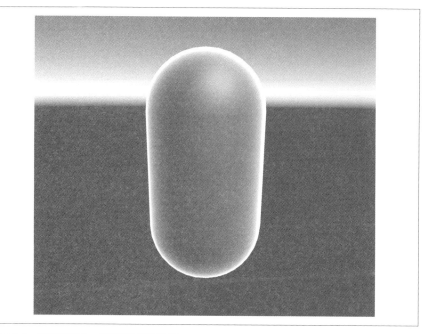

圖 14-1　輪廓光照，運用自定著色器

依照下列步驟開始製作效果：

1. 產生新專案。為它取個名字並選 3D 模式。

2. 產生新的著色器。選取 Create → Shader → Surface Shader。將新的著色器命名為 "SimpleSurfaceShader"。

3. 在其上雙點滑鼠。

4. 替換成下列程式碼：

```
Shader "Custom/SimpleSurfaceShader" {

    Properties {
        // 用來為物件上色的顏色
        _Color ("Color", Color) = (0.5,0.5,0.5,1)

        // 要包覆物件的紋樣；
        // 預設值是普通白色紋樣（plain white texture）
        _MainTex ("Albedo (RGB)", 2D) = "white" {}
```

```
        // 表面的平滑度
        _Smoothness ("Smoothness", Range(0,1)) = 0.5

        // 表面的金屬度
        _Metallic ("Metallic", Range(0,1)) = 0.0

    }

    SubShader {
        Tags { "RenderType"="Opaque" }
        LOD 200

        CGPROGRAM
            // 物理特性型標準光照模型，在所有光照類型上開啟陰影。
            #pragma surface surf Standard fullforwardshadows

            // 使用著色器模型 3.0 標的，以獲得較好看的光照。
            #pragma target 3.0

            // 下列的變數是 "均勻的 (uniform)" -
            // 同樣的值會用在每一個像素上

            // 貼圖面 (albedo) 所使用的紋樣
            sampler2D _MainTex;

            // 用來為貼圖面上色的顏色
            fixed4 _Color;

            // 平滑度與金屬度屬性
            half _Smoothness;
            half _Metallic;

            // 'Input' 包含一些變數，在每個像素上的值都會不同。
            struct Input {
                // 與此像素搭配的紋樣
                float2 uv_MainTex;

            };

            // 計算此表面之屬性的單一函式
            void surf (Input IN,
              inout SurfaceOutputStandard o) {

                // 運用儲存在 IN 與上列變數中的資料，計算各個值，
                // 並將這些值存放在 'o' 中

                // 貼圖面由著色後的紋樣而得
```

```
        fixed4 c =
          tex2D (_MainTex, IN.uv_MainTex) * _Color;
        o.Albedo = c.rgb;

        // 金屬度與平滑度由滑桿（slider）變數得到
        o.Metallic = _Metallic;
        o.Smoothness = _Smoothness;

        // Alpha 值由我們用在貼圖面的紋樣得到
        o.Alpha = c.a;

      }
    ENDCG
  }

  // 若執行此著色器的電腦無法在著色器模型 3.0 上跑，
  // 則退而使用內建的 "Diffuse" 著色器，
  // 雖然效果看來比較差，但至少能跑。
  FallBack "Diffuse"
}
```

5. 產生新材質，將之命名為 "SimpleSurface"。

6. 選取該新材質，開啟 Inspector 頂端的 Shader 選單。選取 Custom → SimpleSurfaceShader。

在 Inspector 中，此表面著色器中的各個屬性值，如圖 14-2 所示。

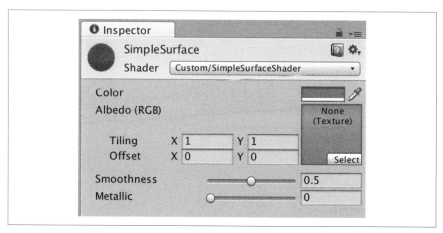

圖 14-2 自定著色的 Inspector

7. 製作一個新的膠囊體（*capsule*）。選取 GameObject → 3D Object → Capsule。

8. 將 *SimpleShader* 材質拖放到該膠囊體上，它就會開始套用這個新材質（圖 14-3）。

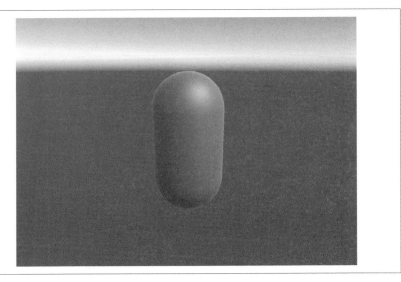

圖 14-3　使用自定著色器的膠囊體

至此，物件看來還是跟標準著色器做出的很接近，我們來加輪廓光照吧！

要計算出輪廓光照，你需要知道下列三個值：

- 光照的顏色。

- 輪廓厚度。

- 鏡頭方向與表面方向所夾的角度。

> 表面所指的方向被稱為表面的*法線*（*normal*）。我們要寫的程式碼會使用這個詞。

前二個項目是*均勻的*（*uniform*）——也就是說它們的值會套用到物件的每一個像素上。第三項是*變動的*（*varying*），即其值取決於你目前所觀察的位置；鏡頭方向與平面法線方向所成的角度取決於你正看著的是柱狀體（cylinder）的中間或是邊緣。

雖然你可以在 Inspector 中，更改材質屬性上的均勻值，但變動的值仍是由表面著色器所使用的繪圖卡在執行期進行計算而得。因此，要加進輪廓光照的支援，我們要先加入二個均勻值到著色器中。

1. 修改著色器的 *Properties* 部份，將下列程式碼加進去：

```
Properties {
    // 用來為物件上色的顏色
    _Color ("Color", Color) = (0.5,0.5,0.5,1)

    // 用來包裝物件的材質
    // 預設值是普通白色紋樣（plain white texture）
    _MainTex ("Albedo (RGB)", 2D) = "white" {}

    // 表面平滑度
    _Smoothness ("Smoothness", Range(0,1)) = 0.5

    // 表面金屬度
    _Metallic ("Metallic", Range(0,1)) = 0.0
>   // 輪廓光照的顏色
>   _RimColor ("Rim Color", Color) = (1.0,1.0,1.0,0.0)
>
>   // 輪廓光照厚度
>   _RimPower ("Rim Power", Range(0.5,8.0)) = 2.0

}
```

這段程式碼會讓 Inspector 中的著色器多出二個新欄位。現在要讓這些屬性變數可為著色器的程式碼所存取，如此 surf 函式才可以運用它們。

2. 在著色器中加進下列程式碼：

```
// 平滑度與金屬度屬性
half _Smoothness;
half _Metallic;
> // 輪廓光照的顏色
> float4 _RimColor;
>
> // 輪廓光照厚度 – 愈接近 0 愈厚
> float _RimPower;
```

接下來，我們要讓著作器能取得鏡頭對準的方向。著色器所使用的這些變動值，都寫在 Input 結構中，代表需要加在這裡的觀察方向。

可以在 Input 結構中加一些欄位進去，Unity 會自動將相關資料填進去。若你在其中加了一個名為 viewDir 的 float3 的變數，Unity 就會將鏡頭方向置入其中。

 viewDir 並不是 Unity 唯一會自動套用不同資訊進去的變數名稱。要瞭解還有哪些變數名稱可用，參考 Unity 的 Surface Shader 文件（*http://docs.unity3d.com/Manual/SL-SurfaceShaders.html*）。

3. 在 *Input* 結構中加入下列程式碼：

```
struct Input {
    // 此像素所搭配的紋樣
    float2 uv_MainTex;

>   // 這個頂點上的鏡頭方向
>   float3 viewDir;
};
```

材質的 Inspector 現在就會呈現出新加進來的欄位了（圖 14-4）。

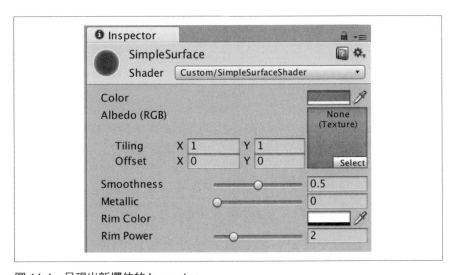

圖 14-4　呈現出新欄位的 Inspector

現在我們已有計算輪廓光照所需的全部資訊；最後一個步驟是進行計算，並將之加進表面的資訊當中。

4. 將下列程式碼加進 *surf* 函式中：

```
// 計算此表面之屬性的單一函式
void surf (Input IN, inout SurfaceOutputStandard o) {

    // 運用儲存在 IN 與上列變數中的資料，
    // 計算各個值，並將這些值存放在 'o' 中。

    // 貼圖面著色後的紋樣而得
    fixed4 c = tex2D (_MainTex, IN.uv_MainTex) * _Color;
    o.Albedo = c.rgb;

    // 金屬度與平滑度由滑桿（slider）變數而得
    o.Metallic = _Metallic;
    o.Smoothness = _Smoothness;

    // Alpha 值由我們用在貼圖面的紋樣得到
    o.Alpha = c.a;

>   // 計算在這個像素上的輪廓光應該會有多亮
>   half rim =
>     1.0 - saturate(dot (normalize(IN.viewDir), o.Normal));
>
>   // 使用這個亮度計算輪廓顏色，並在發光（emission）時使用。
>   o.Emission = _RimColor.rgb * pow (rim, _RimPower);

    }
```

5. 將著色器儲存下來，返回至 *Unity* 中。膠囊體現在有輪廓光照了！可以在圖 14-5 中看到結果。

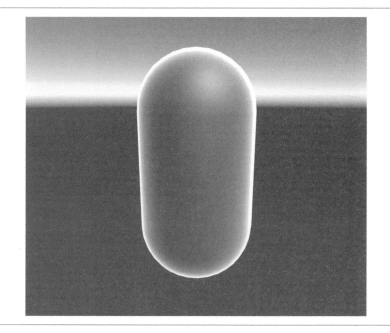

圖 14-5　帶有輪廓光照的膠囊體

你也可以透過改變材質的屬性來調整輪廓光照。試著改變 Rim Color 的
設定，以調整輪廓光照的亮度與顏色（tint）。改變 Rim Power 設定，調
整輪廓呈現的厚度。

表面著色器很適合用來在現有的著色系統上進行建構，若你要表面能對
加進場景中的光線作出反應，它們也是最好的工具。不過，若你不在意
光照或需要對表面的外觀進行特定操作時，你可以製作整套的自定區片
頂點著色器（fragment-vertex shaders）。

區片 - 頂點（無光照）著色器

區片 - 頂點著色器之所以這樣命名，其實是因為它是由二種著色器所組
合而成：一個區片著色器（fragment shader）與一個頂點著色器（vertex
shader）。這是二種控制表面如何進行算圖而成外觀的函式。

頂點著色器是一個對從世界空間（world-space）到視界空間（view-space）中每一個頂點（*vertex*）——即物件空間中的每一點——進行轉換的函式，為算圖的前置作業。世界空間代表你在 Unity 編輯器中的所看見的世界：物件被放置在空間中，你可以將它們到處移動。不過，當 Unity 需要使用鏡頭來計算場景時，鏡頭會先將場景中所有物件的位置轉換成視界空間：整個世界與其中物體都會被重置的空間，其中鏡頭位於該世界的中央。此外，在視界空間中，整個世界都會被重塑，讓離鏡頭較遠的物體看來較小。頂點著色器也負責計算應該要傳給區片著色器的變動變數（varying variables）值。

你幾乎不需要編寫自己的頂點著色器，不過在某些情況下，自己編寫的頂點著色器可能會比較有用。比方說，若要扭曲一個物件形狀，你就可以編寫可以調整每個頂點位置的頂點著色器。

這個工具的另外一半是區片著色器（*fragment shader*）。區片著色器負責計算每個物件區片——即像素——的最終顏色。區片著色器會接收由頂點著色器算好的變動變數值；這個值依進行算圖之區片與附近頂點的相似度，經過內插（*interpolated*）或混合（blended）而成的。

因為區片著色器對物件最終的顏色有完整掌控權，附近光照特效由著色器本身計算。若你的著色器不自行計算，則表面就不會呈現亮光（lit）。

因此，表面著色器是製作表面亮光時建議使用的方法；光照計算可能會很複雜，不需考慮它的話，事情會比較容易處理。

實際上，表面著色器其實就是區片頂點著色器（fragment-vertex shaders）。Unity 會為你將表面著色器轉換成低階的區片頂點碼，並加進光照計算。

缺點是表面著色器是設計成一般用途，而且可能會比自己寫（handcoded）的著色器要來得沒有效率。

為了說明區片 - 頂點著色器的工作方式，我們將製作一個簡單的著色器，可以將物件渲染成單一的平調顏色（flat color）。接著，我們會將之改成能依據螢幕上物件不同需求，將其渲染成漸層色的著色器。

1. 製作一個新的著色器。開啟 Assets 選單，選取 Create → Shader → Unlit Shader。將此新的著色器命名為 "SimpleUnlitShader"。

2. 在其上雙按滑鼠將之開啟。

3. 將該檔案的內容置換成下列的程式碼：

```
Shader "Custom/SimpleUnlitShader"
{
    Properties
    {
        _Color ("Color", Color) = (1.0,1.0,1.0,1)

    }
    SubShader
    {
        Tags { "RenderType"="Opaque" }
        LOD 100

        Pass
        {
            CGPROGRAM

            // 定義此著色器應使用哪一個函式

            // 'vert' 函式會被當成頂點著色器使用
            #pragma vertex vert

            // 'frag' 函式會被當成區片著色器使用
            #pragma fragment frag

            // 將 Unity 提供的一些有用的工具含括進來
            #include "UnityCG.cginc"

            float4 _Color;

            // 將這個結構傳給每個頂點上的頂點著色器
            struct appdata
            {
                // 世界空間中頂點的位置
                float4 vertex : POSITION;
```

```
        };

        // 將這個結構傳給每個區片上的區片著色器
        struct v2f
        {
            // 螢幕空間中區片的位置
            float4 vertex : SV_POSITION;
        };

        // 傳進一個頂點，將之轉換。
        v2f vert (appdata v)
        {
            v2f o;

            // 將它乘上由 Unity 提供的矩陣（在 UnityCG.cginc 中），
            // 將頂點從世界空間中轉到視界空間來。
            o.vertex = UnityObjectToClipPos(v.vertex);

            // 將之回傳，將它傳給區片著色器。
            return o;
        }

        // 傳進附近頂點的內插資訊，回傳最終的顏色。
        fixed4 frag (v2f i) : SV_Target
        {
            fixed4 col;

            // 渲染所提供的顏色
            col = _Color;

            return col;
        }
        ENDCG
    }
  }
}
```

4. 製作新的材質。開啟 Assets 選單，選取 Create → Material。將此材質命名為 "SimpleShader"。

5. 選取新材質，將著色器改成 Custom → SimpleUnlitShader。

6. 在場景中製作一個球體。開啟 GameObject 選單，選取 3D Object → Sphere。將 SimpleShader 材質拖放到其上。

球體現在會以單一的平調色上色，結果如圖 14-6。

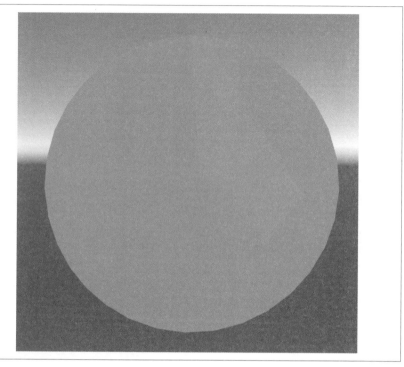

圖 14-6　球體，以一平調色染渲

 以一種顏色為一個物件進行平調著色（Flat-shading）是再普通不過的事，它與你剛寫的著色器很類似，Unity 就有內附。你可以在 Shader 選單下的 Unlit → Color 找到它。

接著，我們將再調整這個著色器，讓它可以動態地作出動畫。這並不需要寫腳本；所有的動畫將會在繪圖著色器本身內完成。

1. 在 *frag* 函式中加入下列程式碼：

```
fixed4 frag (v2f i) : SV_Target
{
    fixed4 col;

    // 渲染所提供的顏色
```

```
      col = _Color;

>     // 隨時間淡入 - 由黑色開始，淡入成 _Color
>     col *= abs(_SinTime[3]);

      return col;
  }
```

2. 回到 *Unity*，可看到該物件會變成黑色，這是預期中的結果。

3. 點按 *Play* 鈕，觀察該物件的淡入與淡出。圖 14-7 所呈現的是淡入淡出的過程。

圖 14-7　物件的淡入與淡出

如現在所看到的，頂點 - 區片著色器可讓我們對物件外觀進行重要的操作，這段只是讓你淺嚐一下。要把這些細節都討論完，可能需要花上一整本書的篇幅；若你想要深入探討著色器的用法，請參考 Unity 的文件（*http://docs.unity3d.com/Manual/SL-Reference.html*）。

全域光照

當物體發光時，負責渲染該物體的著色器需要進行好幾種複雜運算，以判斷該物件接受到的光照數量，並使用這些資料來計算鏡頭中物體的顏色。通常經這樣算出來的效果已經夠用，但在執行期，有些特定的物體特別不容易進行這樣的運算。

比方說，若一個球體被置放在陽光直射的白色表面上，此時球體應該要從底下被點亮上來，因為光線會從地板上反彈上來。不過，著色器可能只會知道陽光本身照射的方向，結果，光照就無法被顯現出來。進行這樣的計算當然可能，但很快地就會讓每個影格面臨很大的計算量挑戰。

有一個比較好的解決方案，即使用**全域光照**（*global illumination*）或**光映對**（*lightmapping*）。全域光照是一些相關技術的泛稱，它會計算場景中每個表面所接收的光量，然後得出物體反射出的光線。

全域光照可呈現出非常逼真的光照，但也會耗掉相當大的處理器計算量；因此，可在 Unity 編輯器中提前做光照的計算工作。計算結果就可被儲存在一個**光映圖**（*lightmap*）中，其中會記錄下場景中每個表面每個部位所接收到的光量。

因為全域光照的計算提前進行，它只能考慮那些絕對不會移動的物件（移動就會改變場景中的光照現況）。遊戲中任何會動的物件無法直接使用全域光照；不過這類問題可以透過我們將討論到的不同解法來處理。

透過**光映對**（lightmapping）可以很明顯地改善場景中逼真光照的效能，因為光照計算會提前進行並儲存成紋樣。不過，若你要使用**光映圖**（lightmaps），紋樣必須先載入到記憶體中，以利渲染器使用。若場景有一定的複雜度，這可能會造成問題。有一個方法可減少這個問題的影響程度，即降低光映圖的解析度，但如此也會降低光照的視覺品質。

瞭解這種情況之後，我們現在就要透過製作場景的方式來使用全域照明。首先要設定一些帶有不同顏色的材質，如此我們就可觀察到光線在場景中到處反射的情況；接著我們就可以製作出一些物件，讓它們運用這套全域照明系統。

1. 在 *Unity* 中製作一個新場景。

2. 製作一種新材質，將之命名為 "Green"。使用 Standard 著色器，將 Albedo 顏色改成綠色。圖 14-8 呈現出 Inspector 的設定值。

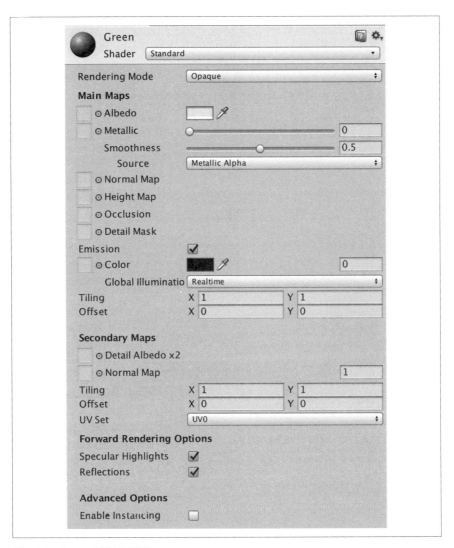

圖 14-8. Green 材質的設定

接著，我們要在這個世界裡頭製作物件。

3. 製作一個立方塊（*cube*）。開啟 GameObject 選單，選取 3D Object →
   Cube，將之命名為 "floor"，並設定其位置（position）為 0, 0, 0，設
   定其大小（scale）為 10, 1 ,10。

4. 製作第二個立方塊，將之命名為 "Wall 1"，設定其位置為 -1, 3, 0，
   設定其旋轉（rotation）為 0, 45, 0。此外，將其大小設定為 1, 5, 4。

5. 製作第三個立方塊，將之命名為 "Wall 2"，其位置應為 2, 3, 0，其
   旋轉為 0, 45, 0，而其大小設定為 1, 5, 4。

6. 將 Green 材質拖放到 Wall 1。

現在場景看來應如圖 14-9。

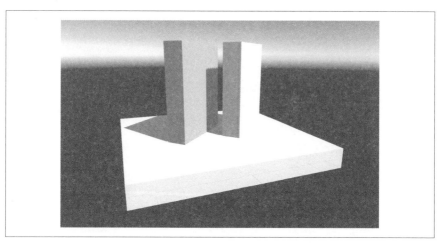

圖 14-9　沒有光映對（lightmapping）的場景

現在要讓 Unity 計算光照。

7. 選取剛做好的三個物件 —— 即地板跟二面牆 —— 再勾選位於
   Inspector 右上角的 Static 勾選框（圖 14-10）。

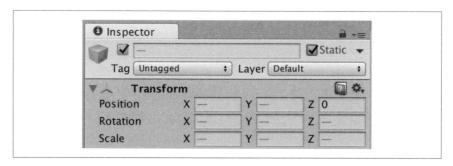

圖 14-10　將物件設定成靜態（static）

當這些靜態物件出現在場景中時，Unity 會馬上開始計算光照資訊。一段時間後，光照會出現微妙的轉移。你可以注意到，其中的最明顯效應是綠牆會反射出一些光到白牆的背後。觀察比較圖 14-11 與圖 14-12 的不同。

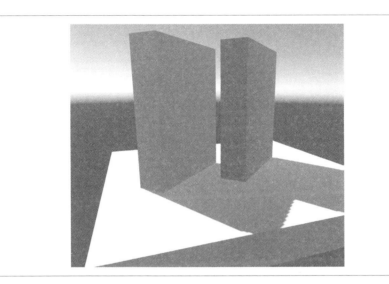

圖 14-11　關閉全域照明的場景（綠牆在右）

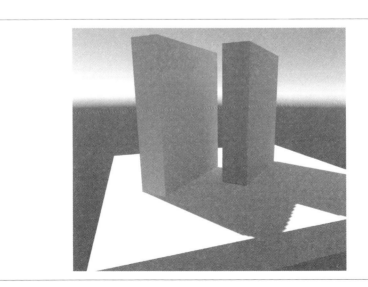

圖 14-12　開啟全域照明的場景──注意牆後染上的反射綠光（綠牆在右）

此時的光照會使用即時全域照明。看起來不錯，但對效能會有明顯的影響，因為只有部份的光照計算會提前進行。若要以提高記憶體使用量的方式來改善效能的話，你可以將光照（lighting）焙（*bake*）成光映圖（lightmap）。

8. 選取方向性光照，並將 Baking 選項設定成 Baked。

一段時間後，光照會被計算出來並儲存成光映圖。

雖然全域照明就靜態物件而言很合用，但它沒辦法適用到非靜態物件（nonstatic objects）上，要再改善的話，可以使用光照探測器（light probes）。

光照探測器

光照探測器是一種可以接收各方向光照並將之記錄下來的隱形物件。其附近的非靜態物件就可以使用這份光照資訊，來為自己本身打光。

光照探測器無法獨立運行，要用群組的方式來製作；在執行期時，需要光照資訊的物件會依照每個光照探測器靠近自身的遠近，組合鄰近探測器上的光照資訊。如此，物件愈靠近反射出光線的表面，就能映照出更多的光線。

先將一個非靜態物件加進場景中，接著再加進一些光照探測器，觀察它們對光照的影響。

1. 在場景中加入一個膠囊體。選取 GameObject → 3D Object → Capsule。將膠囊體放在靠近綠色牆的地方。

你可以看到膠囊體並不會染上牆所反射出的綠光。其實，它是接收了太多由牆的方向打過來的光，因為從天空中打下來的光，正對著這個方向照，這道光應該要被牆擋下來才對。圖 14-13 中可看到這種情形。

2. 加進一些光照探測器。開啟 GameObject 選單並選取 Light → Light Probe Group。

你會看到有一群球體跑出來；每一個球體代表一個光照探測器，呈現出空間中那個點所接收到的光照。

3. **重新安排探測器的位置**，讓它們都不會被埋在場景裡頭——也就是說，它們都浮在空中，沒有卡在地板或牆中。

 你可以調整組群中某些探測器的位置；先選取探測器群組，再點選 Edit Light Probes，選取欲移動的探測器後，再移動它的位置。

做好之後，你的膠囊體就會映照出牆上反射出的綠光了——可比較圖14-13 與 14-14 的相異處。

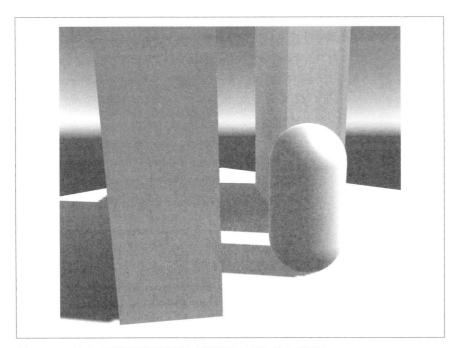

圖 14-13　沒有光照探測器的場景（膠囊體左側未染上綠光）

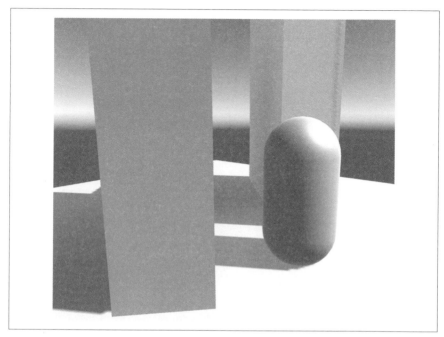

圖 14-14　有光照探測器的場景──注意反射到膠囊體上的綠光

　製作愈多探測器，光照計算所需時間愈長。而且，若光
照突然改變（即在區域間），你應該在靠近改變的地方，
將探測器弄得更密集一點，以免物件外觀跑掉。

效能考量

在總結本章之前，很適合來討論 Unity 內建的效能工具（performance
tools）。遊戲中所使用的光照設定，可能明顯地影響到使用者裝置的效
能；此外，除了全域照明與光映對之外，將物件標示成靜態，也會對效
能造成影響。

不過，遊戲的效能並不完全取決於遊戲中的圖形：所寫腳本佔用 CPU 的
時間，對效能也會造成影響。

還好，Unity 附帶有一些工具與功能，你可以運用它們讓產品表現出最佳
的效能。

側錄器

側錄器（Profiler）可以在遊戲進行的過程中記錄下資料。在每一影格中，它會蒐集不同位置資訊，如：

- 每一影格叫用的腳本方法，以及叫用它們所需的時間。

- 繪製影格需要的「叫用繪圖（draw calls）」次數——即傳給繪圖晶片，讓它進行繪圖工作的指令。

- 遊戲所需的記憶體，腳本與繪圖所需的都包括在內。

- 播放音訊所需耗用的 CPU 時間。

- 活動中的實體（physics bodies）數量以及需要在影格中處理的實體碰撞數。

- 需要透過網路傳接的資料量。

Profiler 的操作介面分成二個部份。上半部又分成幾列——每一項就是上述各種資料的記錄器（recorders）。你可以在圖 14-15 中看到側錄器的操作介面。在遊戲進行時，每個記錄器會一直收到相關資訊。下半部顯示你所選取的特定影格與目前選取之記錄器的相關資訊。

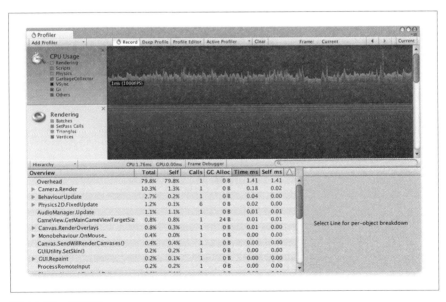

圖 14-15　側錄器

這裡所呈現的資料不一定會跟你在遊戲中看到的相同。
在不同的硬體上，即用來執行 Unity 的電腦與行動裝
置，會看到不同的資料，而且不同版本的 Unity 所顯示
的資料也不盡相同。Unity Technologies 不斷地在幕後改
良遊戲引擎，所以你非常有可能看到不同的結果。

換句話說，你跟著在蒐集遊戲效能資料的步驟會是相同
的，可以將這些技巧應用在任何遊戲上。

1. 打開側錄器，開啟 *Window* 選單並選取 *Profiler*。你也可以按 Mac 上
   的 Command-7 或 PC 上的 Ctrl-7。如此，Profiler 就會顯現出來。

你只要在遊戲執行過程中打開 Profiler，即可開始使用它。

2. 按 Play 鈕或按 Ctrl-P（Mac 上則按 Command-P）啟動遊戲。

側錄器會開始顯示各種資訊。從遊戲的開頭開始進行分析會比較容易一
些，所以在繼續下去之前，你要先讓遊戲離開 Play 模式。

3. 一段時間後，停止或暫停遊戲。Profiler 中的資料並不會消失。

現在 Profiler 上不會再一直有資料跑進來，你可以詳細地觀察個別影格的
情形。

4. 在 *Profiler* 中點按滑鼠左鍵並拖動上方列。此時會有一條垂直線出
   現，Profiler 下半部的資料會跟著選取的影格更新。

不同的記錄器所顯示的是不同的資訊。就 CPU 這個項目來說，其預設顯
示的是 Hierarchy，它會列出在該影格上所叫用之所有方法的列表，其中
資訊以每一方法的叫用時間來排序（圖 14-16）。你也可以點按每一列最
左邊的三角形，將該列展開，觀察裡頭叫用方法的資訊。

Overview	Total	Self	Calls	GC Alloc	Time ms	Self ms	⚠
WaitForTargetFPS	67.1%	67.1%	1	0 B	2.72	2.72	
Overhead	24.4%	24.4%	1	0 B	0.99	0.99	
▶ Camera.Render	4.3%	0.4%	1	0 B	0.17	0.02	
▶ BehaviourUpdate	1.0%	0.1%	1	0 B	0.04	0.00	
Profiler.FinalizeAndSendFrame	0.4%	0.4%	1	0 B	0.01	0.01	
GameView.GetMainGameViewTargetSiz	0.4%	0.4%	1	24 B	0.01	0.01	
▶ Canvas.RenderOverlays	0.3%	0.1%	1	0 B	0.01	0.00	
AudioManager.Update	0.2%	0.2%	1	0 B	0.01	0.01	
▶ Monobehaviour.OnMouse_	0.1%	0.0%	1	0 B	0.00	0.00	
Canvas.SendWillRenderCanvases()	0.1%	0.1%	1	0 B	0.00	0.00	
GUIUtility.SetSkin()	0.1%	0.1%	1	0 B	0.00	0.00	
▶ Physics2D.FixedUpdate	0.1%	0.0%	1	0 B	0.00	0.00	

圖 14-16　CPU 側錄器的 Hierarchy 檢視模式

我們需要花一些時間在 CPU 側錄器這邊，因為瞭解其中
資訊的意義，能幫助你找出並修復遊戲中可能出現的效
能低落問題。

Hierarchy 中的每一欄（column）會顯示每一列中的不同資訊：

Total

這一欄所顯示的是，在渲染此影格時，叫用該方法以及其需叫用之所
有方法全部時間加總後的百分比。

以圖 14-16 為例，叫用 `Camera.Render` 方法（Unity 引擎內部的方法）
佔渲染整個影格所需的 4.3% 時間。

Self

這一欄顯示叫用該方法所需時間佔佔渲染整個影格所需的百分比，而
且僅止於這個方法。這有助於找出到底是某個方法耗用了大量時間，
或是該方法叫用的其他方法在耗時間。若 Self 的值接近 Total 的值，
代表所耗時間大都用在方法本身上，而不是它叫用的方法。

以圖 14-16 為例，叫用 `Camera.Render` 方法佔渲染整個影格所需的
0.4% 時間，代表這個方法本身的成本很低，不過，它所叫用的方法
會用掉多一點的時間。

Calls

這個欄位呈現此方法在這個影格中被叫用的次數。

圖 14-16 中，`Camera.Render` 只會被叫用一次（可能是因為場景中只有一個鏡頭的關係）。

GC Alloc

這個欄位呈現此方法在這個影格中需要配置（allocate）的記憶體空間。若記憶體需要經常配置，會增加記憶體資源回收器（garbage collector）的執行次數，這將造成遲滯（lag）。

圖 14-16 中，叫用 `GameView.GetMainGameViewTargetSize` 需要配置 24 個位元組。雖然這數字看來似乎並不大，不過，不要忘了，遊戲會儘可能地多渲染一些影格；隨著時間的推演，若每個影格都會配置一些小量的記憶體，它可能會產生資源回收的需求，需安排資源回收器介入並清理記憶體，這會影響到遊戲的效能。

Time ms

這個欄位呈現以毫秒（milliseconds）為單位的時間量，代表叫用此方法（及此方法叫用其他方法）所需的時間。圖 14-16 中，叫用 `Camera.Render` 花了 0.17 毫秒。

Self ms

這個欄位呈現以毫秒（milliseconds）為單位的時間量，代表叫用此方法（**僅計此方法**）所需的時間。圖 14-16 中，叫用 `Camera.Render` 只花了 0.02 毫秒；可知其他的 0.15 毫秒用在叫用其他方法上。

Warnings

這個欄位顯示任何 Profiler 找到的問題。Profiler 能在其所記錄的資料上進行分析然後提供建議。

自裝置上取得資料

當你按照前段所介紹的步驟進行操作時，你所看到的資料是 Unity Editor 傳進來的。在 Editor 中播放遊戲並無法完整呈現在裝置上進行遊戲的完整樣貌。PC 或 Mac 電腦上通常會配備有比較快的 CPU、更多的 RAM 以及比行動裝置更好的 GPU。因此，你從 Profiler 中看到的資料會有所不同，而且對以 Editor 執行遊戲的過程所進行的最佳化，可能無助於提升使用者操作時所感受到的效能。

為了解決這種問題，你可以透過 Profiler 蒐集遊戲在裝置上執行時的資料。依照下列步驟操作：

1. 依照第 403 頁「佈署」中的步驟，建置並將遊戲安裝到手機上。要注意確認 Development Build 與 Autoconnect Profiler 二選項都有打開。

2. 確認裝置與電腦處於同一個 *WiFi* 網路底下，且裝置已透過 USB 連接線接上電腦。

3. 啟動裝置上的遊戲。

4. 開啟 *Profiler* 並打開 *Active Profiler* 選單，從出現的選單中，選取你所使用的裝置。

Profiler 會開始直接從裝置上蒐集資料。

常用的效能改善技巧

有幾種作法可以改善遊戲的效能：

- 在 Rendering 側錄器中，試著讓 Verts 計數低於每格 200,000。

- 在選取遊戲要使用的著色器前，從 Mobile 或 Unlit 類別中來挑選。這些著色器比較簡單，與其他的著色器比起來，執行每個影格所需的時間較短。

- 場景中所使用的材質種類愈少愈好，此外，儘量讓愈多物件使用同樣的材質。這可降低 Unity 在同一時間繪製這些物件的難度，效能會因此而提升。

- 若物件不需在場景中移動、縮放（scale）或旋轉，則將其在 Inspector 右上角中的 Static 勾選框勾起來。如此可啟動遊戲引擎內部的一些最佳化機制。

- 降低場景中光照的數目。光照愈多，渲染引擎要做的事愈多。

- 使用焙好（baked）光照替代即時光照，會比較有效率。不過要記得，焙過的光照不能移動，且其中的資訊會需要記憶體空間來儲存。

- 儘量使用壓縮過的紋樣來替代未經壓縮的紋樣。壓縮紋樣佔用比較少的記憶體空間，引擎存取資料所需的時間也比較短（因為要讀的資料比較少）。

你可以在 Unity 的手冊中找到一些其他有用的效能改善技巧（*http://docs.unity3d.com/Manual/OptimizingGraphicsPerformance.html*）。

本章總結

光照能讓你的場景增色不少，既使你的遊戲並不需要很逼真的外觀，在場景的打光上面下一點工夫，可提升不少遊戲的質感。

你也要注意遊戲的效能。透過 Profiler，你可以看到遊戲實際的運作方式，要善用這些資訊來校調你的遊戲。

第十五章

Unity GUI 的製作

遊戲是軟體的一種，而所有軟體都需要使用者介面（user interface）。
既使它是簡單如啟動一場新遊戲的按鈕，或者顯示目前玩家分數的標籤
（label），你的遊戲還是需要一種方法呈現比較普通、「非遊戲要件」的
元件讓玩家可以操作。

Unity 已內建很棒的 UI 系統，這是好消息。Unity 4.6 所引入的 UI 系統非
常有彈性且功能強大，專門設計用來因應遊戲常會碰到的需求。比方說，
此 UI 系統支援 PC、控制台與行動裝置平台；可讓單一 UI 延展適配到不
同尺寸的螢幕上；也可以回應鍵盤、滑鼠、觸控板與搖桿的輸入；並支援
UI 顯示在螢幕空間（screen-space）與世界空間（world-space）中。

簡單地說，這是一套很棒的工具。雖然我們已在第二部與第三部的遊戲
中製作過 GUI，但還是要來探討 GUI 系統的一些細節，如此，你才能善
用它所提供的功能。

Unity GUI 的運作方式

基本上，Unity 中的 GUI 與在場景中看到的物件並沒有太大的不同。GUI
是 Unity 在執行期時建置出的網格（mesh），其上套用著紋樣；此外，
GUI 內含腳本，可對滑鼠的移動、鍵盤事件與觸碰作出回應，以更新或
修改該網格。網格會透過鏡頭來呈現。

Unity 的 GUI 系統由幾個不同部份組成，互相搭配運行。論其核心，一個 GUI 是由幾個帶有 `RectTransforms` 的物件所組成，這類物件能將其內容繪製出來，並對**事件**作出回應，而這些物件都包含在 Canvas 當中。

Canvas

畫布（*Canvas*）是負責在螢幕上畫出所有 UI 元件的物件，因此，它本身也是所有畫布呈現的空間範圍。

所有的 UI 元件都是 Canvas 的子物件──若按鈕不是畫布的子物件，它就不會被顯示出來。

Canvas 可讓你決定**如何**繪製 UI。此外，透過附掛 Canvas Scaler 組件，你就能控制 UI 元件的縮放。我們會在第 348 頁「縮放畫布」中再詳細說明 Canvas Scalers。

Canvas 可在 ──*Scren Space - Overlay*、*Screen Space - Camera* 與 *World Space* 三個模式中使用：

- 當鏡頭處於 Screen Space - Overlay 模式下時，整個 Canvas 會被畫在遊戲的最上層。也就是說，場景中的所有 Cameras 都會將其視版（view）渲染在螢幕上，之後 Canvas 才會畫在它們上面。這是 Canvas 的預設模式。

- 在 Screen Space - Camera 模式中，Canvas 的內容會被渲染進一個平面中，這個平面是放在 3D 空間中距特定 Camera 前一段距離的位置上。Camera 移動時，Canvas 的位置會跟著變動，與 Camera 維持同樣的距離。在這個模式下使用時，Canvas 實際上是一個 3D 物件，也就是說，Canvas 與 Camera 間的物件會擋住 Canvas。

- 在 World Space 模式下，Canvas 是場景中的一個 3D 物件，此時其位置與旋轉值是獨立於場景中的任何 Camera 之外的。也就是，舉例來說，你可以製作一個內有門鎖鍵盤的 Canvas，並將它放在門旁。

 若你有玩過毀滅戰士（*DOOM*，2016）或駭客入侵：人類革命（*Deus Ex: Human Revolution*），這種模式就是世界空間（world-space）GUI。在這些遊戲中，玩家可以走到遊戲中的電腦螢幕前，「點按」螢幕上顯示出來的按鈕。

RectTransform

Unity 是一個 3D 引擎，也就是說，所有的物件都會有一個 Transform 組件，存放其在 3D 空間中之位置、旋轉與大小的資料。不過，Unity 中的 GUI 是 2D 的。也就是說，所有的 UI 元件都是具有位置、寬度與高度的 2D 方框（rectangles）。

為了進行控制，UI 物件都會內含一個 RectTransform 物件。RectTransform 代表一個能顯示 UI 內容的方框。重點是，若一個 RectTransform 是另一個 RectTransform 的子物件，則子物件可以相對於父物件的方式，來設定其位置與大小。

舉例來說，Canvas 物件內的 RectTransform 最少定義了 GUI 的大小；此外組成遊戲 GUI 中的所有 GUI 元件都會有自身的 RectTransform。因為這些 GUI 元件都是 Canvas 的子物件，故這些 GUI 的 RectTransform 都會相對於 Canvas 來擺放。

> Canvas 的 RectTransform 也能定義 GUI 的位置，不過，要視 Canvas 是 *screen-space*、*camera-space* 或 *world-space* 而定。若 Canvas 不是 *world-space*，則 Canvas 的位置會自動判定。

當你嵌套（nest）好幾個子物件時，更可充份運用這種方式。在你製作帶有 RectTransform 的物件，並在其中加進子物件（都帶有自身的 RectTransform）時，這些子物件的位置會相對於其父物件來擺放。

> RectTransforms 不只能用在 UI 元件上，你可以將 RectTransform 加到任何物件上；如此，RectTransform 會取代 Inspector 上端的 Transform 組件。

Rect 工具

Rect 工具可以讓你以簡單的方式來移動或縮放帶有 RectTransform 組件的物件。要啟用 Rect 工具，你要按 T 鍵，或在 Unity 視窗左上角的工具列上選用 Rect 工具（圖 15-1）。

圖 15-1　在工具列中選用 Rect 工具

Rect 工具啟用之後，被選取物件外圍就會出現帶有把手（handles）的方框（圖 15-2）。在你拖動這些把手時，該物件就會被縮放或移動位置。

此外，若你將滑鼠游標移近把手，在方框外，游標會變成旋轉模式的游標。此時按下滑鼠鍵並拖動方框，該物件就會在軸轉點上旋轉。軸轉點就是物件中間的圓圈；若被選取的物件帶有 RectTransform，你可以點按並拖動軸轉點來移動它。

圖 15-2　Rect 工具把手，軸轉點位於中央

Rect 工具的使用並不只限於 UI 元件！它也可以在 3D 物件上使用；當你選取一個 3D 物件時，方框與把手會依照物件在 Scene 視版中的情況來放置。圖 15-3 呈現的是 Rect 顯示在 3D 物件上的情況。

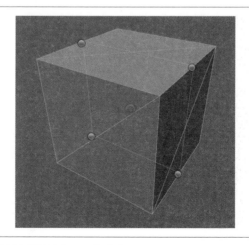

圖 15-3　Rect 工具把手圍繞在 3D 方塊上

錨點

當 RectTransform 是另一個 RectTransform 的子物件時,它會以相對於其錨點(*anchors*)的位置來擺放。這可讓你在父物件方框及其子物件的位置與大小間,建立出關係。比方說,你可以讓一個方框放在其父物件的底端,並填滿其整個寬度;當父物件改變大小時,子物件方框的位置與大小就會跟著更新。

在 RectTransform 的 Inspector 中,你會看到一個方盒讓你為錨點選取一個預設值(圖 15-4)。

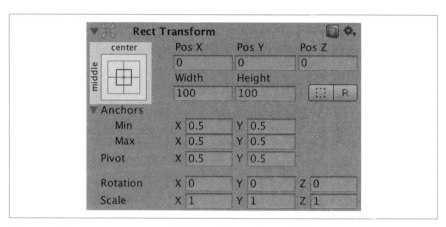

圖 15-4　顯示 Rect Transform 錨點目前所選預設值的方盒

若你點按這個方盒,會有一個小彈出視窗出現,讓你更改預設值(圖 15-5)。

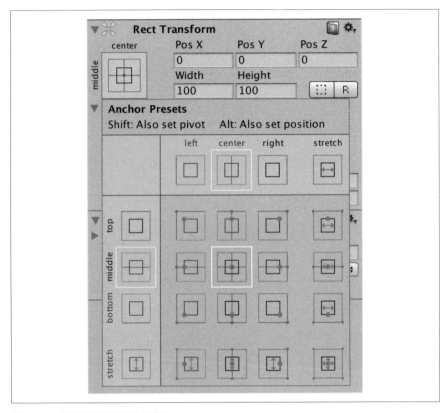

圖 15-5 錨點預設值選取面板

點按這些預設值就會改變 RectTransform 的錨點。這雖不會改變方框的位置與大小,但它會改變當其**父物件**改變大小時,方框大小的變化方式。

這是 GUI 系統中非常視覺化的部份,因此,要瞭解其運作最好的學習方式就是自己動手操作。將一個 Image 遊戲物件放到另一個 Image 物件中,然後改變子視版的錨點並調整父視版的大小,動手實驗看看。

控制項

還有幾種可在場景中使用的控制項（controls）。從到處可見的簡單控制項，如按鈕與文字欄位，到像捲軸視版（scroll views）這種複雜的控制項都有。

本段內容中，我們會討論其中最重要且最需要瞭解的一些控制項，以及其用途。隨著時間的經過，不時會有控制項加入，請參考 Unity 的手冊，以清楚掌握各個控項制。

> Unity GUI 系統中的控制項通常是由好幾個遊戲物件相互搭配而組成的。在你將某控制項加進畫布時，一旁的階層中會多出好幾個物件，此時你可別太訝異。

事件與投射

使用者點按畫面上的按鈕時，他們預期按鈕會執行它被設定好的功能。為了能達成這種效果，UI 系統必須要知道是**哪一個**物件被點按了。

支援這種機制的系統稱為**事件系統**（*event system*）。這個系統相當複雜：除了要提供 GUI 的輸入機制外，也被當成能判定遊戲中是否有物件被按、點或拖動的一般性機制。

> 製作 Canvas 時，出現在其中的事件系統物件所代表的就是 Event System。

事件系統依據投射（*raycasts*）的原理運作。在投射中，一條射線（*ray*）──是條隱形的線──會自使用者在螢幕上按下的點射出。這條射線會一直往前打，直到碰上東西為止，此時，事件系統就記錄下在使用者的手指「下」應會有什麼東西。

與其他引擎相同，因為投射系統在 3D 空間中運作，故事件系統要需要能在 2D 與 3D 的 GUI 下運行。當一個事件發生時，如手指或滑鼠的點按，場景每一個**投射器**（*raycaster*）會發射其射線。系統中有三種不同類型投射的碰撞器，每一種類型都會觀察射線打中的不同東西。這三類分別是圖形投射器（*graphic raycasters*）、*2D 物理投射器*（*2D physics raycasters*）以及 *3D 物理投射器*（*3D physics raycasters*）：

- 圖形投射器會檢查它們所發出的射線是否碰上畫布中任何的 Image 組件。

- 2D 物理投射器會檢查它們所發出的射線是否碰上場景中任何的 2D 碰撞器。

- 3D 物理投射器會檢查它們所發出的射線是否碰上場景中任何的 3D 碰撞器。

當使用者點按到按鈕 GUI 時，附掛到 Canvas 的圖形投射器組件會從指頭在畫面中的位置，發出射線，並檢查射線是否碰上任何的 Image。因為按鈕有個 Image 組件，所以投射器會回報給事件系統說該按鈕被點按。

雖然 2D 或 3D 物理投射器不會在 GUI 系統中使用，你還可以用它們來偵測按（clicks）、點（taps）以及場景中 2D 與 3D 物件的拖動。舉例來說，你可以使用一個 3D 物件投射器來偵測使用者是否在某個方塊上點按。

回應事件

建置自定 UI 時，能在 UI 元件中加入自定行為（behavior）是非常有用的。一般而言，這會牽涉到是否能在點按或拖動操作發生時，被系統通知到。

要讓腳本可以回應事件，你要讓類別運用（conform）特定介面（interfaces），並實作這些介面的必要方法。舉例來說，`IPointerClick Handler` 介面需要實作具 `public void OnPointerClick (PointerEventData eventData)` 簽章（signature）的方法。這個方法會在事件系統偵測到目前游標（不管是滑鼠游標或手指碰到螢幕）發生「點按（click）」執行——也就是滑鼠鍵或手指在影像區域中，被按下再放開，或者按下再抬起。

為了說明這個過程，底下進行一段簡單的練習，以瞭解如何在 GUI 物件上對指標點按作出回應：

1. 在空白的場景中，製作一個新的 *Canvas*。打開 GameObejct 選單，並選取 UI → Canvas。會有一個 Canvas 被加進場景中。

2. 製作一個新的 *Image*。打開 GameObject 選單，並選取 UI → Image。會有一個 Image 被加成 Canvas 的子物件。

3. 在 *Image* 物件上加進一段 *C#* 腳本，將其命名為 *EventResponder.cs*，並將下列程式碼加進該檔中：

```
// 為存取 'IPointerClickHandler' 與 'PointerEventData' 所必須寫的
using UnityEngine.EventSystems;

public class EventResponder : MonoBehaviour,
  IPointerClickHandler {

    public void OnPointerClick (PointerEventData eventData)
    {
        Debug.Log("Clicked!");
    }

}
```

4. 執行遊戲。當你在該影像上點按時，Console 中會列出 "Clicked!" 訊息。

運用版面系統

在製作新的 UI 元件時，你通常將它直接放進場景，然後手動設定其位置與大小。不過，你很快就會發現，在進行下列二種重要的工作時，這樣的設定方式並不好：

- 當你不知道畫布大小時，因為遊戲會被呈現在不同大小的螢幕上；以及

- 當你要於執行期間在 UI 中加入或移除內容時。

在這些狀況之下，你可以善用內建於 Unity GUI 系統中的版面系統。

為說明其運作的方式，我們會很快地安排出一份按鈕的垂直列表來：

1. 選取一個 *Canvas* 物件，即在 Hierarchy 中點按它（若找不到，則打開 GameObject 選單並選取 UI → Canvas）。

2. 製作一個新的空子物件，打開 GameObject 選單並選取 Create Empty Child，或按 Ctrl-Alt-N（Mac 上則按 Command-Option-N）。

3. 將新產生的物件命名為 "*List*"。

4. 製作一個新 *Button*，點按 GameObject 選單並選取 UI → Button。將這個新製作好的 Button 設定成是 List 的子物件。

5. 將一個 *Vertical Layout Group* 組件加進 *List* 物件中，先選取它，再點按 Add Component 按鈕，然後再選取 Layout → Vertical Layout Group。（你也可以輸入 "vertical layout group" 的前幾個字母，以快速地選取這個物件。）

你會看到，就在 Vertical Layout Group 被加進 List 物件的當下，Button 的大小就會被重新調整，以填滿整個 List 的方框。圖 15-6 與 15-7 呈現出操作之前與之後的外觀。

圖 15-6　將 Vertical Layout Group 加進 List 之前的按鈕

圖 15-7　將 Vertical Layout Group 加進 List 之後的按鈕

接下來，觀察版面群組（layout group）裡有好幾個按鈕的情況。

　6. 選取該按鈕，並複製它，按 Ctrl-D（Mac 上則按 Command-D）。

做到這裡時，原始與複製出來的按鈕都會立即被安置且調整大小，它們都會被調整成適合 List 物件的狀態（圖 15-8）。

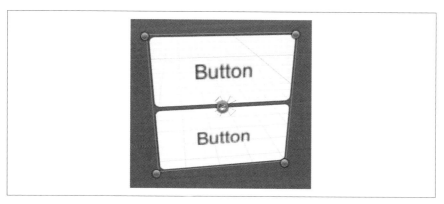

圖 15-8　以垂直方式安排好的二個按鈕

除了 Vertical Layout Group 外，GUI 系統也有 Horizontal Layout Group 可供使用，它的運作方式跟 Vertical 的完全相同，只是其中元件朝左右方向擺；此外，Grid Layout Group 會將內容安排在方格（grid）中，方便你安排並呈現有好幾行的內容。

縮放畫布

除了遊戲呈現時所使用之不同種類螢幕的尺寸會有不同外，螢幕本身的**顯示密度**（*display density*）也有不同。顯示密度代表的是每一個像素的大小；在較新型的行動裝置上，螢幕通常具有較高的密度。

Retina 螢幕是高檔的螢幕，從 iPhone 4 起，所有 iPhones 都配備了這種螢幕，而 iPad 則是從第三代開始使用。這些裝置上的螢幕雖然外觀大小與前代看來相同，但顯示密度卻高了一倍：iPhone 3GS 的螢幕有 320 個像素寬，但在 iPhone 4 上，其螢幕卻有 640 個像素寬。若讓螢幕上所顯示的內容大小相同，則顯示密度提高會讓內容更平滑（smoother）更好看。

因為 Unity 處理的是個別像素點，所以在高密度顯示器中進行 GUI 渲染，會讓呈現出的 GUI 內容，只有原先一半的大小。

為了解決這個問題，Unity 的 GUI 系統內建了一個稱為 Canvas Scaler 的組件。Canvas Scaler 所扮演的角色是自動調整所有 GUI 元件的大小，以確保它們在進行遊戲的螢幕上，都能呈現出適當的大小。

當你透過 GameObject 選單製作出 Canvas 物件時，Canvas Scaler 組件就會自動加進去。Canvas Scaler 的運作模式有三種——即**固定像素大小**（*Constant Pixel Size*）、**按螢幕大小調整**（*Scale With Screen Size*）以及**固定實體大小**（*Constant Physical Size*）：

固定像素大小

> 這是預設模式。在這個模式下，Canvas 不會依照螢幕的大小或密度來調整其內容的大小。

按螢幕大小調整

> 在這個模式下，Canvas 會依照自身尺寸與一個「**參考解析度**（reference resolution）」的比例，調整其內容的大小，而該參考解析度是在 Inspector 中設定的。舉例來說，若將參考解析度設定成 640 乘 480，而進行遊戲之裝置的解析度為 1280 乘 960，則每一個 UI 元件會以 2 為因子來縮放。

固定實體大小

在這個模式下，Canvas 會依據進行遊戲裝置的 DPI（dots per inch），
若能取得的話，來調整其內容的大小。

根據我們的經驗，在大部份的情況下，按螢幕大小調整
是最好用的模式。

畫面間的轉場

多數遊戲的 GUI 可以被分成二種類型：選單型與內置型（in-game）。GUI
選單是玩家用來讓遊戲準備好或設定一些遊戲選項用的——也就是說，可
用來選取開始新遊戲或繼續之前遊戲、設定選項值或瀏覽多人遊戲準備加
入等功能的 GUI。內置型的 GUI 則是疊加在遊戲畫面上的元件。

內置型 GUI 的結構比較不會有太大的變化，通常會顯示出重要的資訊：
玩家的箭匣中還剩幾支箭、生命值（hit-points）還有多少或距下一個目
標多遠等。不過，選單的結構就會常變動；主選單與設定畫面的外觀通
常會有很大的不同，因為二者對結構有不同的要求。

因為你做的 GUI 只是一個由鏡頭渲染出來的物件，Unity 其實也並沒有
內容的「畫面（screen）」這種概念，有的只是目前呈現在畫布中的物件
集。若你要從一個畫面移到另外一個畫面上，你需要做二件事：變更鏡
頭目前對著的畫布，或者將鏡頭看往別處。

要改變 GUI 元件子集時，很適合用變更畫布的方式來進行。舉例來說，
若你要呈現出大部份裝飾用的 GUI 元件，但有部份的 GUI 要更換，這
時，以調整畫布內容的方式來做，應該比調整鏡頭方向合理。不過，若
你是要替換掉畫面中所有的 GUI 元件，則調整鏡頭方向會比較有效。

還有一件要注意的事，即畫布需要設定成 World Space 模式，才能將畫
布與個別鏡頭分開；在其他二種模式下，即 Screen Space - Overlay 與
Screen Space - Camera 模式，UI 總是會直接出現在鏡頭前。

本章總結

如你所見的，Unity GUI 系統不僅涵蓋面廣且功能強大，亦可在不同的情境下，透過不同的方式來運用。它的設計具彈性，可讓你建構出所需的GUI。

UI 是遊戲的重要組件之一，UI 也是使用者玩遊戲的方式，而且在行動裝置上，它更是控制遊戲的基礎組成。要有心理準備，要花許多時間在修飾 UI，完善 UI 上。

第十六章

編輯器延伸套件

在 Unity 中製作遊戲意味著需要處理許多遊戲物件，自然也就需要處理組成這些遊戲物件的所有組件。Unity 中的 Inspector 會幫忙處理許多工作：它會自動將腳本中的所有變數都轉化成容易操作的文字欄位、勾選框（checkboxes）與素材、場景物件的放置槽，因此，節省許多組裝場景的工夫與時間。

不過，並不是所有的工作都可以在 Inspector 中完成。雖然 Unity 可讓 2D 與 3D 環境的建置工作儘量變得簡單，不過 Unity 的開發者不可能事先都能設想到你遊戲中會用到的零件。

自定編輯器能讓你操控編輯器本身。從能讓你在編輯器中將普通工作自動化的小插件（add-on）視窗到完全覆寫（overriding）Unity 的 Inspector，自定編輯器都能做得到。

在製作比本書所介紹的更複雜遊戲時，我們發現，若能為自己編寫能將重複性工作自動化的工具，將能節省下大量的時間。這倒不是說身為遊戲開發者的你，應該動手編寫對製作遊戲有幫忙的軟體——你的主要工作是把遊戲做出來！不過若你需要做一些重複性或以 Unity 現有功能做起來會很困難的工作，其實可以考慮編寫一個編輯器延伸套件，為你做這些工作。

本章將討論一些 Unity 的進階功能。明確地說，我們將學習如何運用 Unity 編輯器本身所使用的類別與程式。這部份所討論的程式碼會比之前所寫過的程式要來得更複雜，也更习鑽。

有一些方法可讓你擴展 Unity 的功能。在本章中，我們會介紹其中的四種方法，每一種都會比前一種稍微更複雜一些，功能也更強大一些：

- 自定精靈（Custom wizards）可讓你以一種簡單的方式，在場景中要求輸入並進行某些操作，如製作出一個複雜的物件。

- 自定編輯器視窗可讓你製作自定的視窗（windows）與頁籤（tabs），裡頭可以安排所需的控制項（controls）。

- 自定屬性工具箱（drawers）可讓你為自定型別（types）的資料，在 Inspector 中製作自定的使用者介面。

- 自定編輯器可讓你完全覆寫（override）一個物件的 Inspector。

請產生一個新專案，以開始依照本章中的範例來練習：

1. 製作一個命為 *"Editor Extensions"* 的新專案，將它設定成 3D 專案，儲存在適當位置上（圖 16-1）。

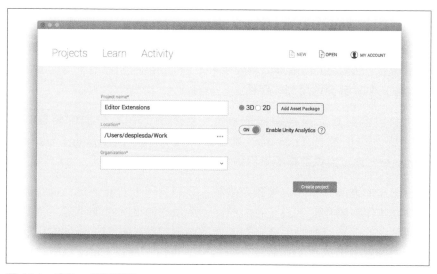

圖 16-1　產生一個新專案

2. 在 *Unity* 載入之後，在 *Assets* 裡產生一個新的資料夾，將這個新資料夾命名為 *Editor*，所寫的編輯器擴充腳本會放在這裡。

將這個資料夾命名為 *Editor* 很重要,首字要大寫,也不要拼錯。Unity 會特別注意帶有這個名稱的資料夾。

　　這個資料夾其實可以放在任何地方——它不一定要直接放在 *Assets* 資料夾下,但它的名稱一定要是 *Editor*。會這樣子要求有它的原因,這表示在大型專案中,你可以有好幾個 *Editor* 資料夾,如此,處理起大量的腳本來會比較容易。

做好之後,可以開始製作自定編輯器腳本了!

製作自定精靈

我們將由自定精靈開始做起。精靈是讓你呈現視窗,自使用者處取得輸入,然後使用這些輸入在場景中做一些事的簡單方法。最常見的例子是依據所輸入的設定,在場景中產生出物件。

　　精靈與第 361 頁「製作自定編輯器視窗」中所討論的編輯器視窗,二者在概念上相近,它們都會顯示一個內含控制項的視窗。不過,二者在組合搭配的方式上有所不同;精靈的控制項由 Unity 負責處理,但編輯器中的控制項就全權由你負責。不需要特定 UI 就可以處理好的工作,精靈就很好用。若你需要完全掌握 UI,則使用編輯器視窗比較合適。

要瞭解精靈對日常的 Unity 運用有何助益的最好方法就是實際做一個出來用。我們會製作一個能創建出能在場景中顯示四面體(tetrahedron)——三角金字塔錐——之遊戲物件的精靈。

圖 16-2　由精靈所產生的四面體

用這種方式產生的物件會需要手動製作 Mesh 物件。通常，這些物件是從
檔案匯入的，如第九章中所使用的 *.blend* 檔；不過你也可以用程式碼來
製作。

有 Mesh 後，你可以製作一個能渲染該網格（mesh）的物件。先製作
一個新的 GameObject，然後將二個組件附掛上去：MeshRenderer 與
MeshFilter。做好之後，這個物件就可以在場景中使用。

這些步驟很容易就可以進行自動化，也就是說，它們很適合用精靈來做：

1. 製 作 一 個 新 的 *C#* 腳 本，將 之 放 在 *Editor* 資 料 夾 中 並 命 名 為 *Tetrahedron.cs*，在其中加入下列的程式碼：

```csharp
using UnityEditor;

public class Tetrahedron : ScriptableWizard {

}
```

ScriptableWizard 類別定義了精靈的基本行為。我們會實作一些方法來覆寫這些行為，如此就可做出好用的工具。

我們要先實作能顯示這個精靈的方法，這需要完成二件工作：首先，要有一個能加進 Unity 選單的選單項目，使用者才能透過它來叫用這個方法；其次，在這個方法中，我們要讓 Unity 將這個精靈顯示出來。

2. 將下列程式碼加進 *Tetrahedron* 類別中：

```csharp
using UnityEngine;
using System.Collections;
using System.Collections.Generic;

    // 這個方法的名稱可以自行指定 – 重點是它必須是靜態的，
    // 而且帶有 MenuItem 屬性。
    [MenuItem("GameObject/3D Object/Tetrahedron")]
    static void ShowWizard() {
        // 第一個參數是標題，第二個是 Create 按鈕上的文字標籤。
        ScriptableWizard.DisplayWizard<Tetrahedron>(
            "Create Tetrahedron", "Create");
    }
```

MenuItem 屬性，附掛到一個 static 方法上時，會讓 Unity 在應用程式選單中加進一個項目。在這個例子中，它會在 GameObject → 3D Object 選單下，產生一個名為 "Tetrahedron" 的新項目；當這個選單項目被選取時，ShowWizard 方法就會被叫用。

這個方法不一定要叫作 ShowWizard。你可以自行指定其名稱——Unity 只會認 MenuItem 屬性。

3. 返回到 *Unity*，開啟 GameObject 選單，選 3D Object → Tetrahedron，
   此時就會有一個空的精靈視窗出現（圖 16-3）。

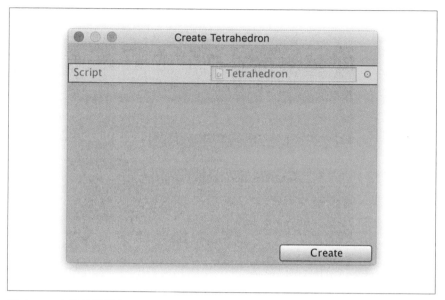

圖 16-3　空的精靈視窗

接下來，我們要在精靈的類別中加入一個變數。如此可讓 Unity 為這個
變數在精靈視窗中呈現出適當的控制項，就像在 Inspector 中看到的那
樣。這個變數會是一個 Vector3，代表物件的高、寬與深度。

4. 將下列變數加進 *Tetrahedron* 中，以代表四面體的尺寸：

```
// 這個變數會像在 Inspector 中那樣顯示出來
public Vector3 size = new Vector3(1,1,1);
```

5. 返回 *Unity*。關閉並重開 Wizard，你會看到 Size 變數所使用的槽（圖
   16-4）。

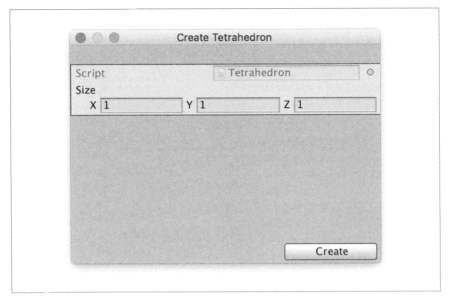

圖 16-4　帶有 Size 變數控制項的精靈視窗

現在這個精靈可讓你輸入資料給它了，但目前還沒有開始運用這些資料。現在要開始處理這個問題！

叫用 DisplayWizard 方法時，要傳給它二個字串。第一個是選單的標題，第二個則是應該顯示在精靈中 Create 按鈕上的文字。這個按鈕被按下時，你的精靈類別會接收到叫用 OnWizardCreate 方法的呼叫，表示使用者已經在精靈中輸入資料了；OnWizardCreate 方法回傳時，Unity 會關閉視窗。

現在要開始實作 OnWizardCreate 方法，它是精靈中實際做一大堆事的方法。它會產生使用 Size 變數的 Mesh，然後再產生會渲染網格的遊戲物件。

6. 將下列方法加進 *Tetrahedron* 類別：

```
// 使用者點按 Create 按鈕後叫用
void OnWizardCreate() {

    // 產生網格
    var mesh = new Mesh();

    // 產生四個點
```

```
Vector3 p0 = new Vector3(0,0,0);
Vector3 p1 = new Vector3(1,0,0);
Vector3 p2 = new Vector3(0.5f,
                         0,
                         Mathf.Sqrt(0.75f));
Vector3 p3 = new Vector3(0.5f,
                         Mathf.Sqrt(0.75f),
                         Mathf.Sqrt(0.75f)/3);

// 依據 size 調整大小
p0.Scale(size);
p1.Scale(size);
p2.Scale(size);
p3.Scale(size);

// 提供頂點列表
mesh.vertices = new Vector3[] {p0,p1,p2,p3};

// 提供連接每一個頂點的三角形列表
mesh.triangles = new int[] {
  0,1,2,
  0,2,3,
  2,1,3,
  0,3,1
};

// 使用這些資料更新網格上的其他資料
mesh.RecalculateNormals();
mesh.RecalculateBounds();

// 產生使用這個網格的遊戲物件
var gameObject = new GameObject("Tetrahedron");
var meshFilter = gameObject.AddComponent<MeshFilter>();
meshFilter.mesh = mesh;

var meshRenderer
  = gameObject.AddComponent<MeshRenderer>();
meshRenderer.material
  = new Material(Shader.Find("Standard"));

}
```

這個方法先產生新的 Mesh 物件，然後計算組成四面體四個點的位置，接著再依據 size 向量調整其大小。也就是說，這些點的位置會依據四面體中 size 的寬、高與深度，重新擺放到正確的位置上。

這些點會透過 vertices 屬性傳給 Mesh；計算好之後，會產生一組數字的列表，代表三角形列表。其中的每一個數字代表傳給 vertices 的一個點。

比方說，在三角形列表中，0 代表第一個點，1 代表第二個點，以此類推。三角形列表以三個數字為一組來定義一個三角形；比方說，數字 0、1 與 2 代表網格會內含由 vertices 列表第一、二與三點所組成的三角形。四面體由四個三角形所組成：底、與三個邊。所以，triangles 列表中會有四組三個數字組。

最後，網格會根據其內含的 vertices 與 triangles 資料，重新計算某些內部資訊。之後，就可以在場景中使用它了：新的 GameObject 會被產生出來，有一個 MeshFilter 會附掛上去，我們剛做好的 Mesh 也會傳進來，還有一個 MeshRenderer 也會附掛上去，以將 Mesh 顯示出來。最後，MeshRenderer 還會收到一個由 Standard 渲染器做出的新 Material——跟其他透過 GameObject 選單所產生的內建物件一樣。

7. 返回 *Unity*，關閉後再重開精靈視窗。點按 Create 按鈕時，新產生的四面體會被加進場景中。若你改變 Size 變數，四面體大小也會不一樣。

還有最後一個功能要加到精靈裡頭，目前精靈並不會檢查 Size 變數的值是否合理；比方說，精靈應該要能拒絕產生高度是負二個單位的四面體。

嚴格來說，遊戲的世界實際上完全不會有這類的問題，因為 Unity 可以處理這種問題。不過瞭解如何進行這類的輸入驗證是有幫助的。

就這個例子而言，我們要讓精靈拒絕產生任何其 Size 變數成份——X、Y 或 Z——為 0 或小於 0 的四面體。

我們會透過實作 OnWizardUpdate 方法來做，它會在使用者於精靈中變更變數值時叫用。你可利用它來檢查數值，並視情況開關 Create 按鈕。更重要的是，你可以加進說明，讓使用者瞭解為何精靈不接受輸入值。

8. 在 *Tetrahedron* 類別中加進下列方法：

```
// 使用者在精靈中變更任何值時叫用
void OnWizardUpdate() {

  // 檢查輸入值是否有效
  if (this.size.x <= 0 ||
    this.size.y <= 0 ||
    this.size.z <= 0) {

    // 當 isValid 為真時，Create 按鈕可被點按。
    this.isValid = false;

    // 說明不接受輸入值的原因
    this.errorString
      = "Size cannot be less than zero";

  } else {

    // 使用者可以點按 create 按鈕，故將之啟用並清除錯誤訊息。
    this.errorString = null;
    this.isValid = true;
  }
}
```

當 isValid 屬性被設成 false 時，Create 按鈕無法使用，即使用者沒辦法點按它。此外，若將 errorString 屬性設定成 null 之外的值，這則錯誤訊息就會出現在視窗中。你可以透過它向使用者說明問題所在（圖16-5）。

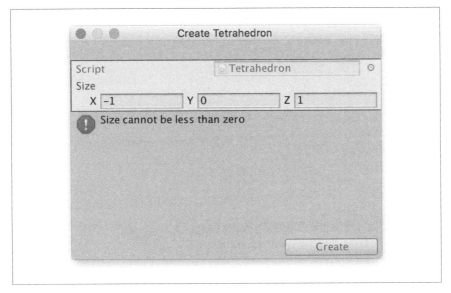

圖 16-5　顯示錯誤訊息的精靈視窗

精靈可讓你在進行重複性或不容易在 Unity 編輯器下做的工作時，省下不少時間。編寫精靈的程式碼很快，因為 Unity 編輯器把大部份的使用者介面都處理好了。不過，有時你還是需要做一些精靈系統無法做到的事；底下，我們來看看如何完全自定編輯器視窗。

製作自定編輯器視窗

Unity 將獨立的浮動視窗或可停靠（docked）在主要 Unity 編輯器介面中的一塊區域稱為視窗。

在 Unity 中，你所見的任何單一區塊都是一個編輯器視窗。

你在製作編輯器視窗時，其內容如何安排，完全由你決定。這與精靈及 Inspector 的運作方式有很大的不同，Unity 會自動為你繪製使用者介面；在一個編輯器視窗中，除非你有特別指定，否則是不會有任何內容顯示在其中的。這種方式賦予你很重要的權限，因為可以在 Unity 中加入你所需要的全新功能。

在這個部份，我們會製作出一個能簡單計算專案中材質數量的新編輯器視窗。在製作這項功能之前，需要先學會如何在編輯器視窗中畫出一些東西來。

首先，要製作一個新的空編輯器視窗。

1. 製作一段新腳本，將之命名為 *TextureCounter.cs*，放到 *Editor* 資料夾中。

2. 開啟該檔，將其內容置換成下列程式碼：

```csharp
using UnityEngine;
using System.Collections;
using UnityEditor;

public class TextureCounter : EditorWindow {

  [MenuItem("Window/Texture Counter")]
  public static void Init() {
    var window = EditorWindow
      .GetWindow<TextureCounter>("Texture Counter");
    // 有新場景載入時，讓視窗不被卸載。
    DontDestroyOnLoad(window);
  }

  private void OnGUI() {
    // 這裡放的是編輯器的 GUI
    EditorGUILayout.LabelField("Current selected size is "
      + sizes[selectedSizeIndex]);
  }

}
```

這段程式碼在 Window 選單中加入一個選項，能使用 TextureCounter 類別製作並顯示一個新視窗。它也將該視窗標示成若當前場景有變動時，Unity 也不應將它卸載。

3. 儲存檔案，返回 *Unity*。

4. 打開 *Window* 選單，你會看到一個 "Texture Counter" 選項，點選它，畫面上會出現空白視窗！

至此，我們已經做好空白視窗，現在要在裡頭加進控制項。為了要能加進控制項，我們需要瞭解如何使用 Editor GUI 系統。

Editor GUI API

編輯器所使用的 GUI 系統與用來製作遊戲的 GUI 系統並不相同。

在遊戲的 GUI 系統（下稱 *Unity GUI*）中，你會製作一些像文字標籤與按鈕的遊戲物件，這些物件會放在場景中。

而在用來製作編輯器 GUI 的 GUI 系統（我們將之稱為即時模式 GUI（*immediate mode GUI*，很快就會看到之所以這樣稱呼它的理由））中，需要叫用特別的函式（functions）讓標籤或按鈕出現在特定的點上；Unity 需要重繪畫面時，會重複地叫用這些函式。

即時模式（*immediate mode*）這詞反映出，叫用這些特定 GUI 函式，畫面上馬上會出現按鈕的這種情形；畫面稍後會被清除，按鈕會跟著其他元件一起被移除，然後 GUI 函式又會在下一個影格中被叫用。這個程序會一直持續進行。

考量效能，Unity 並不會一直叫用這些編輯器 GUI 函式。相反地，它只會在可能需要的時候才做：即當使用者點按滑鼠或鍵盤、視窗內含的 GUI 內容大小有改變或發生其他與畫面相關的事件時，才會叫用這些函式。

即時模式與 Unity GUI 系統間還有一個主要的差異，即版面的安排方式。在 Unity GUI 中，物件會相對於其父物件與錨點來擺放；而在即時模式 GUI 中，若不是由你指定一個裡頭描述欲繪製東西之位置與大小的特定方框，就是運用一種稱為 `GUILayout` 的受監管版面系統，我們待會兒說明。

說明這些不同的最好方法就是用範例來說明。接下來的幾頁，我們會說明使用 GUI 系統的基本用法，也會說明有哪些控制項可用。

Rect 與版面

要加入視窗中的最簡單控制項應該就是單純的文字標籤（text label）了。我們會加進一些程式碼來做這件事，之後再解說程式。

1. 將下列程式碼加進 *OnGUI* 方法中：

```
GUI.Label(                       ❶
        new Rect(50,50,100,20),  ❷
        "This is a label!"       ❸
);
```

2. 返回 *Unity*，並開啟編輯器視窗。你現在會看到 "This is a label" 這段文字出現在視窗中（圖 16-6）。

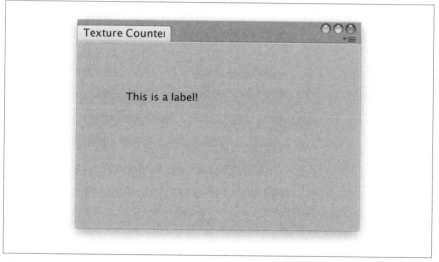

圖 16-6　在編輯器視窗中手動安排標籤的位置

我們來看看程式碼：

❶ 叫用 GUI 類別的 Label 方法，它就會將文字顯示在視窗中。

❷ 製作一個 Rect，其中會定義標籤的 x 位置、y 位置、寬與高。在這個範例中，它被放置在離頂端與左側 50 個像素點的位置上，有 100 個像素寬，20 個像素高。

❸ 提供要在標籤中顯示的文字：即 "This is a label!"。

這段程式會在每次 Unity 要更新視窗內容時執行。當 GUI.Label 方法被叫用時，這個標籤就會被加進視窗中。

 所有的 GUI 函式一定要在 OnGUI 方法中叫用。若在其外叫用 GUI.Label 的話，會產生問題。

你所提供的 Rect 控制著標籤顯示的位置。在較單純的情境下，如這個範例，它還可以應付，但若運用的情境比較複雜，則可能會有問題。

為了讓它能夠運作順利，即時模式 GUI 提供了能自動排好各控制項位置的方法，可以兼顧好水平方向與垂直方向各元件的位置。

比方說，為了讓控制項可以垂直地排成一行，你可以製作一個 EditorGUILayout.VerticalScope，然後用 using 敘述將之包進來。

3. 將 *OnGUI* 方法的內容換成下列的程式碼：

```
using (var verticalArea
  = new EditorGUILayout.VerticalScope()) {
        GUILayout.Label("These");
        GUILayout.Label("Labels");
        GUILayout.Label("Will be shown");
        GUILayout.Label("On top of each other");
}
```

這個範例中的標籤有二個主要的不同點。

首先，你會注意到 Label 方法是由 GUILayout 類別所叫用，而不是 GUI 類別。這個版本的標籤能運用它們會在 VerticalScope 的環境下被叫用的事實，將自身的位置正確地擺好。

其次，你並不需要提供 Rect 去定義它們的位置與大小，它們會運用 VerticalScope 來判定這些資料。

使用這樣的版面系統會快很多，身為程式設計者的你應該也會覺得好用很多。因此，本章後續的部份，我們幾乎都會使用這個版面系統來說明。

上述的情況並不適用於屬性工具箱（property drawers），
GUI 版面系統無法在其中正常運作。在本段內文中，我們
會以手動方式來安排控制項並指定其方框（rectangles）。

控制項的運作方式

如之前提到的，即時 GUI 系統中的控制項是一個函式呼叫。單純如標
籤的控制項很容易理解，但像是使用者可藉以輸入資料的按鈕或文字欄
位，這些控制項相形之下就稍為複雜一些。

若控制項是叫用函式的結果，它如何能取回使用者輸入的資料呢？答案
其實非常明顯：顯示控制項的函式也會回傳資訊給呼叫它們的程式。

最好的解釋方式是透過範例來說明。

按鈕

我們要開始運用即時 GUI 系統來製作按鈕：

1. 將 *OnGUI* 方法中的程式碼置換成下列程式碼：

```
private void OnGUI() {
  using (var verticalArea
    = new EditorGUILayout.VerticalScope()) {
      var buttonClicked = GUILayout.Button("Click me!");
      if (buttonClicked) {
       Debug.Log("The custom window's " +
         "button was clicked!");
      }
  }
}
```

當 GUILayout.Button 方法被叫用時，會發生二件事。會有一個按鈕出現
在畫面上；還有，若滑鼠在這個區域完成點按操作的話，這個方法會傳
回 true。

因為 OnGUI 會重複被叫用，這個系統才能運作。視窗首次出現後，叫用
Button 讓按鈕出現在畫面上。當使用者將滑鼠游標移到按鈕上，並按下
滑鼠鍵時，OnGUI 會再被叫用，GUI 系統會畫出按鈕被「按下」的狀態。

使用者放開滑鼠鍵後，OnGUI 會再被叫用一次；因為點按（click）操作完成，第三次叫用 Button 會傳回真。

實際上，你可以將這種編程的方式想成是：若使用者點按滑鼠，GUILayout.Button 會同時將按鈕畫在畫面中，並回傳 true。

2. 返回 *Unity*，你可以發現按鈕現在已顯示在畫面中。當你點按它時，"The custom window's button was clicked!" 訊息就會顯示在 Console 頁籤中。

 沒錯，這有點怪。不過，￣_(ツ)_/￣。

文字欄位

按鈕是使用者能透過它提供資訊的一種最簡單的控制項類型—使用者要嘛點按按鈕，要嘛不點按。不過，GUI 系統還有提供複雜一點的控制項。比方說，文字欄位就需要做二件事：顯示某些文字給使用者看，並且讓使用者編輯這段文字。

要顯示文字欄位的話，要叫用的是 EditorGUILayout.TextField 方法。叫用這個方法時，你要提供一個要被顯示在文字欄位中的字串（string）；這個方法會傳回使用者在文字欄位中輸入的文字，這跟原本的文字可能不一樣。

要能這樣，用來儲存文字的變數一定不能是區域變數（local variable）。也就是說，下列的程式碼*沒辦法*正確地運作：

```
private void OnGUI() {
  using (var verticalArea
    = new EditorGUILayout.VerticalScope()) {
        string textValue = "";

        textValue
          = EditorGUILayout.TextField(textValue);
  }
}
```

TextField 是 EditorGUILayout 類別中的方法，不是 GUILayout 類別中的方法。GUILayout 有 TextField 方法，但功能並不相同。

若在 Unity 中測試這段程式碼，它可以讓你輸入文字進去，但當你離開文字欄位後，它的內容會被重設成空值。

要修正這個問題的話，用來儲存文字的變數必須是屬於底下這個類別的變數才行：

```
private string stringValue;
private void OnGUI() {
  using (var verticalArea
    = new EditorGUILayout.VerticalScope()) {

    this.stringValue
      = EditorGUILayout.TextField(this.stringValue);
  }
}
```

這行得通是因為 stringValue 的內容，在多次叫用 OnGUI 間，已被保存下來。

TextField 控制項只能顯示單行文字，若你要呈現多行文字的話，要使用 TextArea：

```
this.stringValue = EditorGUILayout.TextArea(
  this.stringValue,
  GUILayout.Height(80)
);
```

 因為這二個控制項使用的是同一個變數，它們會顯示出相同的文字——此外，你若更改其中一個的內容，另一個也會自動跟著改變。很酷。

在上述的範例中，文字區域的高度被提供的 *GUILayout* 選項覆寫
（overridden）。這個選項可以被加到任何控制項上；若你需要一個高的
按鈕，你可以在任何按鈕中加進 GUILayout.Height(80) 的叫用，它的高就
會被設成 80 個像素。

延遲文字欄位

還有一種文字欄位叫延遲文字欄位（delayed text field）。這種控制項的
運作方式與一般的文字欄位相同，不過在它們失焦之前，它們傳回的
值並不會將原先的值替換掉——也就是說，在使用者移到不同的文字欄
位，或點按其他控制項時，原本的值才會被傳回值替換掉。

當你需要對使用者輸入的資料進行某些驗證工作時，這個元件就很有
用。不過，在使用者尚未表示其輸入操作已完成之前，進行驗證是沒有
意義的。

你可以像下列程式碼那樣，透過 DelayedTextField 方法產生一個延遲文
字欄位來：

```
this.stringValue
  = EditorGUILayout.DelayedTextField(this.stringValue);
```

特殊文字欄位

除了能處理一般文字外，文字欄位也可以用來輸入數字。實際上，
TextField 控制項有四種很有用的變形：整數欄位、浮點數欄位、
Vector2D 欄位與 Vector3D 欄位。

舉例來說，在你的類別中加進下列欄位：

```
private int intValue;

private float floatValue;

private Vector2 vector2DValue;

private Vector3 vector3DValue;
```

傳入資料就可以建立這些欄位：

```
this.intValue
  = EditorGUILayout.IntField("Int", this.intValue);
```

```
this.floatValue
  = EditorGUILayout.FloatField("Float", this.floatValue);

this.vector2DValue
  = EditorGUILayout.Vector2Field("Vector 2D",
                                 this.vector2DValue);
this.vector3DValue
  = EditorGUILayout.Vector3Field("Vector 3D",
                                 this.vector3DValue);
```

 注意當作第一個參數的字串：若你有傳入這個參數，則
在文字欄位前會出現標籤。

滑桿

除了使用文字欄位來取得輸入數值外，你也可以提供圖形式的滑桿供玩
家使用。舉例來說，你可以下列方式來使用 IntSlider：

```
var minIntValue = 0;
var maxIntValue = 10;
this.intValue
  = EditorGUILayout.IntSlider(this.intValue,
                              minIntValue,
                              maxIntValue);
```

滑桿（sliders）與使用相同變數的 IntField 或 FlaotField 控制項組合運
作時，特別有用。你可以透過滑桿很快地設定一個值，不過，若你需要
輸入一個很特定的值，可直接打字輸入。

你也可以使用最小值 - 最大值的滑桿，它能讓你定義最小值與最大值。
比方說，可以設定二個類別變數以儲存最小與最大值：

```
private float minFloatValue;
private float maxFloatValue;
```

透過 MinMaxSlider 方法，可讓你繪製出最小值 - 最大值滑桿：

```
var minLimit = 0;
var maxLimit = 10;
EditorGUILayout.MinMaxSlider(ref minFloatValue,
                             ref maxFloatValue,
                             minLimit,
                             maxLimit);
```

這個方法並沒有回傳值；相反地，它會改變你傳進來的 minFloatValue 與 maxFloatValue 變數。此外，minLimit 與 maxLimit 值限制了 minFloatValue 與 maxFloatValue 可設定的最小值與最大值。

間隔

你沒辦法看到 Space 控制項，它用來在 UI 中加入間隔（space）。常用來將控制項在畫面上作一區隔，規劃出不同的區塊組別：

```
EditorGUILayout.Space();
```

列表

至此，我們討論過的所有允許使用者輸入的控制項，都還滿自由的：使用者可以輸入任何文字或數字。不過，有時你會遇到只能讓使用者在預設的選項目選取適合項目的狀況。

為能提供這種功能，你可以使用 Popup。Popup 會運用一字串選項陣列，並以一個整數值代表目前所選取的陣列項目；使用者改變所選項目時，目前選取項目數字也會跟著改變。

比方說，你在類別中加入下列變數：

```
private int selectedSizeIndex = 0;
```

然後再將下列程式碼加進 OnGUI 方法中：

```
var sizes = new string[] {"small","medium","large"};

selectedSizeIndex
  = EditorGUILayout.Popup(selectedSizeIndex, sizes);
```

不過，要記住 selectedSizeIndex 所存的數字與其所代表的值，實在有點麻煩。更好的方式是以**列舉**（*enumerations*）來處理，列舉簡稱為 *enums*。

使用列舉會比較方便，因為編譯器會幫忙處理項目的對應——在上個範例中，你需要記得「0」代表「small」，若只要記著 Small 豈不更好。列舉就可以給你這種便利性！

我們現在就來定義可表示不同類型損害的列舉；也要加入用來存放目前
所選之損害型態的變數。

1.將下列程式碼加進 *TextureCounter* 類別中：

```
private enum DamageType {
  Fire,
  Frost,
  Electric,
  Shadow
}

private DamageType damageType;
```

運用這個列舉與 damageType 變數，我們可以做出 Popup，將列表中的值
呈現出來。

2. 在 *OnGUI* 方法中加入下列程式碼：

```
damageType
  = (DamageType)EditorGUILayout.EnumPopup(damageType);
```

這樣子做會顯示出一個 Popup，內含 DamageType 列舉中所有的可能值，
而 damageType 變數則存放目前被選取的值。

 你需要將之轉型為正確的列舉型別，因為 EnumPopup 方法
並不知道其所使用的列舉是何種型別。

捲動視版

如果你有將到目前為止本章所介紹的控制項都放到畫面上，則也許會發
現到編輯器視窗中有些控制項會被擠到視窗範圍外。要解決這種問題，
你可以運用捲動視版（scroll views），讓使用者可以上下左右捲動畫面。

捲動視版需要追蹤其捲動位置。因此，如你為其他控制項所做的那樣，
你需要製作一個變數來存放這個捲動位置。

1. 在 *TextureCounter* 類別中加進下列變數：

    ```
    private Vector2 scrollPosition;
    ```

以跟製作垂直列表類似的方式，產生一個捲動視版：可在 using 敘述內產生一個 EditorGUILayout.ScrollViewScope。

2. 在 *OnGUI* 方法中，加入下列程式碼：

    ```
    using (var scrollView =
      new EditorGUILayout.ScrollViewScope(this.scrollPosition)) {

      this.scrollPosition = scrollView.scrollPosition;

      GUILayout.Label("These");
      GUILayout.Label("Labels");
      GUILayout.Label("Will be shown");
      GUILayout.Label("On top of each other");
    }
    ```

3. 返回 *Unity*，這些標籤會被包在一個捲動區域當中。可能要調整視窗大小才能看到這個效果。

素材資料庫

為了總結對編輯器視窗的討論，我們要回頭去看 TextureCounter 視窗：讓它能計算專案中使用的紋樣數目，然後將之顯示在標籤中。

我們將使用 AssetDatabase 類別來做這個功能。這個類別可作為你取存目前專案中所有素材的橋樑，你可以透過它來取得 Unity 控制下所有檔案的資訊與存取權。

我們並沒有足夠的篇幅以供討論 AssetDatabase 類別所有能做的事；我們強烈建議您把 Unity 手冊中關於 AssetDatabase 的部份找來看看（*http://docs.unity3d.com/Manual/AssetDatabase.html*）。

1. 將 *TextureCounter* 中的 *OnGUI* 方法換成下列程式碼：

```
private void OnGUI() {
  using (var vertical = new EditorGUILayout.VerticalScope()) {
    // 取得所有紋樣的列表
    var paths = AssetDatabase.FindAssets("t:texture");

    // 取得數量
    var count = paths.Length;

    // 顯示標籤
    EditorGUILayout.LabelField("Texture Count",
      count.ToString());

  }

}
```

2. 返回 *Unity*，並在專案中加進一些影像。影像是什麼並不重要——就將一些檔案拖進來。若你不知道要找什麼，可以連上 Flickr（*https://flickr.com/*），搜尋 "cats"。

編輯器視窗現在會顯示出你加進了多少紋樣。

製作自定屬性工具箱

除了製作出完全自定的編輯器視窗外，你也可以擴充 Inspector 視窗的功能。

Inspector 所扮演的角色是提供操作介面，讓你可以設定附掛在目前選取之遊戲物件上每一個組件的屬性。Inspector 會顯示代表組件中每一個變數的控制項。

Inspector 能為一般型別，如字串、整數與浮點數，顯示適當的控制項。不過，若你自定了型別，Inspector 不一定知道如何正確地將之顯示出來。通常這並不是什麼大問題，不過有時可能會變得很混亂。

這就是屬性工具箱（*property drawers*）派上用場的時候了。你可以將能判斷不同型別資料該如何顯示的程式碼給 Unity。

GUI 版面系統無法在自定屬性視窗中運作，你需要自行編排控制項。別擔心——它並沒有想像中那麼麻煩，我們會在範例碼中作示範。

為了示範，我們會製作出代表一組數值的自定類別，這些數值就可以用在所有腳本中。之後，我們會為這個自定類別定義出一個自定屬性工具箱。請依據下列步驟操作：

1. 製作一段 *C# 腳本*，將之命名為 *Range.cs*，並放到 *Assets* 資料夾中。

2. 將下列程式碼加進 *Range.cs* 檔中：

```
[System.Serializable]
public class Range  {

    public float minLimit = 0;
    public float maxLimit = 10;

    public float min;
    public float max;

}
```

System.Serializable 屬性將這個類別標示成能被儲存到磁碟中。這也會讓 Unity 將它的值顯示在 Inspector 中。

3. 製作第二個 *C# 腳本*，將之命名為 RangeTest，也放到 Assets 資料夾中。這是運用 Range 的簡單腳本組件。將下列程式碼加進 RangeTest. cs 中：

```
public class RangeTest : MonoBehaviour {

    public Range range;

}
```

4. 製作一個空的遊戲物件，並將 RangeTest 腳本拖放到其上。

在遊戲物件被選取時，Inspector 會顯示如圖 16-7 所呈現的值。

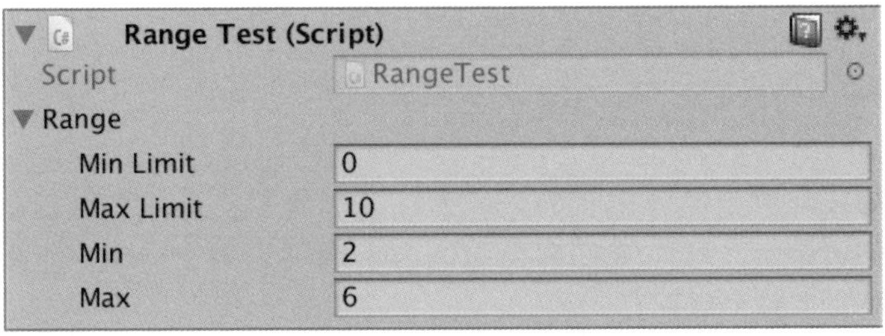

圖 16-7　顯示 Range 類別之預設介面的 Inspector

要覆寫它的話，須實作一個新的類別，以取代 Unity 提供的預設介面。

5. 製作一段新腳本，取名為 *RangeEditor.cs*，將之放到 *Editor* 資料夾中。

6. 將 *RangeEditor.cs* 的內容置換成下列的程式碼：

```csharp
using UnityEngine;
using System.Collections;

using UnityEditor;

[CustomPropertyDrawer(typeof(Range))]
public class RangeEditor : PropertyDrawer {

  // 這個屬性工具箱要有二行 - 一行擺滑桿，
  // 另一行則放可讓你直接更改值的文字欄位。
  const int LINE_COUNT = 2;

  public override float GetPropertyHeight (
    SerializedProperty property, GUIContent label)
  {
    // 回傳這個屬性之高所需的像素數
    return base.GetPropertyHeight (property, label)
      * LINE_COUNT;
  }

  public override void OnGUI (Rect position,
    SerializedProperty property, GUIContent label)
  {

    // 取得代表這個 Range 屬性內欄位的物件
    var minProperty = property.FindPropertyRelative("min");
    var maxProperty = property.FindPropertyRelative("max");
```

```
var minLimitProperty
  = property.FindPropertyRelative("minLimit");
var maxLimitProperty
  = property.FindPropertyRelative("maxLimit");

// PropertyScope 中的所有控制項都能與預製物件搭配 –
// 預製物件改變過的值會以粗體表示,
// 你可以在一值上按滑鼠右鍵,選取將它重設成預製物件。
using (var propertyScope
  = new EditorGUI.PropertyScope(
    position, label, property)) {

        // 顯示標籤;這個方法傳回一個後續物件可以含括的 rect。
        Rect sliderRect
          = EditorGUI.PrefixLabel(position, label);

        // 為每一個控制項建構方框(rectangles)

        // 計算單一行的寬度
        var lineHeight = position.height / LINE_COUNT;

        // 滑桿的高只能是一行
        sliderRect.height = lineHeight;

        // 用來顯示二個欄位的區域與滑桿有同樣的外形,
        // 但要下移一行。
        var valuesRect = sliderRect;
        valuesRect.y += sliderRect.height;

        // 算出用來擺放二文字欄位的方框
        var minValueRect = valuesRect;
        minValueRect.width /= 2.0f;

        var maxValueRect = valuesRect;
        maxValueRect.width /= 2.0f;
        maxValueRect.x += minValueRect.width;

        // 取出浮點數值
        var minValue = minProperty.floatValue;
        var maxValue = maxProperty.floatValue;

        // 開始變更檢查 – 以正確支援多重物件編輯。
        EditorGUI.BeginChangeCheck();

        // 顯示滑桿
        EditorGUI.MinMaxSlider(
          sliderRect,
```

```
              ref minValue,
              ref maxValue,
              minLimitProperty.floatValue,
              maxLimitProperty.floatValue
          );

          // 顯示欄位
          minValue
            = EditorGUI.FloatField(minValueRect, minValue);
          maxValue
            = EditorGUI.FloatField(maxValueRect, maxValue);

          // 值有變嗎？
          var valueWasChanged = EditorGUI.EndChangeCheck();

          if (valueWasChanged) {
            // 儲存有變動的值
            minProperty.floatValue = minValue;
            maxProperty.floatValue = maxValue;
          }
      }

   }
}
```

這段程式碼還滿長的，我們一段段解釋。

製作類別

首先，我們需要定義類別，並通知 Unity，Inspector 中所有 Range 屬性
的介面都要用它來製作。我們要運用 CustomPropertyDrawer 屬性並傳入
Range 類別型別的參數來進行設定。

此外，RangeEditor 的父類別被設定成 PropertyDrawer。

```
[CustomPropertyDrawer(typeof(Range))]
public class RangeEditor : PropertyDrawer {
```

設定屬性高

在 Inspector 中，一項屬性在垂直方向上會佔用具特定高度的空間。在預設情況下，這個高度約 20 個像素左右；不過範圍屬性（range properties）需要更大的空間，因為我們要繪製範圍滑桿，而且其下還有二個文字欄位。

GetPropertyHeight 方法負責傳回屬性的高，以像素為單位。你可以覆寫這個方法來設定所需的高。

與其依據 Unity 不同版本，硬寫定某個特定值，我們會設定一個常數 LINE_COUNT 用來存放行數；然後再叫用 base 實作以取得行高，再乘上 LINE_COUNT。

```
// 這個屬性工具箱要有二行 – 一行擺滑桿，
// 另一行則放可讓你直接更改值的文字欄位。
const int LINE_COUNT = 2;

public override float GetPropertyHeight (
  SerializedProperty property, GUIContent label)
{
  // 回傳這個屬性之高所需的像素數
  return base.GetPropertyHeight (
    property, label) * LINE_COUNT;
}
```

覆寫 OnGUI

接下來要開始實作類別中的主要方法：OnGUI。就屬性工具箱而言，這個方法需要三個參數：

- position 參數是一個定義可用區域位置與大小的 Rect，這個區域是 OnGUI 方法用來繪製其控制項的地方。

- property 參數是一個 SerializedProperty 物件，你可透過它與類別特定實例所提供之組件的 Range 屬性互動。

- label 參數是一個代表某部份圖形內容的 GUIContent 物件，內容通常是文字，這個物件應該將該屬性用標籤顯示出來。

  ```
  public override void OnGUI (Rect position,
    SerializedProperty property, GUIContent label)
  {
  ```

取得屬性

屬性工具箱的任務是要呈現並修改組件中的單一屬性。你並不需要直接修改組件本身；反而應該要透過 property 屬性來調整。透過這種方式，你就可以使用 Unity 所提供的額外功能，如自動支援復原（undo）的功能。

就 Range 物件而言，它是內含其他屬性的一個屬性。min、max、minLimit 與 maxLimit 變數本身都是屬性，所以我們需要存取它們的值：

```
// 取得代表這個 Range 屬性內欄位的物件
var minProperty = property.FindPropertyRelative("min");
var maxProperty = property.FindPropertyRelative("max");

var minLimitProperty
  = property.FindPropertyRelative("minLimit");
var maxLimitProperty
  = property.FindPropertyRelative("maxLimit");
```

製作屬性範圍

除了取得代表這些屬性的物件外，我們需要通知 GUI 系統，正在繪製的控制項與哪一個特定的屬性有關連。

Unity 在需要時能自定控制項的外觀；比方說，若該屬性歸屬的物件是一個預製物件的翻修實例（modified instance），則該屬性應該以粗體顯示；此外，當你在一個翻修屬性（modified property）上按滑鼠右鍵時，Unity 將開啟一個選單，讓你將這個值改回成預製物件。

為了要支援上述的功能，我們將所有的控制項包在一個 Property Scope 中：

```
using (var propertyScope
  = new EditorGUI.PropertyScope(position, label, property)) {
```

繪製標籤

我們現在使用 PrefixLabel 控制項來畫標籤。這個控制項會將 label 文字畫在 position 方框裡面；然後回傳一個排在標籤隔壁，代表可在其中繪製控制項之剩餘空間（remaining area）的新 Rect。

屬性的版面會沿用 Unity 其他部份所建立的樣式（style）：屬性會將其標籤放在左上角，將其欄位往右邊放；在標籤底下的區域則留空：

```
Rect sliderRect = EditorGUI.PrefixLabel(position, label);
```

計算方框

至此，我們已知道有多少空間可以將控制項畫進去，現在要開始計算滑桿及二個文字欄位等三個控制項所需的方框（rectangles）。

我們要先計算一行有多高，以像素為單位，用 LINE_COUNT 來除全部可用空間。然後將 sliderRect 的高設定成新算好的 lineHeight，先別管 width。如此，滑桿會佔用掉最頂行。

接著要計算二文字欄位的方框。這些方框會邊靠著邊排在滑桿的底下一行。要計算這些值，我們先假想方框佔用第二行整行，然後再將之分成一半：

```
var lineHeight = position.height / LINE_COUNT;

// 滑桿的高只能是一行
sliderRect.height = lineHeight;

// 用來顯示二個欄位的區域與滑桿有同樣的外形，
// 但要下移一行。
var valuesRect = sliderRect;
valuesRect.y += sliderRect.height;

// 算出用來擺放二文字欄位的方框
var minValueRect = valuesRect;
minValueRect.width /= 2.0f;

var maxValueRect = valuesRect;
maxValueRect.width /= 2.0f;
maxValueRect.x += minValueRect.width;
```

取得數值

因為 MinMaxSlider 會直接修改你傳給它的變數，我們要將 minProperty 與 maxProperty 的值暫時存放在變數中。這些值被我們要繪出的控制項修改後，最後會回存到屬性物件中：

```
var minValue = minProperty.floatValue;
var maxValue = maxProperty.floatValue;
```

製作變更檢查

在能繪製控制項前,我們還有一些設定工作要做。我們要問 Unity 有哪些將繪製之控制項的值有經過變動。

這是一個重要的步驟,因為如果沒有這樣做,每次在繪製控制項時,即使沒有套用變更,我們也要變更屬性值。

在一般的情況下,這並不會造成問題,但若有幾個物件被選取,它們都有一個 Range,既便使用者沒有做任何操作,為該 Range 顯示控制項的動作,也會將它們全改成一個值。加入變更檢查以防止這種意外的行為。

```
EditorGUI.BeginChangeCheck();
```

繪製滑桿

終於可以開始繪製控制項了。我們已經有顯示這些控制項所需的資料、能儲存其回傳的結果,也將要呈現它們的方框都算好了。

先畫 MinMaxSlider:

```
EditorGUI.MinMaxSlider(
    sliderRect,
    ref minValue,
    ref maxValue,
    minLimitProperty.floatValue,
    maxLimitProperty.floatValue
);
```

繪製欄位

接下來我們要繪製文字欄位。請注意我們使用與傳給 MinMaxSlider 相同的變數;這代表改變滑桿的同時,文字欄位也會跟著更新,反之亦然:

```
minValue = EditorGUI.FloatField(minValueRect, minValue);
maxValue = EditorGUI.FloatField(maxValueRect, maxValue);
```

檢查變更

最後,要開始作變更檢查(change check),我們可以問 Unity 是否有控制項的狀態發生變化。如果狀態有變,EditorGUI.EndChangeCheck 會傳回 true:

```
var valueWasChanged = EditorGUI.EndChangeCheck();
```

儲存屬性

若控制項有變,我們需要將屬性的新值儲存下來:

```
if (valueWasChanged) {
    // 儲存有變動的值
    minProperty.floatValue = minValue;
    maxProperty.floatValue = maxValue;
}
```

測試

至此,製作完成。

回到 Unity 上,觀察 Inspector。你會看到為 Range 變數所製作的自定 UI(圖 16-8)。

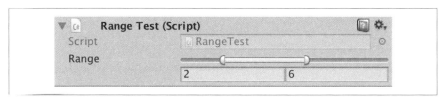

圖 16-8　自定屬性工具箱

你可能要取消選取,然後再選取這個遊戲物件,讓使用者介面可以更新。

寫好這段程式碼後,所有腳本中的所有 Range 屬性,都可以使用這個自定介面。

製作自定 Inspector

本章最後要討論的是製作完全自定的 Inspectors。除了自定個別屬性的外觀外，你可以將 Inspector 中組件的使用者介面整個替換掉。

我們會先製作一個簡單的組件，然後再為該組件製作整個 Inspector 介面。

製作簡單腳本

這個簡單的組件會在遊戲開始時，變更網格的顏色。

1. 製作一段新腳本，將之命名為 RuntimeColorChanger。

2. 將 *RuntimeColorChanger* 類別中的程式碼替換成底下的程式碼：

   ```
   public class RuntimeColorChanger : MonoBehaviour {

     public Color color = Color.white;

     void Awake() {
       GetComponent<Renderer>().material.color = color;
     }
   }
   ```

3. 返回 *Unity*。開啟 GameObject 選單，選取 3D Object → Capsule。

4. 將 *RuntimeColorChanger* 腳本拖放到該物件上。

5. 將 *RuntimeColorChanger* 的顏色屬性改成 *red*，然後按 Play。膠囊就會變成紅色。

製作自定 Inspector

到目前為止，一切順利：腳本如我們所預期的方式正常運作。

現在我們要開始製作自定 Inspector，它有一項很酷的功能：可以有一列按鈕，讓我們可以很快地將顏色改成預定顏色。我們會製作出這個自定 Inspector，並且將這些按鈕加入到其中。

1. 製作一段腳本，將之命名為 *RuntimeColorChangerEditor.cs*，並將它放到 *Editor* 資料夾中。

2. 將 *RuntimeColorChangerEditor.cs* 的內容替換成下列的程式碼：

```csharp
using UnityEngine;
using System.Collections;
using System.Collections.Generic; // Dictionary 所需
using UnityEditor;

// 這是給 RuntimeColorChangers 使用的編輯器
[CustomEditor(typeof(RuntimeColorChanger))]
// 它可以同時編輯好幾個物件
[CanEditMultipleObjects]
class RuntimeColorChangerEditor : Editor {

    // 字串 - 顏色對的集合
    private Dictionary<string, Color> colorPresets;

    // 代表所有選取物件上的 "color" 屬性
    private SerializedProperty colorProperty;

    // 編輯器首次出現時叫用
    public void OnEnable() {

        // 設定預定顏色列表
        colorPresets = new Dictionary<string, Color>();

        colorPresets["Red"] = Color.red;
        colorPresets["Green"] = Color.green;
        colorPresets["Blue"] = Color.blue;
        colorPresets["Yellow"] = Color.yellow;
        colorPresets["White"] = Color.white;

        // 從目前選取的物件取得屬性
        colorProperty
            = serializedObject.FindProperty("color");
    }

    // 叫用以在 Inspector 中繪製 GUI
    public override void OnInspectorGUI ()
    {
        // 確保 serializedObject 已更新
        serializedObject.Update();

        // 啟用控制項垂直列表
        using (var area
            = new EditorGUILayout.VerticalScope()) {

            // 為預定列表中的每一種顏色…
```

```
        foreach (var preset in colorPresets) {

          // 顯示按鈕
          var clicked = GUILayout.Button(preset.Key);

          // 當它被點按時，更新屬性。
          if (clicked) {
            colorProperty.colorValue = preset.Value;
          }
        }

        // 最後，顯示允許直接設定顏色的欄位。
        EditorGUILayout.PropertyField(colorProperty);
      }

      // 套用到所有變動過的屬性
      serializedObject.ApplyModifiedProperties();
    }
  }
```

跟之前一樣，我們會一一詳細解說這一大段的程式。

設定類別

第一步是要定義類別與其在 Unity 系統中所扮演的角色。
RuntimeColorChangerEditor 類別被做成 Editor 的子類別。

此外，我們會加進 CustomEditor 屬性，表示這個類別應該被當成
所有 RuntimeColorChanger 組件的編輯器。最後，這個類別也要有
CanEditMultipleObjects 屬性（如其名稱所表示的，讓它可以同時編輯好
幾個物件）：

```
// 這是給 RuntimeColorChangers 使用的編輯器
[CustomEditor(typeof(RuntimeColorChanger))]
// 它可以同時編輯好幾個物件
[CanEditMultipleObjects]
class RuntimeColorChangerEditor : Editor {
```

定義顏色與屬性

這個類別需要儲存二項主要資料。第一個，我們需要一個預定顏色的列
表，使用者才能進行選擇。此外，我們需要一個物件來代表所有目前被
選取物件上的 color 屬性。

如同我們在製作自定屬性工具箱時那樣，會用 SerializedProperty 物件來代表屬性。要這樣子做，代表 Unity 會提供額外的功能供我們使用，如復原（undo）的操作：

```
// 字串 - 顏色對的集合
private Dictionary<string, Color> colorPresets;

// 代表所有選取物件上的 "color" 屬性
private SerializedProperty colorProperty;
```

設定變數

當內含 RuntimeColorChanger 組件的物件被選取時，Inspector 會為我們產生編輯器。然後它會叫用 OnEnable 方法，這是我們第一次可進行一些設定工作的地方。在這個編輯器中，我們會在 colorPresets 字典中填入預定顏色。

另外，我們需要先取得 color 屬性，才能使用它。取得 Unity 設定好的 serializedObject 變數；這個變數代表目前所有被選取的物件。

```
public void OnEnable() {

    // 設定預定顏色列表
    colorPresets = new Dictionary<string, Color>();

    colorPresets["Red"] = Color.red;
    colorPresets["Green"] = Color.green;
    colorPresets["Blue"] = Color.blue;
    colorPresets["Yellow"] = Color.yellow;
    colorPresets["White"] = Color.white;

    // 從目前選取的物件取得屬性
    colorProperty = serializedObject.FindProperty("color");
}
```

開始繪製 GUI

在 OnInspectorGUI 中，可以實作我們自己的 Inspector。第一個步驟是要在遊戲場景中的 serializedObject 先更新的目前的狀態，以確保要畫的控制項會精準地呈現在場景中：

```
public override void OnInspectorGUI ()
{
    // 確保 serializedObject 已更新
    serializedObject.Update();
```

繪製控制項

至此，我們已能將組件的控制項給畫出來了。使用 VerticalScope，
為 colorPresets 字典中的每一項畫出一個按鈕。若有按鈕被點按，
colorProperty 的值就會被設定對應的預定顏色值。

按鈕畫出之後，需要為該顏色呈現 PropertyField。這個 PropertyField 控
制項會顯示符合該屬性類型的控制項——在此例中，因為 colorProperty
代表 RuntimeColorChanger 中的 color 變數，會有一種顏色被顯示出來，
使用者就可以此選取自己喜歡的顏色。透過這種方式，我們讓使用者有
對物件進行細部選取的能力，也提供了額外的功能：

```
using (var area = new EditorGUILayout.VerticalScope()) {

    // 為預定列表中的每一種顏色…
    foreach (var preset in colorPresets) {

        // 顯示按鈕
        var clicked = GUILayout.Button(preset.Key);

        // 當它被點按時，更新屬性。
        if (clicked) {
            colorProperty.colorValue = preset.Value;
        }
    }

    // 最後，顯示允許直接設定顏色的欄位。
    EditorGUILayout.PropertyField(colorProperty);
}
```

套用變更

最後要做的事是讓被選取的物件（或好幾個物件，若有幾個物件
被選取時）套用我們所做的變更。要叫用 serializedObject 中的
ApplyModifiedProperties 方法來做這件事。

```
// 套用到所有變動過的屬性
serializedObject.ApplyModifiedProperties();
```

測試

現在可以測試這個自定的 Inspector 了。

選取遊戲物件，你就可以看到自定的 Inspector（圖 16-9）。你可能要先取消選取然後再選取這個膠囊。

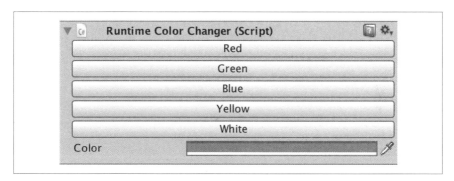

圖 16-9　自定 Inspector

顯示 Inspector 的預設內容

有時，你不需要替換組件的 Inspector，可能只需要加一些東西進去。此時，可以用 DrawDefaultInspector 方法很快地將預設的 Inspector 內容畫出來；然後在預設內容的上或下方，再畫要加進去的內容：

```
public override void OnInspectorGUI() {

    // 繪製 Inspector 預設的控制項
    DrawDefaultInspector();

    // 私下顯示激勵用訊息給開發者
    var msg = "You're doing a great job! " +
      "Keep it up!";

    EditorGUILayout.HelpBox(msg, MessageType.Info);
}
```

本章總結

自定控制項可簡化你的工作。若你有重複性工作要做,或者需要用更合適的方式來檢視物件中內含的資料,編輯器就可派上用場。雖然玩家並不會看到自定編輯器,但它值得你考慮善加運用。只有開發者才會用到它,所以別太拘泥在一定要做出完美的自定編輯器上——重點是這些編輯器能幫你做什麼。

第十七章

編輯器之後

你的遊戲完成了，亦已裝飾，整體看來很棒。接下來要做什麼？

現在應該要看一些 Unity 編輯器之外的東西了。Unity 提供了一些好用的服務，讓你可以用來改良遊戲、改良製作遊戲的方式，或甚至是開發遊戲的財源。本章會討論關於這三方面的內容。

我們也會討論到如何為多種裝置製作遊戲，讓它更廣為流通。

Unity 的服務體系

人們在討論 Unity 時，所談論的通常是指 Unity 編輯器——這是由 Unity Technologies 公司開發與銷售的一套軟體。不過 Unity 並不僅止於編輯器。除了軟體之外，Unity 提供了一些服務，用來提升開發流程的品質。最有用的莫過於是 Asset Store、Unity Cloud Build 服務以及 Unity Ads 平台。

Asset Store

Unity Asset Store 是程式設計師、藝術師及其他遊戲內容創作者可在其上販售能整合進遊戲之內容的商店。

就不具有特定技能的人，Asset Store 特別有用；比方說，沒辦法（或沒時間）繪製藝術素材的程式員就可以在上頭購買 3D 模型，如此，他們就能專注在自己擅長的編程工作上。同樣地，需要音訊素材、腳本等等的人也可以在其上購買所需的素材。Asset Store 所販售的素材從小到大都有；在其中，小則可以買到一部汽車的 3D 模型，大到製作某類型遊戲所需的完整素材套件都有。

 從 Asset Store 買來的素材——特別是好的素材——常常容易被人認出是由該商店買來的。要小心，別太依賴 Asset Store 中的素材，否則容易讓遊戲的外觀與質感流於枯燥。

有些可從商店取得的素材則特別有趣，因為它們能在 Unity 中加進其他素材所缺乏的功能。

PlayMaker

PlayMaker 是 Hutong Games 公司所開發的視覺腳本工具。在其視覺腳本系統中，你可以透過連接預定程式模組的方式來定義遊戲物件的行為，程式碼以方框代表，其上可拉出連接線。

視覺腳本系統是另一種編寫程式碼的方式，通常較容易吸引編程初學者的注意。它們特別擅長表示大量依賴狀態的行為——舉例來說，敵方的 AI 會讓作戰單位在場地中漫遊直到發現玩家，接著進入*搜索*（*seeking*）狀態，並攻擊玩家，直到本身或玩家死亡，亦或是看不到玩家為止。

PlayMaker 可透過 Asset Store 取得（*https://www.assetstore.unity3d.com/#!/content/368*）。

安裝 PlayMaker

因為 PlayMaker 有一套完全不同的方式來定義遊戲的行為，值得你仔細研究並運用它設定好一些簡單的行為。要按照下列步驟操作的話，你要先到素材商店去買 PlayMaker；在 2017 年中，編寫本書時，它的售價是 $65 美元。

 我們另外產生了一個設定成 3D 繪圖的新專案來說明這些操作步驟。

1. 下載並匯入套件。安裝視窗畫面如圖 17-1 所示。

圖 17-1　PlayMaker 的安裝視窗，它會在匯入套件後出現。

2. 點按 *Install*。PlayMaker 會檢查專案，確定可開始安裝套件，並確認
   安裝的是最新版本。

　　　　若你沒有使用如 Git 的版木控制工具，PlayMaker 會提醒
　　　　你；你可以略過，不過使用版本控制工具是較好的作法。

圖 17-2　第二個安裝畫面

3. **點按** *Install*，在第二個安裝畫面（圖 17-2）中點按安裝鈕，在出現的
　 對話框中，再按下 "I Made a Backup, Go Ahead!" 鈕。Unity 會匯入
　 第二個套件。

4. **點按** *Import*，在出現的視窗中點按匯入鈕。

 視你所安裝之 Unity 版本的不同，也許你會被詢問是否
　　要進行 Unity 的版本更新，讓最新的 API 能夠相容。要
　　按同意更新才能繼續下去。

安裝完成後，請將多餘的視窗關閉，前置作業完成。

PlayMaker 試玩

PlayMaker 以有限狀態機（finite state machines，下稱 FSM）為其基礎概念。有限狀態機是一種邏輯系統，系統中的物件在同一時間點可處於其中的一種狀態上；每一種狀態可以有變化，或稱**移轉**（*transition*），可改變成預先定義好的另一個狀態上。也就是說，若你定義有 *sitting*、*standing* 或 *running* 三種狀態，你可以從 *standing* 移轉成 *sitting* 或 *running*，不過你不能直接從 *sitting* 移轉到 *running* 去。狀態改變的過程中，就能執行某些行為（behavior）操作。

在這個簡易教學中所要加入的行為非常簡單：我們會製作出一顆球，當它落到地面上時，則改變它的顏色。

先來設定環境：

1. **製作球體。** 開啟 GameObject 選單，選取 3D Object → Sphere。

   選取剛產生的物件，在 Inspector 中套用 Transform 組件，將其位置設成（0, 15, 0）。

2. **在球體中加進 *Rigidbody* 組件。**

3. **製作地板。** 再開啟 GameObject 選單，選取 3D Object → Plane。

   將這個物件放在（0, 0, 0）。

4. **最後，將 *Camera* 的位置設定到（0, 9, -16）上，其旋轉值為 0。** 這樣就可以看到球與地板。

場景現在看起來像圖 17-3。

圖 17-3 教學範例的場景

我們要開始在球體上加進 PlayMaker 的行為。

1. 開啟 *PlayMaker Editor*。開啟 PlayMaker 選單並選取 PlayMaker Editor。

   PlayMaker Editor 頁籤會顯示出來（圖 17-4）。

 將這個頁籤附掛到 Unity 的視窗上會比較方便。將該頁籤拖放到視窗的頂端，你就可以將它放在方便使用的位置。

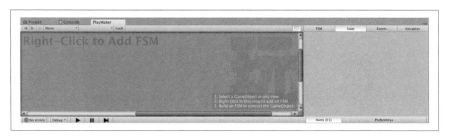

圖 17-4 PlayMaker 編輯器

2. **將 FSM 加進球體**。選取 Sphere，在 PlayMaker 視窗中，按滑鼠右鍵，選取 Add FSM。

> PlayMaker 視窗會顯示一些滿實用的操作技巧（tips），不過會佔用掉不少空間。你可以按 F1 鍵，或點按在 PlayMaker 視窗右下角的 Hints 按鈕，將這些提示內容關閉。

在預設的情況下，FSM 只會內含一種狀態，其標題為 State1。在我們的範例中，球體要有二種狀態：即 Falling 與 HitGround。先將第一種狀態的名稱改掉，再加入另外一個。

3. **將第一種狀態名稱改為 "Falling"**。將之選取，切換到 PlayMaker 視窗左角的 State 頁籤中，將其名稱改為 "Falling"。

4. **加入 HitGround 狀態**。在 PlayMaker 視窗中按滑鼠右鍵，並選取 Add State。將新產生的狀態改稱為 "HitGround"。

你的 FSM 現在看來應如圖 17-5。

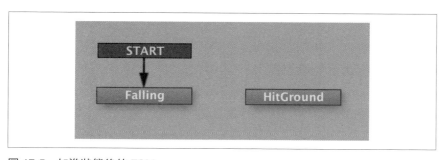

圖 17-5　加進狀態後的 FSM

當球撞到地板時，我們要改變其狀態。製作一個**轉場**（*transition*），讓狀態從 Falling 狀態轉到 HitGround 狀態。這個轉場會在附掛有這個 FSM 的物件與其他物件發生碰撞時被觸發。

5. **加進轉場**。在 Falling 狀態上點按滑鼠右鍵，並選取 Add Transition → System Events → COLLISION ENTER。會有一個新的轉場顯示出來，還會顯示出警告訊息，提醒你這個轉場尚未連結到目的狀態（destination state）上（圖 17-6）。

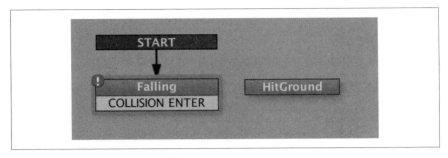

圖 17-6　加入轉場後，尚未連結的 FSM

6. 將這個轉場連接到 *HitGround* 狀態上。在 COLLISION ENTER 轉場
上點按滑鼠左鍵，並將之拖放到 HitGround 狀態上。此時會有一支連
結二者的箭頭出現（圖 17-7）。

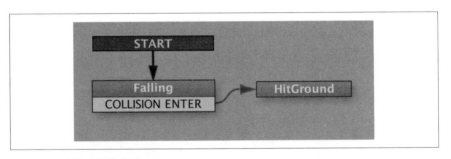

圖 17-7　連結二狀態後的 FSM

7. 按 *Play* 鈕以測試遊戲。FSM 視窗會強調出目前所處的狀態；下落的
動作會被強調，一直到球體碰觸到地板為止。

接下來，我們需要加入在物件進入 HitGround 狀態時要執行的操作。明確
地說，我們是要讓材質變色。

1. 將 *Set Material Color* 操作加進 *HitGround* 狀態中。選取該狀態，進
到 State 頁籤，點按 Action Browser。Action Browser 視窗就會出現；
往下捲動到 Material 按鈕，點按它，並選取 Set Material Color 項目
（圖 17-8）。點按 Add Action to State；這項操作會出現在 State 頁籤
中（圖 17-9）。

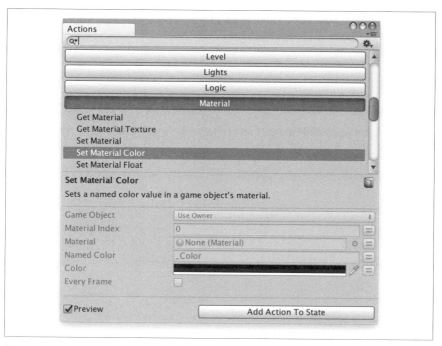

圖 17-8　Action Browser

圖 17-9　加入操作並設定完成的 FSM

2. 將顏色改成綠色。在 State 頁籤中，將顏色改成綠色。

3. 測試遊戲。當球接觸到地板時，它的顏色會變成綠色。

Amplify Shader Editor

著色器，如第十四章中所介紹的，通常會牽涉到編寫程式。不過，著色器的屬性跟外觀的呈現有關，透過視覺的方式來建構，會比編寫程式來得合適；與其用寫程式的方式將二個代表顏色的向量相乘，若能用看得到的方式來處理整個過程，將會更加直覺。

Amplify Shader Editor（圖 17-10）是眾家 Unity 著色器編輯器中的一種。透過將節點（nodes）連結在一起的方式，Amplify 會製作並呈現你所需要的材質，然後再生成遊戲所需要素材。通常這會比編寫著色器的程式碼快且容易許多，對習慣用視覺操作方式產生可見之結果的人而言，這個工具特別有用。

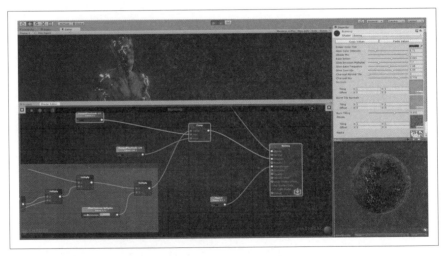

圖 17-10　Amplify Shader Editor

Amplify Shader Editor 可以在 Asset Store 上取得（*https://www.assetstore.unity3d.com/en/#!/content/68570*）。

UFPS

UFPS 或稱 Ultimate FPS（圖 17-11）是第一人稱射擊遊戲的一種簡單的架構。雖然 Unity 也有一個第一人稱的控制器，但其中找不到一般第一人稱遊戲所需的一些動作，如蹲下躲避（ducking）、爬梯（climbing ladders）或與按鈕互動等。UFPS 提供這些動作的實作，以及一些射擊類玩法所需的功能，如武器庫管理、彈藥管理以及角色生命值（health）管理。

雖然 UFPS 適合用來建構動作取向的射擊遊戲，但就節奏慢的遊戲而言，它也是一套好用的工具；Fullbright 公司發行的回到家（*Gone Home*，2014），是一套需要玩家在一座大宅中到處走動，並檢查各種被遺留下來的物件、文件以及家俱的遊戲，它就是運用 UFPS 來處理第一人稱的畫面呈現工作。

圖 17-11　Ultimate FPS

UFPS 可以在 Asset Store 上取得（*https://www.assetstore.unity3d.com/en/#!/content/2943*）。

Unity Cloud Build

為目標平台建置專案是一項複雜的過程,需要大量的處理運算與時間。雖然你可以在自己的電腦上進行專案的建置,不過這並不代表非這樣子做不可——特別是當你的專案又大又複雜的時候。

Unity Cloud Build 是一項能接收你的原始碼、進行建置然後讓你把建置(build)好的結果(若建置失敗會通知你)下載回去的服務。在你設定好讓 Cloud Build 去監看(watch)原始碼庫(repository)時,它會檢查是否有任何的變動;若有,Unity 會自動在變動發生時,重新建置你的遊戲。

 你可以自行架設建置伺服器(build server),但並不是透過 Cloud Build。不過,這個過程很繁瑣,也會耗用掉版本授權時所提供的一套啟動服務。雖然 Cloud Build 會拿走一些控制權,但可換回易於使用的便利性。

在本書編寫時,Cloud Build 是一項免費的服務。若你有訂購 Unity Plus,建置工作可享有優先處理權,建置可以比較早完成。若你訂購 Unity Plus,建置工作也可以平行處理,因此,若你的遊戲在幾種平台(如 iOS 與 Android)上都可使用,則二個建置工作可以同時進行。

你可以在 Unity 的官網上找到 Cloud Build 的資訊(*https://unity3d.com/services/cloud-build*)。

Unity Ads

Unity Ads 是遞送可在遊戲中播放的全螢幕廣告影片。玩家看完一支廣告影片,你就可以賺到一些廣告費。透過這種方式,可以為遊戲開闢另一個收益來源。

影片廣告的另一種應用方式是**獎勵廣告**(*rewarded advertising*),收看這種廣告的玩家,可以得到遊戲中的某些獎勵(如紅利貨幣、新扮相或其他內容)。

遊戲貨幣的策略是一項重項議題，其內容可能（也應該！）要用一大堆書來討論。要開始使用 Unity Ads，請連上 Unity 網站的服務網頁（*https://unity3d.com/services/ads*），以取得相關資訊。

佈署

當你準備好要把遊戲從編輯器搬到實際的裝置上運行時，Unity 需要把遊戲**建置**出來。這項工作牽涉到三件事：將遊戲的素材打包、編譯腳本，然後將建置好的 app 傳到裝置上。前二件事 Unity 會幫你做好；但最後這件事，你可要自己動手了。

在這一段中，我們會討論如何為 iOS 與 Android 裝置建置遊戲。在開始往下做之前，我們要說明需要你先設定好的部份，以及 Unity 不同版本間的差異。

設定專案

你可以在任何時間點建置專案。不過，最好先確定遊戲中的玩家設定（player settings）已經正確設定好了。Player 設定包括遊戲的名稱與圖示（icon）、螢幕位向（screen orientation），以及用以在作業系統中識別遊戲的唯一 ID 字串等。

要將這些都設定好，你需要到 Player Settings 裡去進行設定。開啟 Edit 選單，選取 Project Settings → Player。其 Inspector 如圖 17-12 所示。

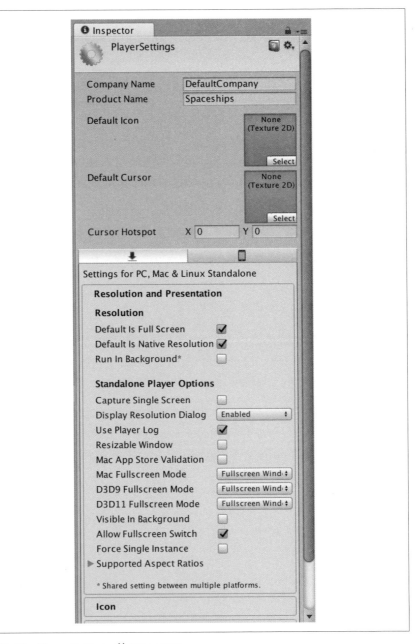

圖 17-12　PlayerSettings 的 Inspector

某些設定在不同平台上的設定值是一樣的。舉例來說，遊戲的名稱在不同平台上應該是一樣的，圖示也一樣。Unity 會在各平台間通用之設定的名稱前加上星號（＊），將之強調出來。

每一支應用程式，不管在 iOS 或 Android 上，都需要一些資料：

- 遊戲的**產品名稱**，用來在遊戲畫面或市集中顯示；
- 開發遊戲的**公司名稱**，會顯示在市集中；
- 遊戲的**圖示**，用來在遊戲畫面或市集中顯示；
- 遊戲的**啟始畫面**（*splash screen*），在遊戲啟動時要顯示的畫面；
- 遊戲的**包裝識別碼**（*bundle identifier*），在市集中用以唯一識別遊戲的一段文字碼，並不會顯示給使用者看；識別碼由反過來寫的網域名稱（如 *oreilly.com*），加上遊戲的名稱所組成（如 com.oreilly. MyAwesomeGame）。

你至少要設定好名稱與識別碼（identifier）才能測試遊戲。遊戲要在 iTunes App Store 或 Google Play 商店中發行時，你需要設定好所有的項目才行。

在預設的情況下，產品名稱會被設定成專案的名稱，而公司的名稱會被設定成 "DefaultCompany"。若你不在意這些，可以不用去改產品名稱（見圖 17-12 頂端）。

要更改包裝識別碼，在選單中選取你要將遊戲建置到其上的平台（就在 Cursor Hotspot 的下方），並打開 Other Settings。在其中，將 Bundle Identifier 設定成你喜歡的識別碼（圖 17-13）。

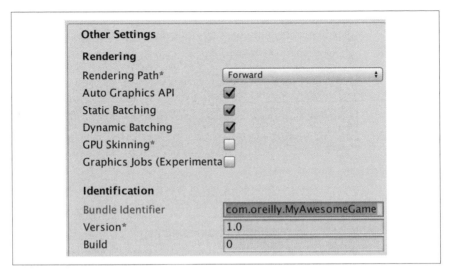

圖 17-13　設定專案的包裝識別碼

若你要同時為 iOS 與 Android 建置遊戲，你並不需要設定二次包裝識別碼。這項設定值可在所有平台間共用，遊戲的版本號碼與其他幾項設定也都是如此。

設定標的

一次只能選擇一種標的（target）。在預設情況下，Unity 會將你的標的設定成 *PC, Mac & Linux Standalone*，而且標的的預設值會被設定成正在執行 Unity 的平台——所以，舉例來說，若你用的是 Mac，標的會預設成 macOS，若用的是 PC，標就會預設成 Windows。

下載平台模組

為了替特定平台進行建置工作，需要先安裝好對應的模組到 Unity 中才行。在你第一次安裝 Unity 時，安裝軟體會詢問要為哪些平台安裝模組；若你沒有安裝要進行佈署之平台所需的模組，Build Settings 視窗看來會像圖 17-14。此時，你要點按視窗中的按鈕，以下載並安裝對應的模組。

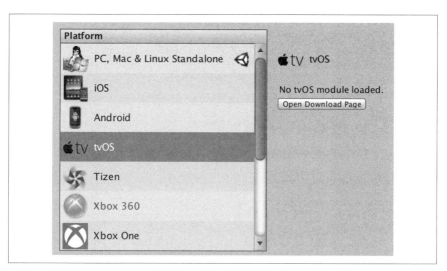

圖 17-14　Build Settings 視窗，選取平台所需之模組尚未載入

在第二部與第三部中，我們已設計並建置好行動裝置遊戲，接著要做的第一件事是切換到目標平台上。開啟 File 選單並選取 Build Settings，以開啟 Build Settings 視窗（圖 17-15）。

圖 17-15　Build Settings 選單

接下來，選取標的平台並點按視窗左下角的 Switch Platform。

在你變更平台時，Unity 會重新匯入所有的遊戲素材。若你的專案很大，這會花上一段時間，要有等待的心理準備。Unity 提供了一套稱為 Cache Server 的工具，它會製作匯入的素材複本，讓這個過程順利一些；請參閱文件（*http://bit.ly/cacheserver*），以取得更多相關資訊。

啟動畫面

採用 Free 或 Plus 與 Pro 方案所建置出來的 app，在執行時會有不同的情況。Free 方案的使用者需要在其遊戲啟動時，顯示（Unity 的）啟動畫面，而 Plus 與 Pro 方案的使用者，則可選擇不要顯示（Unity 的）啟動畫面。

啟動畫面有一定的格式與顯示時間限制；Unity 的標誌會搭配著 "Made with Unity" 一起出現。當遊戲的啟始場景在背景載入時，這個畫面會持續 2 秒。

不論使用哪一個版本的 Unity，啟動畫面都可以進行許多調整。除了要顯示出 Unity 的標誌外，你可以加上自己的標誌、自定背景顏色、設定背景影像及其透明度以及將啟動畫面設定成一次顯示好幾個標誌，或者讓它們依序顯示。要自定啟動畫面，打開 Edit 選單，選取 Project Settings → Player，往下捲動到 Splash Image → Splash Screen。Unity 為這個主題提供了不少說明文件（*https:// docs.unity3d.com/Manual/class-PlayerSettingsSplashScreen. html*），要更進一步瞭解，請將文件找出來看。

為指定平台進行建置

為 iOS 與 Android 平台進行建置（build）的步驟並不相同。在這個部份中，我們會分別說明二個平台的建置步驟。

為 iOS 平台進行建置

Unity 讓 iOS 平台上之遊戲的建置步驟變得很簡單。在本段中，我們將說明能讓遊戲在手機上運行的建置步驟。

要為 iOS 平台建置遊戲的話，現階段只能在運行 macOS 的電腦上或透過 Unity Cloud（也是在 Mac 上建置）來進行。

只是將遊戲直接佈署到個人的裝置上是完全免費的。要將遊戲推廣給其他人使用，則需要透過 iTunes App Store。也就是說，你需要註冊 Apple Developer Program，每年繳交 $99 美元；請連上 *https://developer.apple.com/programs/* 取得更多資訊。

要開始建置，需要先下載 XCode，它是 iOS 上的開發環境：

1. 從 *Mac App Store* 下載 *Xcode*。開啟 App Store，搜尋 Xcode，將它下載下來。

2. 下載完成後，啟動 *Xcode*。

我們需要先設定 Xcode，它需要用到你的帳號。不管你有沒有註冊須付費的 Apple Developer Program，Xcode 需要透過你的 Apple ID，將你登錄成開發者，以在能將遊戲安裝到裝置前，進行必要的代碼簽署（code signing）。

1. 開啟 *Xcode* 選單，選取 *Preferences*。在視窗的頂端，點按 Accounts。再點按左下角的 Add 按鈕（+），選取選單中的 Add Apple ID。

2. 將裝置連接到電腦的 *USB* 埠上。

Xcode 設定好之後，可開始建置你的 Unity 遊戲。

1. 返回 *Unity*，打開 *Build Settings* 視窗。開啟 File 選單，選取 Build Settings。

2. 選取 *iOS* 平台，並點按 *Switch Platform*。Unity 會把專案切換到 iOS 上（圖 17-16）。這個過程需要幾分鐘的時間。

 為了節省空間，將 Symlink Unity Libraries 選項打開。如此就不會將整套 Unity 程式庫都複製到你的專案上，這可能會省下數百 MB 的空間。

3. 點按 *Build and Run*。Unity 會詢問專案的儲存位置；在你選好放置專案的資料夾後，Unity 會建置 iOS 版的 app，然後在 Xcode 中將之開啟，並讓 Xcode 在連接的裝置上建置並執行 app。

圖 17-16　使用 iOS 平台的 Build Settings 視窗

代碼簽署問題

若在代碼簽署（code sign）時發生錯誤，可在視窗左
上角選取專案，再選取 Unity-iPhone 標的（target）、
在 Team 選單中選取你的開發團隊（可能只是你名字），
然後點按 Fix Issue（圖 17-17）。如此會再檢查過所
有的憑證（certificates），讓過程得以順利進行；按下
Command-R 試著再建置一次。

圖 17-17　Xcode 中的 Fix Issue 按鈕

為 Android 平台進行建置

要為 Android 平台進行建置，你要先安裝 Android SDK。它會負責將建置好的應用程式，傳到你的裝置上：

1. 從 *Android Developer* 網站下載 *Android SDK*：*http://developer.android.com/sdk*。

2. 安裝 *SDK*，按照這個網站上的說明：*http://developer.android.com/sdk/installing/index.html*

 若你使用的是 Windows 系統，也許你還會需要另外下載 USB 驅動程式，如此你的電腦才能與 Android 裝置進行通訊。你可以在這個網頁下載驅動程式：*http://developer.android.com/sdk/win-usb.html*。若你使用的是 macOS 或 Linux 系統，則無需另外下載驅動程式。

現在要讓 Unity 知道 Android SDK 被安裝在何處：

1. 開啟 *Unity* 選單，並選取 *Preferences → External Tools*。在這個視窗中，點按 SDK 欄位旁的 Browse 鈕，然後瀏覽到 Android Studio 安裝的位置。

2. 開啟 *Build Settings* 視窗。開啟 File 選單並選取 Build Settings。

3. 選取 *Android* 平台並點按 *Switch Platform*。Unity 會將專案轉到 Android 上。

4. 選取 *Google Android Project*（圖 17-18）。如此 Unity 會將專案匯出並產生一個 Android Studio 專案。

Texture Compression	Don't override ◆
Google Android Project	☑
Development Build	☐
Autoconnect Profiler	☐
Script Debugging	☐

圖 17-18 讓 Android 建置產生 Google Android 專案

5. 點按 *Export*。Unity 會詢問儲存專案的位置，選定位置之後，專案就會產生。

6. 在 *Android Studio* 中開啟專案並點按 *Play* 鈕。專案就會進行編譯，並將所產生的 app 安裝到你的手機上。

雖然 Unity 儘量讓各版間不要出現太大變動，但設定與建置到行動裝置的過程可能會常有調整。到頭來，與其一直重複 Unity 文件中一印出來就過時的操作方式，不如帶你直接看，如何將 Android 與 iOS 平台開發的設定都弄好的 Unity 操作步驟教學：

- "Getting started with Android development"（ *http://bit.ly/android-gettingstarted* ）

- "Getting started with iOS development"（ *http://bit.ly/iphone-gettingstarted* ）

iOS 與 Android 的開發會牽涉到下載並安裝大量的軟體。
我們建議你找個網路連線狀況較好的點來做這些事。

未來展望

歡迎來到本書的最後一個段落。若你一直讀到這裡，你已經完成一大段旅程，從無到有，完成了二套完整的遊戲，而且也能抓住控制 Unity 的韁繩，讓它滿足你的需求。

若你跳過本書的最後這一段：其實本書就到此為止了。
但小心，別讓自己就此鬆懈了。

在我們互道珍重之前,底下列出一些有用的資源,你可以在之後把它們找來看:

- Unity 的說明文件(*http://docs.unity3d.com*)是相當棒的,它可以當作整個編輯器的參考手冊。這份說明文件分為二個部份:Manual(*http://docs.unity3d.com/Manual/index.html*),說明編輯器的功能,以及 Scripting Reference(*http://docs.unity3d.com/ScriptReference/index.html*),說明每個類別、方法以及 Unity 腳本 API 的功能。它是相當便利的參考資料。

- Unity 的官方論壇(*http://forum.unity3d.com*)是社群討論的集散地,是你獲取協助的好去處。

- Unity Answers(*http://answers.unity3d.com*)是官方支援的問答論壇。若你有特定的問題,可以先到這裡來找找看是否有解方。

- Unity 常常舉辦即時培訓課程(*http://unity3d.com/learn/live-training*),講師會在即時培訓課程中,示範一項功能或完整的專案。既使你沒辦法來得及參與即時課程,它們通常會有錄影以在課程結束後,供人點閱。

- 最後,Unity 也安排了一些教學(*http://unity3d.com/learn/tutorials*),從初學者的入門簡介,到更高階,內容更特定的教學都有。

希望你喜歡這本書。若你有做出一些東西來,那怕是小小的東西,那怕是你自己都覺得它很差勁,我們都想要瞭解,請你分享給我們,歡迎你隨時寫封電郵給我們。

索引

關於作者

Jon Manning 與 **Paris Buttfield-Addison** 二位博士是 Secret Lab 公司的共同創辦人，這是一家製作遊戲與遊戲開發工具的公司。最近他們製作了 ABC Play School 與 Qantas Joey Playbox 二款 iPad 遊戲，還協助參與獨立遊戲林中之夜（Night in the Woods）的開發。

在 Secret Lab 的工作成果還包括 YarnSpinner 敘事遊戲框架（narrative game framework）以及與 O'Reilly Media 合作出版的書籍。

Jon 與 Paris 之前在 Meebo 公司（已被 Google 收購）擔任行動開發者與產品經理，二位都具有電腦科學方面的博士學位。

Jon 的 Twitter 帳號是 @desplesda（*https://twitter.com/desplesda*），你可以跟他聯絡，也可以在 *http://www.desplesda.net* 網站上找他。Paris 的 Twitter 帳號則是 @parisba（*https://twitter.com/parisba*），也可以在 *http://paris.id.au* 網站上找他。

Secret Lab 公司的 Twitter 帳號是 @thesecretlab（*https://twitter.com/thesecretlab*），網站則是 *http://www.secretlab.com.au*。

出版記事

本書的封面動物是棘刺魔鬼竹節蟲（thorny devil stickinsect，學名為 *Eurycantha calcarata*）與天牛（longhorn beetle，科名為 *Cerambycidae*）。

棘刺魔鬼竹節蟲是澳洲原生的草食性無翅蟲。雄性成蟲身長可達 4 至 5 英吋，而身軀較大的雌性成蟲身長則可達 6 英吋。雖然大部份竹節蟲會待在樹上，但 *Eurycantha calcarata* 喜歡在地面上活動（特別是在雨林中）。牠們在夜間捕食，並運用偽裝或假死的方式來避開天敵，白天牠們會成群擠在樹棚下或樹洞裡。這些昆蟲是很受歡迎的寵物，雄天牛的後肢（該物種以此被命名）在巴布亞新幾內亞，會被用來當作釣魚時的鉤子。

長角科的甲蟲具有又長又壯的獨特觸鬚，其長度通常至少會跟身體一樣長。這科中有超過 26,000 種不同的物種，從泰坦大天牛（世界上最大的昆蟲，身長可達 12.6 英吋，不含腿伸展開的長度）到微小種的 *Decarthia* 都涵蓋於其中，後者只有三種，而且其身長甚至只有幾毫米長。Cerambycidae 科的名字源自於希臘神話的 Cerambus，傳說中他是一位被一群水靈變成甲蟲的牧羊人。

O'Reilly 書籍封面上的許多動物都面臨瀕臨絕種的危機；牠們都是這個世界重要的一份子。如果想瞭解您可以如何幫助牠們，請拜訪 *animals.oreilly.com* 以取得更多訊息。

封面圖片由凱倫蒙哥馬利（Karen Montgomery）依據約翰喬治伍德（J.G. Wood）所著之外國昆蟲（Insects Abroad）一書中的版畫繪製而成。

Unity 行動遊戲開發實務

作　　者：Jon Manning, Paris Buttfield-Addison
譯　　者：陳健文
企劃編輯：蔡彤孟
文字編輯：王雅雯
設計裝幀：陶相騰
發 行 人：廖文良

發 行 所：碁峰資訊股份有限公司
地　　址：台北市南港區三重路 66 號 7 樓之 6
電　　話：(02)2788-2408
傳　　真：(02)8192-4433
網　　站：www.gotop.com.tw
書　　號：A445
版　　次：2018 年 06 月初版
建議售價：NT$580

國家圖書館出版品預行編目資料

Unity 行動遊戲開發實務 ／ Jon Manning, Paris Buttfield-
　　Addison 原著；陳健文譯. -- 初版. -- 臺北市：碁峰資訊,
　　2018.06
　　　　面；　公分
　　譯自：Mobile Game Development with Unity
　　ISBN 978-986-476-818-9(平裝)
　　1.電腦遊戲　2.電腦程式設計
312.8　　　　　　　　　　　　　　　　　　107007268

讀者服務

● 感謝您購買碁峰圖書，如果您
　對本書的內容或表達上有不清
　楚的地方或其他建議，請至碁
　峰網站：「聯絡我們」\「圖書問
　題」留下您所購買之書籍及問
　題。(請註明購買書籍之書號及
　書名，以及問題頁數，以便能
　儘快為您處理)
　http://www.gotop.com.tw

● 售後服務僅限書籍本身內容，
　若是軟、硬體問題，請您直接
　與軟體廠商聯絡。

● 若於購買書籍後發現有破損、
　缺頁、裝訂錯誤之問題，請直
　接將書寄回更換，並註明您的
　姓名、連絡電話及地址，將有
　專人與您連絡補寄商品。

● 歡迎至碁峰購物網
　http://shopping.gotop.com.tw
　選購所需產品。